南华大学核类规划教材

放射化学

主编　唐　泉　尹显和

中国原子能出版社

图书在版编目（CIP）数据

放射化学 / 唐泉，尹显和主编．
—北京：中国原子能出版社，2014.7(2025.7 重印)
ISBN 978-7-5022-5849-8

Ⅰ.①放…　Ⅱ.①唐…②尹…　Ⅲ.①放射化学
Ⅳ.①O615

中国版本图书馆 CIP 数据核字(2013)第 048208 号

内容简介

本书共 9 章，内容包括基础放射化学、核化学、放射性元素/核素化学、放射性核素的制备及放射分析技术等。为了让不熟悉普通化学的读者能更快地理解放射化学中有关的知识，在相关章节中穿插地简介了相应的普通化学知识。

本书可供从事辐射防护、环境监测、核技术、核医学、核药学及有关专业的科技人员参考，也可做高校相关专业师生的教材及参考用书。

放射化学

出版发行　中国原子能出版社（北京市海淀区阜成路 43 号　100048）
责任编辑　卫广刚
装帧设计　崔　彤
责任印制　赵　明
印　　刷　中煤（北京）印务有限公司
经　　销　全国新华书店
开　　本　787 mm×1092 mm　1/16
印　　张　12.25
字　　数　306 千字
版　　次　2014 年 7 月第 1 版　2025 年 7 月第 7 次印刷
书　　号　ISBN 978-7-5022-5849-8　　**定　价**　**47.00 元**

网址：http://www.aep.com.cn　　**E-mail：atomep123@126.com**
发行电话：010-68452845

前　言

19 世纪 90 年代，放射性的发现、天然放射性元素钋和镭的发现及提取使得放射性研究有了新进展，放射化学作为一门独立的学科初步形成。经过一百多年的发展，放射化学的理论、内容日臻完善和丰富，它成为一门被相关学科广泛应用的技术手段。放射化学是研究基础放射化学、核化学、放射性核素和放射性物质的化学及其应用的一门学科，是核科学的一个重要组成部分。

随着核电的快速发展和放射性同位素的广泛应用，我国一些普通高等学校在核类专业建设等方面得到了迅速发展，核类专业的学生规模也得到了空前的壮大。放射化学作为多数核类专业的基础课程被广泛地采纳。但是，有关放射化学的出版物不多，针对学生所掌握的普通化学知识水平现实情况而编写的放射化学教材更少。本书针对多数核类专业学生所掌握普通化学及原子核物理知识水平不高的具体情况，根据对放射化学多年教学积累的资料，编写而成。全书主要介绍了四个方面内容：基础放射化学，核化学，放射性元素/核素化学，放射性核素的制备及放射分析技术。

本书的编写出版得到了南华大学核类教材出版基金和湖南省优势特色重点学科核科学与技术的经费支持，在此表示感谢。本书是由唐泉、尹显和共同编写完成。由于编者水平有限，书中缺点错误在所难免，敬请读者批评指正。

编　者

2014 年 2 月

目　录

第7章 锕系元素 …… (130)

第1章 绪论

1.1 放射化学发展简史

自1896年贝克勒尔(H. Becquerel)发现铀的放射性到现在已经一个多世纪了。由于对放射性和放射性元素方面认识的深入和发展,在此基础上建立起物理和化学的新领域——核物理学与放射化学,并形成了一个核科学体系。

放射化学与化学学科的其他分支在研究内容和方法上有许多相似的地方,当然,放射化学的研究对象是具有放射性的物质。要给放射化学下一个严密和完整的定义是困难的,可以说:放射化学是化学领域的一个分支,它是研究放射性的元素、物质及其物理化学性质的化学,是研究核转变及所伴随的物理化学过程的化学。

放射化学发展过程中,大致经过以下几个阶段:

1) 放射性和天然放射性元素的发现,放射化学研究方法的创立。

1895年,伦琴(W. Roentgen)发现X射线,1896年,贝可勒尔(H. Becquerel)发现了铀的放射性,接着玛丽·居里(M. Curie)发现了钍及其化合物也具有放射性,从而得出了放射现象是一种特有的原子现象的重要结论,确立了射线是发自于原子内部这一概念。这就是天然放射性的伟大发现。

玛丽·居里和她的丈夫皮埃·居里(Pierre Curie)在寻找放射性新元素的实验工作中,工作方法大体是在每一步化学处理中,时刻用测量放射性的方法,以确定所要分离的放射性元素/核素的行踪,最后得到纯化产物,再测量放射性作为最终的鉴定。在整个实践过程中,她们始终用跟踪放射性的办法,来确定大量其他元素中微量放射性元素/核素的去向,并巧妙的根据放射性来判断该元素的化学行为和性质。这就是创造性的"放射化学研究方法"。

2) 实现人工核反应和发现人工放射性,核反应化学的诞生。

1903年,卢瑟福(E. Rutherford)和索迪(F. Soddy)提出了放射性衰变理论,指出放射性物质能自发地由一种原子转变为另一种原子,并同时放出射线,从而推翻了原子的不可变性的传统概念。

1919年,卢瑟福用天然放射源的X粒子去轰击氮,实现了第一个人工核转变,${}^{14}_{7}N(\alpha,p){}^{17}_{8}O$核反应,核反应式可表示如下:

$$^{14}_{7}N + ^{4}_{2}He \longrightarrow ^{17}_{8}O + ^{1}_{1}H$$

此后,相继建成了静电加速器、回旋加速器等人工加速粒子的装置,从而实现了不用天然放射源而完全用人工方法产生的核反应。

1934年,约里奥-居里(Joliot-Curie)夫妇在研究α粒子对轻核的作用时,发现了人工放射性,反应式如下:

$$^{10}_{5}B+^{4}_{2}He\longrightarrow ^{13}_{7}N+^{1}_{0}n;\ ^{13}_{7}N\xrightarrow{\beta^{+},9.961\ min}{}^{13}_{6}C$$

$$^{27}_{13}Al+^{4}_{2}He\longrightarrow ^{30}_{15}P+^{1}_{0}n;\ ^{30}_{15}P\xrightarrow{\beta^{+},2.5\ min}{}^{30}_{14}Si$$

而且，他们第一次用化学方法分离了人工放射性同位素。这也是核反应化学工作的开端。

人工放射性发现的意义重大，为人工制造各种元素的放射性同位素开拓了道路。到 20 世纪 80 年代，人们就已经合成了 2 500 多种放射性核素。

3）铀核裂变现象的发现。

继查德威克(J. Chadwick)证明中子的存在、约里奥-居里夫妇发现人工放射性元素后，物理学家费米(E. Fermi)用中子轰击多种元素，通过(n，γ)反应制成了很多种放射性核素，并发现了慢中子的奇特性质。他用慢中子轰击铀，得到了几种 β 放射性产物，但是费米没有能发现裂变现象，而是把这些产物误认为是生成了原子序数大于 92 的超铀元素。

1934 年，年轻的女化学家罗德克(I. Noddak)大胆提出铀受中子照射后可能发生裂变，认为这些裂变碎片是已知元素的同位素而不是被照射元素的相邻元素这种正确的观点，但由于受到“元素受中子照射后必然生成原子序数增加‘1’的新元素”这一旧框框的局限，费米等科学家仍拒绝接收罗德克的观点。直到 1939 年，哈恩(O. Hahn)和斯特拉斯曼(F. Strassmann)对铀的反应产物进一步的研究，证实了铀的反应产物中存在钡的放射性同位素，从而肯定用中子轰击 U 时，产生了原子序数小于 36 的化学元素。梅特勒(Meitner)和弗里许(Frisch)根据玻尔(Bohr)的液滴模型，在前述现实结果的基础上提出铀核发生了裂变的机理。铀核裂变现象的发现，使整个核科学技术进入崭新的时代。为此，科学家也走过一段坎坷曲折的道路。

4）合成超铀元素，锕系理论的建立。

1940 年，麦克米伦(E. Mcmillan)和西博格(G. Seaborg)在加速器中制得了两个超铀元素 Np 和 Pu。1941 年发现 Pu 的最重要的同位素 ^{239}Pu，西博格等人用中子将 ^{238}U 转变为 ^{239}Pu，初步制得了 0.5 μg 的钚样品，1942 年第一次制得了可见的 2.27 μg 的钚。放射化学家通过钚的超微量化学研究为钚的大规模工业生产提供了可靠的依据。

1945 年，西博格提出锕系理论，假定锕和超锕元素组成一个类似于镧系元素的 5 f 族，以后的超铀元素的逐一发现不断证明这一理论的正确性。锕系理论完善了现代的元素周期表，并给新元素的合成工作指出了正确的方向。

核科学发展过程中，学术术语、放射性单位等多次变化，各种出版物中，有些名词、名称不甚统一。比如，放射性活度曾被称为放射性强度。今将放射化学中常使用的若干名词再明确如下：

放射性同位素：具有同一原子序数的某化学元素的放射性原子的通称。它可包括原子序数相同的各种类型的原子。

放射性核素：周期表中某一原子序数之位置内，所有的同位素(各种类型的原子)都具有放射性，那么，这种化学元素称为放射性元素。如化学元素镭有 ^{223}Ra、^{224}Ra、^{226}Ra、^{228}Ra 等各种核素，都具有放射性，则称镭是放射性元素；而化学元素钾有 ^{39}K、^{40}K、^{41}K、^{42}K 几种核素，其中 ^{40}K、^{42}K 具有放射性，而 ^{39}K、^{41}K 是稳定核素，故不能称钾是放射性元素。也不能称^{40}K为放射性元素，而称为放射性核素。

同质异能素：具有相同的原子序数，且具有相同的质量数，但处于不同能量状态的核素原子，彼此称为同质异能素。同质异能素的核各自具有不同的放射性质，如不同的射线种类和能量、半衰期。如$\underset{(\beta)}{^{60}_{27}Co}$与$\underset{(\gamma)}{^{60m}_{27}Co}$。

1.2　放射化学基本内容

从放射化学的形成和发展来看，它和核物理以及核工业都存在着密切的关系，近代放射化学大体上包含以下几个方面：

1.2.1　基础放射化学

基础放射化学是研究放射性物质行为的物理化学规律.其中包括放射性物质在低浓度时于各种介质中存在的状态，放射性物质在两相间的分配，放射性原子的电化学行为，同位素交换以及放射性物质分离方法的理论基础等。

1.2.2　核化学

核化学是研究各种原子核转变过程的产物及其化学分离、纯化、鉴定和产额测定，研究核转变过程中产生的反冲原子的结构、性质和化学行为。

1.2.3　放射性元素化学

放射性元素化学是研究天然和人工放射性元素的化学性质和核性质，研究它们的制备、分离、纯化和鉴定。

1.2.4　放射分析化学

放射分析化学是研究放射性核素及含放射性核素的物质的分析测量和纯度鉴定方法等。

1.2.5　应用放射化学

应用放射化学是研究放射性核素的生产和放射性标记化合物的合成，放射性核素在化学领域中的应用以及放射化学方法在工业、农业、国防、医学等其他科学技术领域中的应用。

放射化学在核技术应用领域占有的重要地位是显而易见的。对于从事辐射防护、同位素应用、放射性环境监测以及放射医学等核技术应用的技术工作者来说，必须具备放射化学的基础知识。在进行放射性天然本底调查中，核企业的环境监测与评价中、放射性污物与药物的测试中等，经常涉及放射性物质的制备、分离、纯化等工作，这些都与放射化学的基础知识和实验技术紧密联系着。此外，在一旦发生核事故时，对事故现场的处理，净化去污等方面，更是与放射化学的有关知识和实验技术密切相关。

1.3 放射化学的特点

作为研究放射性物质为其对象的放射化学，大致有以下几个特点：

1.3.1 放射性

研究对象具有放射性，这是放射化学与普通化学的根本区别。它造成了放射化学研究方法与普通化学研究方法的不同特点。

从居里夫人开创放射化学研究领域以来，就形成了所谓“放射化学方法”，即在放射化学的研究中始终利用放射性测量技术，随时跟踪放射性物质的去向并测定其含量。这使研究方法大为简化，且大大提高了灵敏度。通常，放射性测量方法的灵敏度远远超过化学方法的。例如，普通的化学分析中，灵敏度一般为 10^{-4}～10^{-9} g，最多也只不过能达到 10^{-10} g 左右；而放射化学中，用放射性测量方法可以探测出几千个或几百个原子，甚至可以鉴别出几十个原子、几个原子的存在。

另外，放射性射线可能会对工作人员产生辐射损伤，因此，在放射化学操作中必须考虑到对射线的防护问题。放射性的操作必须在特殊的设备条件下进行，且必须遵守放射性操作规定。不同的放射性操作必须在不同防护级别的放射化学实验室中进行。此外，在有些实验中还必须考虑到放射性对所研究的体系本身产生的辐射化学效应，这主要发生在后处理的强放射性体系与常量的超铀元素研究中。

1.3.2 不稳定性

放射性的原子总是或快或慢地进行衰变，由一种物质转变为另一种物质或更多种物质，所研究的体系的组成在不断地变化，显然，其组成和总量是不恒定的。对于寿命很短的许多核素，就有一个操作速度问题，以免丧失时机。所以，在放射化学工作中，放射性物质的分离、制备、纯化和分析等技术，有其特殊的要求。如对放射性核素进行分离、纯化、分析等操作工作，操作时间 t 与该放射性核素的半衰期 $T_{1/2}$ 之间的关系，如 t 远远小于 $T_{1/2}$，则不需做放射性衰变修正；如 t 与 $T_{1/2}$ 相近，甚至略大于 $T_{1/2}$，则必须做放射性衰变修正。

1.3.3 低浓度和微量

大多数放射性物质以微量或低浓度状态存在。特别是在环境和生物样品的放射性监测中，放射性核素的浓度更低、量更少。例如，环境水样中的 ^{226}Ra，一般只有 10^{-13} g/L；有时在测定放射性活度时，会遇到 10^{-3}～10^{-1} Bq 的样品源，其放射性物质的量极微。表 1.1 列举了一些放射性活度为 10 Bq 的核素相应的质量。从表 1.1 中可知，其质量都在 10^{-10} g 以下，甚至低到 10^{-20} g。可见，放射化学所研究的对象往往属于超微量的范围。

表1.1　放射性活度为10 Bq时的几种核素的质量

核素	半衰期	质量/g
^{226}Ra	1 602 a	2.8×10^{-10}
^{60}Co	5.26 a	2.4×10^{-13}
^{210}Po	138.4 d	6.0×10^{-14}
^{35}S	87.24 d	6.3×10^{-15}
^{32}P	14.26 d	9.5×10^{-16}
^{24}Na	15.02 h	3.1×10^{-17}
^{99m}Tc	6.04 h	7.2×10^{-17}
^{139}Ba	82.71 min	1.7×10^{-17}
^{11}C	20.39 min	3.2×10^{-19}
^{208}Tl	3.1 min	9.3×10^{-19}
^{15}O	2.0 min	4.3×10^{-20}

低浓状态下的放射性核素，常常具有一些不同于常量物质的性质和行为，因为大多数物质的物理化学规律性，都是在大量分子统计规律上建立的，对于保持这种物理化学规律的极限浓度，并未完全充分研究。所以，应当估计到微量分子和大量分子的不同的行为，如容易形成放射性胶体溶液和放射性气溶胶，容易被吸附在器皿壁或其他固体物质上以及可被常量物质的沉淀所载带和吸附等。这些性质既有不利于放射化学操作和造成危害的一面，又有可用来进行放射性核素的分离和制备等有利的一面。这些性质无论是在环境和生物样品的放射性监测方面，还是在对体内微量放射性核素的促排方面，均有重要意义。由于普通化学的研究对象一般都不在这样低浓度和微量的范围内，因此，研究放射性核素在低浓度时的状态和行为就成为放射化学的重要内容之一。

许多固体物质，如玻璃、不锈钢、塑料、滤纸和纤维等，均能对溶液中的溶质有一定的吸附能力。在普通的化学分析中，待测的常量物质在一般的玻璃器皿、滤纸或固体沉淀表面上的吸附，对研究结果所造成的误差是可以忽略不计的，但在放射化学的研究中，由于放射性物质的低浓微量，固体表面吸附的量相对而言就十分可观，许多固体表面与放射性溶液接触，在一定条件下都可能造成明显的吸附。影响固体物质吸附放射性核素的因素很多，如固体物质的种类和表面特性、放射性核素的性质和浓度、溶液的pH值和其他组分的含量、接触时间等。一般来说，不同的材料其对放射性核素的吸附能力不同，研究表明，它们的吸附能力如下：玻璃＞钢＞石英＞聚乙烯＞聚丙烯＞聚四氟乙烯。研究中为了防止放射性核素在容器表面上的吸附损失，通常可以采取以下几种措施：

1）加载体，即加入能对微量放射性核素起载带作用的常量物质，它们通常是与所研究的放射性核素的化学性质相同或相近的稳定核素，使放射性核素被稀释；或容器表面预先用稳定核素的溶液进行吸附平衡，以减少对放射性核素的吸附。当然这只能是在加入常量稳定同位素后不影响研究要求时才可以。

2）提高溶液酸度，一般来说，在较高酸度时放射性核素都不易被吸附，或已吸附在玻璃上的放射性核素也可以解吸下来，故将放射性溶液保持一定酸度，或用酸来洗涤已污染的玻璃器皿，对防止玻璃吸附及清除污染都是有效的方法。

3）玻璃容器用硅烷溶液进行处理，使玻璃表面硅烷化，形成一层憎水性的膜，从而减少对放射性的吸附。常用的硅烷是二甲基二氯硅烷或甲基三氯硅烷等。

滤纸也是一种能强烈吸附某些放射性核素的吸附剂，它可用来净化和分离某些放射性核素。如在环境和生物样品的放射性监测中，就经常采用各种类型的滤纸进行分离操作。因此，在放射化学分离操作中，必须考虑滤纸吸附可能引起微量放射性核素的损失。一般不用它来去除放射性溶液中不溶的滤弃物，而主要用于过滤放射性沉淀物，以滤弃溶液或直接制源测量。例如，在分析测量^{131}I时，就常以^{131}I-AgI沉淀形式在滤纸上直接抽滤制源，再进行放射性测量。

第 2 章　放射性

有许多天然核素及人工核素能自发地发射各种射线。有的发射 α 射线，有的发射 β 射线，有的发射 α 或 β 射线的同时也发射 γ 射线，有的核素这 3 种射线均有发射。此外，还有发射正电子、质子、中子等其他粒子的核素。原子核自发地放射出各种射线的现象称为放射性。能自发地放射各种射线的核素称为放射性核素，也叫不稳定核素。放射性现象是由原子核的变化引起的，因此，对放射性的研究是了解原子核的重要手段，也是放射化学这门学科的重要内容之一。

2.1　放射性衰变规律

至今已知大约 2 800 种核素中仅有 271 种是稳定的，其余都是不稳定的，即是放射性的，它们经过一次或多次衰变放出粒子和量子辐射直到稳定核素为止。

用母体、子体、第二代子体等术语描述在两个或多个相互连续的核之间的衰变关系，这就是所谓的衰变链。如 ^{238}U 的衰变：

$$\underset{\text{母体核}}{^{238}\mathrm{U}}\xrightarrow{\alpha,4.5\times10^{9}\ \mathrm{a}}\underset{\text{子体核}}{^{234}\mathrm{Th}}\xrightarrow{\beta^-,24.1\ \mathrm{d}}\underset{\text{第二代子体核}}{^{234m}\mathrm{Pa}}\xrightarrow{\beta^-,1.18\ \mathrm{min}}\underset{\text{第三代子体核}}{^{234}\mathrm{U}}\longrightarrow\cdots$$

放射性衰变是一个统计过程，原子核发生彼此独立的变化；每一种核素均有其特征的衰变概率。不稳定核的单个原子的转变时刻不能预测。衰变概率是特定核素的一种固有性质，它与放射性核素的化学及物理状态无关。

2.1.1　放射性衰变的时间规律

最简单的衰变情况是放射性核素 A 放出粒子 x，转变成稳定核素 B：

$$\mathrm{A}\longrightarrow\mathrm{B}+\mathrm{x}$$

这时单位时间衰变的原子数 $-\mathrm{d}N/\mathrm{d}t$ 与此时现有的原子核数 N 成正比：

$$-\mathrm{d}N/\mathrm{d}t=\lambda N \tag{2.1}$$

衰变常数 λ 是原子核的放射性衰变或同质异能跃迁的概率，$\mathrm{d}W$ 除以单元时间 $\mathrm{d}t$：

$$\lambda=\frac{\mathrm{d}W}{\mathrm{d}t}$$

如果在时间 t 时，现存原子数是 N，则有：

$$-\mathrm{d}N=N\mathrm{d}W$$

预计在时间 $\mathrm{d}t$ 内，衰变数或同质异能跃迁数是：

$$\lambda=-\frac{1}{N}\frac{\mathrm{d}N}{\mathrm{d}t}=\frac{A}{N}$$

式中：A 是放射性活度。

在时间 0 到 t 内对式(2.1)积分，得到

$$N=N_0\mathrm{e}^{-\lambda t} \tag{2.2}$$

式中：N_0是在 0 时刻的放射性核素原子数；

N 是经过时间 t 衰变后剩余放射性核素原子数；

λ 是放射性核素的衰变常数；

t 是衰变时间。

指数定律指出在给定的时间间隔内，放射性核素将总是衰变相同的份额。通常采用半衰期（$T_{1/2}$）这个术语，在这段时间内给定的放射性核素的量将衰变掉1/2，即 $N(t = T_{1/2}) = N_0/2$，由此得出：

$$T_{1/2} = \frac{\ln 2}{\lambda} = \frac{0.693\ 15}{\lambda} \tag{2.3}$$

把式(2.3)代入式(2.2)，得到

$$N = N_0 e^{-\frac{\ln 2}{T_{1/2}}t} \tag{2.4}$$

平均寿命 τ 的含义是，在 τ 时间里，放射性活度下降到 1/e，τ 等于衰变常数的倒数。

处于已知能量状态下的一定量的放射性核素的活度 A 是一个商值：$\mathrm{d}N^*/\mathrm{d}t$。其中，$\mathrm{d}N^*$ 是在时间间隔 $\mathrm{d}t$ 内，放射性核素由这一能量状态出发，自发转变的数目。

如果在某一时刻，一定量的被观察的放射性核含有 N 个原子，并且不同时产生积累，则：

$$A = \frac{\mathrm{d}N^*}{\mathrm{d}t} = -\frac{\mathrm{d}N}{\mathrm{d}t} = \lambda N$$

式中：λ 是该放射性核素的衰变常数。

引入放射性活度 A，式(2.2)和式(2.4)可以写成

$$A = A_0 e^{-\lambda t} = A_0 e^{-\frac{\ln 2}{T_{1/2}} \cdot t} \tag{2.5}$$

式中：A_0 及 A 分别是 $t=0$ 及 $t=t$ 时放射性核素的活度。

放射性活度的单位是 Bq。1 Bq 相当于每秒 1 个衰变数，即现有一定量的放射性核素每秒衰变 1 个原子核则具有 1 Bq 的活度。曾经用 Ci 作为放射性活度的单位，1 Ci 近似地相当于 1 g ^{226}Ra 的放射性活度，1 Ci=3.7×10^{10} Bq。其实，活度单位 Bq 是一个很少的物理量，在工业生产及科学研究中人们常用到很大的活度量时，则用 kBq(10^3 Bq)、MBq(10^6 Bq)、GBq(10^9 Bq)、TBq(10^{12} Bq)等来表示，有时甚至用 PBq(10^{15} Bq)及 EBq(10^{18} Bq)量级。

放射性活度说明，除放射性活度外，还应给出放射性核素和时刻。

放射性物质的比活度 S，全称为比放射性活度，是一个商值，指单位质量的某种放射性物质的放射性活度，即

$$S = \frac{A}{m_A + m} \tag{2.6}$$

式中：A 是放射性物质中的放射性活度，Bq；

m_A 是放射性物质中放射性核素的质量，g；

m 是放射性物质中稳定物质的质量，g。

通常情况下，$m \gg m_A$，则：

$$S \approx \frac{A}{m}$$

对于无载体的纯放射性核素，$m = 0$ g，则此时的比活度 S 有最大值 S_0，则：

$$S_0 = \frac{A}{m_A}$$

它是该放射性核素的一个特征常数，放射性核素的活度 A 如式(2.7)：

$$A = \lambda N = \frac{\ln 2}{T_{1/2}} \frac{m_A}{M} L \tag{2.7}$$

对于 1 g 任何放射性核素而言，$S_0 = \dfrac{K}{MT_{1/2}}$ (Bq/g)　　(2.8)

式中：M 是放射性核素的原子质量；

$T_{1/2}$ 是该放射性核素的半衰期；

K 为一个系数，其与放射性核素的半衰期单位有关，当放射性核素的半衰期的单位为 s 时，$K = 4.17 \times 10^{23}$。

一般说来，质量 m 是指包含全部放射性物质和所有非放射性杂质的质量。反之如果 m 仅与放射性核素所属的化学元素或与它参加构成的化合物相关，应当加以说明。

放射性浓度 c_A 也是一个商值，是指单位体积某物质的放射性活度，即包含在一定体积 V 中的放射性活度 A 除以体积 V：

$$c_A = \frac{A}{V} \tag{2.9}$$

放射性活度作为物质的一个特性可用合适的探测器测量。所测得的脉冲数或计数率 I 是放射性活度与探测器的探测效率的乘积：

$$I = fA \tag{2.10}$$

计数效率 f 是放射性衰变被测到的部分，$f \leqslant 1$。它与多种因素有关，如射线的类型与能量、自吸收和反散射、探测器与样品的几何位置和探测器的类型。所测得的脉冲率以每秒计数(s^{-1}或 cps)、每分钟计数(min^{-1})或 cpm)给出。

在确定的测量装置下，同一放射性核素的两个样品的衰变率和脉冲率是成比例的。因此采用标准源可以测到的脉冲率换算成绝对衰变率。在放射化学中，这种换算常常是不必要的，因为一般只进行相对测量。

对式(2.5)取对数可得到：

$$\lg A = \lg A_0 - 0.434\ 3\lambda t$$

或

$$\lg A = \lg A_0 - 0.301\ 0t/T_{1/2} \tag{2.11}$$

又因为放射性活度 A 是与脉冲率成正比的，可得到：

$$\lg I = \lg I_0 - 0.301\ 0t/T_{1/2} \tag{2.12}$$

在半对数坐标纸上，以放射性活度 A 或脉冲率 I 作为时间的函数作图，就会得到一条直线，由这一直线的斜率可直接读出半衰期 $T_{1/2}$，即 A 或 I 下降到 $A/2$ 或 $I/2$ 的时间，如图 2.1 所示。

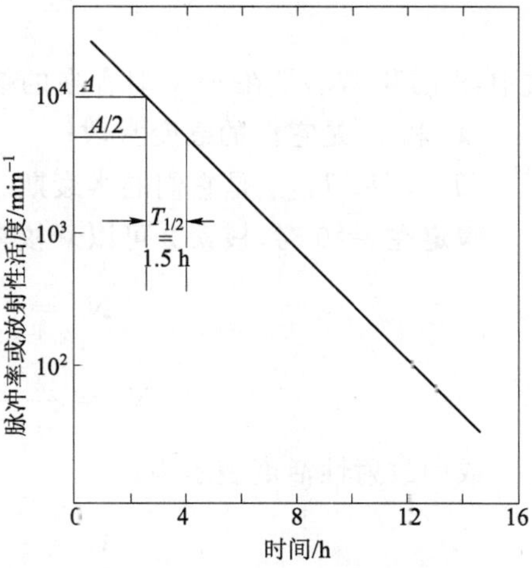

图 2.1　放射性核素放射性活度与时间关系图($T_{1/2}$=1.5 h)

如果两种或多种相互独立的放射性核素存在于同一个样品源中，就会得到一条复合测量曲线：

$$A = \sum_t^n A_n \tag{2.13}$$

式中：n 是放射性核素的数目。通过分解曲线可得到单个核素的放射性活度或脉冲率。把长寿命核素放射性活度 A_2 的曲线外推到 $t=0$，然后由总放射性活度 $A_{总}$ 中减去放射性活度 A_2，就可得到短寿命的核素的放射性活度 A_1，如图 2.2 所示。但是，实际上当所研究的核素的半衰期相近或它们的放射性活度值差别很大时，分解这样的衰变曲线是困难的。

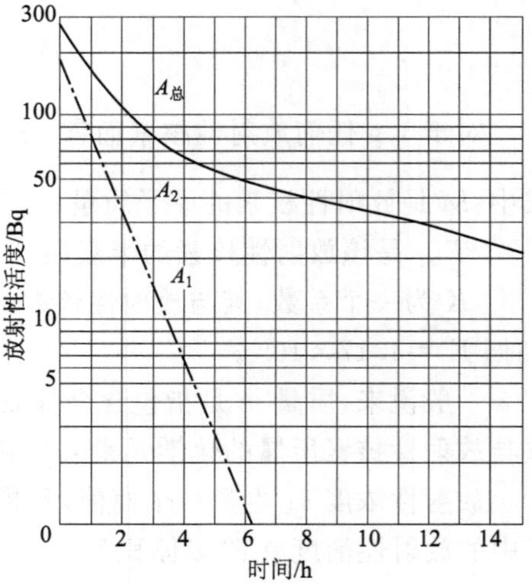

图 2.2 两种互相独立的放射性核素脉冲率与时间的关系

A_1 —短寿命组分（$T_{1/2}=0.8$ h）；

A_2 —长寿命组分（$T_{1/2}=8$ h）

2.1.2 放射性衰变平衡的建立

由母体衰变生成的子体核素，如果子体核素也是放射性的，其衰变如下：

$$N_1 \xrightarrow{T_{1/2,1},\lambda_1} N_2 \xrightarrow{T_{1/2,2},\lambda_2} N_3$$

为了计算子体原子数，除考虑由母体生成的子体原子数（$N_1 \rightarrow N_2$）外，还要考虑它衰变成下一代子体原子数的数目（$N_2 \rightarrow N_3$），即 N_1 衰变使 N_2 的原子数增加，而 N_2 本身衰变使 N_2 的原子数减少，N_2 原子的变化量为两者的代数和：

$$\frac{dN_2}{dt} = \frac{dN_1}{dt} - \lambda_2 N_2 = \lambda_1 N_1 - \lambda_2 N_2 \tag{2.14}$$

根据式(2.2)：

$$N_1 = N_{1,0}e^{-\lambda_1 t}$$

可以得到：

$$\frac{dN_2}{dt} + \lambda_2 N_2 - \lambda_1 N_{1,0}e^{-\lambda_1 t} = 0 \tag{2.15}$$

它是一个描述母体核素 1 和子体核素 2 之间关系的二阶微分方程，它的解是

$$N_2 = \frac{\lambda_1}{\lambda_2 - \lambda_1} N_{1,0}(e^{-\lambda_1 t} - e^{-\lambda_2 t}) + N_{2,0}e^{-\lambda_2 t} \tag{2.16}$$

式中：$N_{1,0}$ 和 $N_{2,0}$ 是在 $t=0$ 时存在的核素 1 和核素 2 的原子数；

λ_1 和 λ_2 是它们的衰变常数；

$T_{1/2,1}$ 和 $T_{1/2,2}$ 是它们的半衰期。

假定在 $t=0$ 时，核素 2 可以从核素 1 中定量地分离出来，此时 $N_{2,0}=0$，N_2 可表示为：

$$N_2 = \frac{\lambda_1}{\lambda_2 - \lambda} N_{1,0}(e^{-\lambda_1 t} - e^{-\lambda_2 t})$$

$$N_2 = \frac{\lambda_1}{\lambda_2 - \lambda_1} N_{1,0}e^{-\lambda_1 t}(1 - e^{-(\lambda_2 - \lambda_1)t}) \tag{2.17}$$

或用放射性活度表示为：

$$A_2 = \frac{\lambda_2}{\lambda_2 - \lambda_1} A_{1,0}(1 - e^{-(\lambda_2 - \lambda_1)t}) \tag{2.18}$$

1）母体核素的半衰期比子体核素的半衰期长很多，它们能建立起长期平衡。

在这种衰变情况下，λ_2 远大于 λ_1，因此式(2.17)或式(2.18)可以简化为

$$N_2 = \frac{\lambda_1}{\lambda_2} N_{1,0}(1 - e^{-\lambda_2 t}) \tag{2.19}$$

或

$$A_2 = A_{1,0}(1 - e^{-\lambda_2 t}) \tag{2.20}$$

也就是说放射性平衡的建立仅仅取决于子体核素的半衰期,如图 2.3 所示。在放射性平衡情况下,有:

$$A_1 = A_2,\ 即\ \lambda_1 N_1 = \lambda_2 N_2 \tag{2.21}$$

即处于放射性平衡时,在规定时间内核素 2 生成率等于它的衰变率。总放射性活度是

$$A = A_1 + A_2 = A_{1,0} + A_{1,0}(1 - e^{-\lambda_2 t}) = A_{1,0}(2 - e^{-\lambda_2 t}) \tag{2.22}$$

式中:$A_1 = A_{1,0}$。

这一关系对母体核素半衰期非常长的放射性衰变链来说是相当重要的。一旦平衡建立,就存在如下关系:

$$\lambda_1 N_1 = \lambda_2 N_2 = \lambda_3 N_3 = \cdots = \lambda_i N_i \tag{2.23}$$

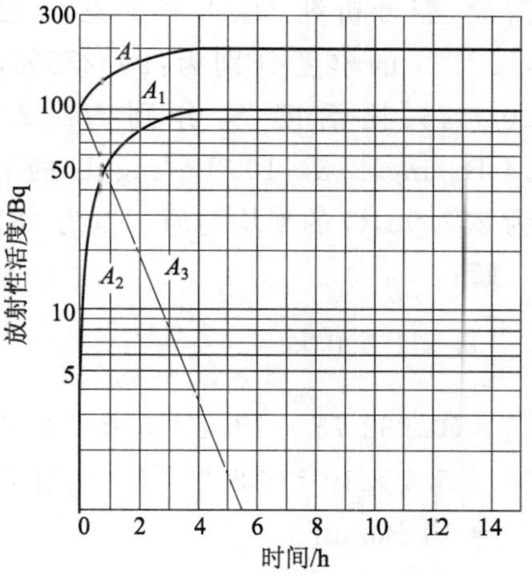

图 2.3　长期平衡($T_{1/2} \gg T_{1/2}$)

A —总放射性活度;A_1 —母体核素的放射性活度;

A_2 —子体核素的放射性活度;

A_3 —被分离出子体的放射性衰变($T_{1/2}$=0.8 h)

2) 母体核素的半衰期不太长,但仍比子体核素的半衰期长(暂时平衡)。

当母体核素的衰变不再能忽略时采用暂时平衡这术语。用式(2.17)时不能简化,当 $(1 - e^{-(\lambda_2 - \lambda_1)t}) = 1$ 时,达到放射性平衡。所以实际上在时间 t 以后,且

$$t > 10\, \frac{T_{1/2,1} T_{1/2,2}}{T_{1/2,1} - T_{1/2,2}}$$

有关系式:

$$N_2/N_1 = \lambda_1/(\lambda_2 - \lambda_1) = T_{1/2,2}/(T_{1/2,1} - T_{1/2,2}) = T_{1/2,2}/(T_{1/2,1} - T_{1/2,2}) \tag{2.24}$$

这一关系在图 2.4 中说明。与长期平衡不同,不仅总放射性活度 A 而且子体放射性活 A_2 均经过一个最大值,然后子体的放射性活度大于母体的活度。

3) 母体核素的半衰期比子体半衰期的半衰期短。

当 t=0 时,子体核素的原子数 $N_2 = 0$,则在 t 时刻:

$$N_2 = \frac{\lambda_1}{\lambda_1 - \lambda_2} N_{1,0} e^{-\lambda_2 t}(1 - e^{-(\lambda_1 - \lambda_2)t}) \tag{2.25}$$

当 $e^{-(\lambda_1 - \lambda_2)t} \ll 1$ 时,仅有子体核素的衰变 $e^{-\lambda_2 t}$ 能被观察到,此时子体核素的原子数 N_2 正比于分离时存在的母体核素的原子数 $N_{1,0}$。在这种情况下,没有

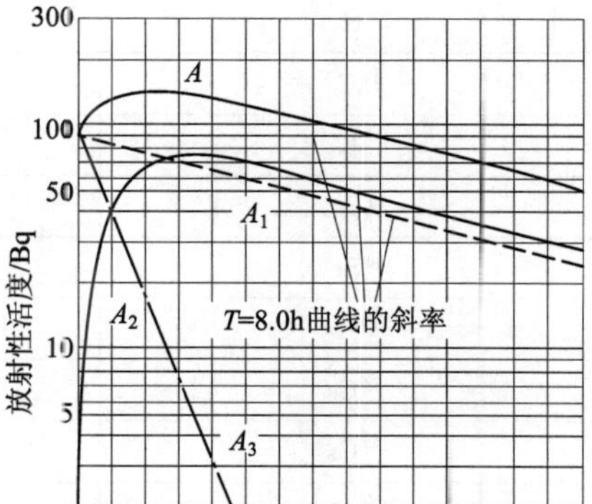

图 2.4　暂时平衡($T_{1/2,1} > T_{1/2,2}$)

A —总放射性活度;

A_1 —母体核素($T_{1/2,1}$=8 h)的放射性活度;

A_2 —子体核素($T_{1/2,2}$=0.8 h)的放射性活度;

A_3 —被分离出子体的放射性衰变

放射性平衡可以达到，如图 2.5 所示。

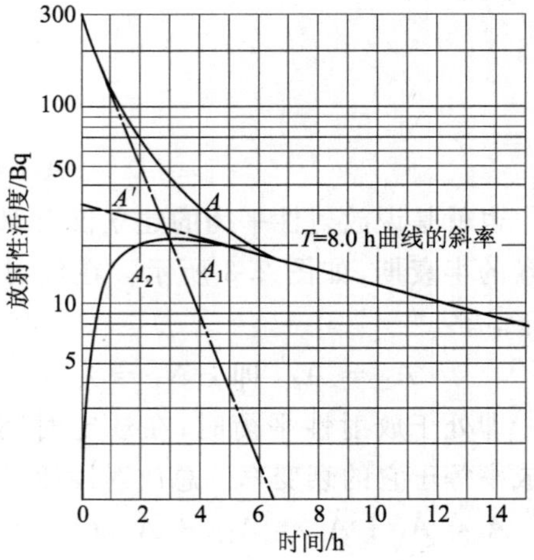

图 2.5 不平衡（$T_{1/2,1} < T_{1/2,2}$）
A —总放射性活度；
A_1 —母体核素（$T_{1/2,1}=0.8$ h）的放射性活度；
A_2 —子体核素（$T_{1/2,2}=8$ h）的放射性活度；
A' —外推衰变曲线到 $t=0$

2.1.3 放射性的计算

例 1：配 1 000 mL 浓度为 10 Bq/mL 标准铀溶液，需分析纯 U_3O_8 多少克？（已知：^{238}U、^{235}U、^{234}U 的丰度分别为：99.275%，0.720%，0.005 4%；比活度 S_0 分别为：12.4 Bq/mg，79.4 Bq/mg，2.3×10^5 Bq/mg；U 的平均匀原子量为 237.98，O 的平均匀原子量为 16）

解：

$$\left[m\times1\,000\times\frac{3\times\overline{U}}{3\times\overline{U}+8\times\overline{O}}(0.992\,75\times12.4+0.007\,2\times79.4+5.4\times10^{-5}\times2.3\times10^{5})\right]/1\,000$$

$$=10\ \text{Bq/ml}$$

$$m=0.479\ \text{g}$$

例 2：在 1 g 天然钾中每分钟衰变多少个^{40}K 的原子？（已知^{40}K 的丰度为 1.18×10^{-2}%，钾的平均原子量为 39.1，相关数据见表 2.1）

解：$$-\frac{dN}{dt}=\lambda N=\frac{\ln2}{T_{1/2}}\frac{mHL}{M}=\frac{0.693\times1\times1.18\times10^{-4}\times6.023\times10^{23}}{1.28\times10^{9}\times5.256\times10^{5}\times39.1}$$

$$=1.87\times10^{3}\ \text{原子/min}$$

表 2.1 一些放射性核素的比活度

核素	半衰期/a	比活度/(g/Bq)
^{3}H	12.3	2.8×10^{-15}
^{14}C	5 730	6.0×10^{-12}
^{40}K	1.28×10^{9}	3.88×10^{-6}
^{60}Co	5.26	2.4×10^{-14}
^{90}Sr	27.7	1.9×10^{-19}
^{131}I	0.022	2.18×10^{-16}
^{134}Cs	2.046	2.1×10^{-14}
^{137}Cs	30.0	3.1×10^{-13}
^{238}U	4.51×10^{9}	8.1×10^{-5}
^{239}Pa	24 390	4.4×10^{-10}

例 3：1 Bq 的不同的放射性核素各有多重？多大质量的放射性核素的放射性活度为 1 Bq？

解：

$$\frac{dN}{dt}=\lambda\frac{mL}{M}$$

或

$$m(g/Bq)=\frac{\frac{dN}{dt}\cdot MT_{1/2}}{L\ln 2}$$

$$=7.57\times 10^{-17}MT_{1/2}\ a$$

例 4: 从 1 t 含有 40% U_3O_8 的沥青铀矿中能分离多少克 ^{226}Ra?

解:

$$^{238}U \xrightarrow{3\alpha,\beta^-} {}^{226}Ra$$

$$N_{Ra}=N_U\cdot\frac{T_{1/2,Ra}}{T_{1,2,U}}=3.07\times 10^{20}\ 原子=0.115\ g$$

例 5: ^{95}Zr($T_{1/2}$=65.5 d)经 β^- 衰变到 ^{95}Nb($T_{1/2}$=35 d),后者衰变为稳定的 ^{95}Mo。从 $t=0$ 时分离纯算起,什么时候 ^{95}Zr 的放射性活度达到最大?总放射性活度是多大?

解: 将式(2.17)对时间微分并使微商为 0,得到:

$$t_{max}=\frac{1}{\lambda_2-\lambda_1}\ln\frac{\lambda_2}{\lambda_1}=67.97\ d$$

总放射性活度 A 是 ^{95}Zr 初始活度的 48.7%。

2.2 放射性衰变类型

如果一种核的质量小于它的所有可能的衰变产物的质量和,它就不会自发进行放射性衰变,这一核素就是稳定的。因此放射性衰变仅在起始核与产物核之间有正的质量差时才有可能发生。

放射性衰变通常由下式描述:

$$\underset{母体核}{A}\longrightarrow\underset{子体核}{B}+\underset{发射的粒子或量子}{X}+\underset{能量}{\Delta E}$$

这里能量是以放出的粒子或量子的动能形式出现的。在放射性衰变释放的能量称作 Q 值,它由衰变前后处于基态的核的质量差得出。

$$Q=\Delta mc^2=(m_A-m_B-m_X)c^2$$

Q 值与衰变时放出的粒子或量子的能量并不一致,因为它还包括子体核反冲能量。

按照发射粒子的不同,放射性衰变分为以下几类:

1) α 衰变;

2) β 衰变,细分为 β^- 衰变、β^+ 衰变或电子俘获(EC);

3) γ 衰变以及发射转换电子或俄歇电子;

4) 自发裂变;

5) 质子裂变;

6) 发射过重量粒子如 ^{14}C、^{24}Ne 的衰变。

除质子衰变外,其余五种衰变在自然界中存在的放射性核素中均有,因此它们是天然的放射性衰变类型。

此外还存在几种所谓的缓发衰变,能量较高的激发核不是通过放射 γ 射线过渡到基态,而使通过发射一个或多个粒子(α,p,n),以及通过缓发裂变而衰变。有关不同衰变过程的一览在表 2.2 中给出。

表 2.2　不同衰变过程的一览表

衰变类型	符号	发出射线的种类	衰变过程	备　注
α 衰变	α	氦核 ${}^4_2He^{+2}$	${}^A_ZX \to {}^{A-4}_{Z-2}Y + {}^4_2He^{+2}$	$Z>83$ 的核素优先发生
β 衰变	β^-	负电子${}^1_0e^-$	${}^A_ZX \to {}^{A-4}_{Z+1}Y + \beta^- + \bar{\nu}$	中子过量的核
	β^+	正电子${}^1_0e$	${}^A_ZX \to {}^{A-4}_{Z-1}Y + \beta^+ + \nu$	中子不足的核，$Q>1.02$ MeV
电子俘获	EC	子体核发射特征 X 射线	${}^A_ZX \to {}^{A-4}_{Z-1}Y + \beta^+ + \nu$	中子不足的核
γ 衰变	γ	量子 $h\nu$		放射性衰变之后，亚稳态核给出子体核的激发能
转换电子		电子和特征 X 射线	原子核的激发能转送给壳层电子	原子核处于低激发能时（≤0.2 MeV）优先
自发裂变	sf	裂变产物、中子 γ 量子	${}^A_ZX \to {}^{A_1}_{Z_1}Y_1 + {}^{A_2}_{Z_2}Y_2 + \nu n$	仅在 $Z \geqslant 90$ 的核素处发生
质子衰变	p	质子	$Z_1 + Z_2 = Z, A_1 + A_2 + \nu n =$ ${}^A_ZX \to {}^{A-4}_{Z-1}Y + p^+$	仅发生在中子数严重不足的核的情况下
中等重量粒子的发射		${}^{14}C$、${}^{26}Ne$、${}^{28}Mg$ 及 Si 核	${}^{222}Ra \to {}^{208}Pb + {}^{14}C$	仅在变形的重核处发生，衰变产物核在双幻数核${}^{208}Pb$附近形成

前 3 种衰变的定性区分是比较容易的，把它们置于磁场中就可实现，如图 2.6 所示。在磁场中不带电荷的 γ 量子不偏转。带正电荷的 β^+ 和 α 离子偏向一侧，带负电荷的 β^- 离子偏向另一侧。由于粒子偏转取决于荷质比 e/m，α 粒子质量大，受的影响比 β 粒子小。

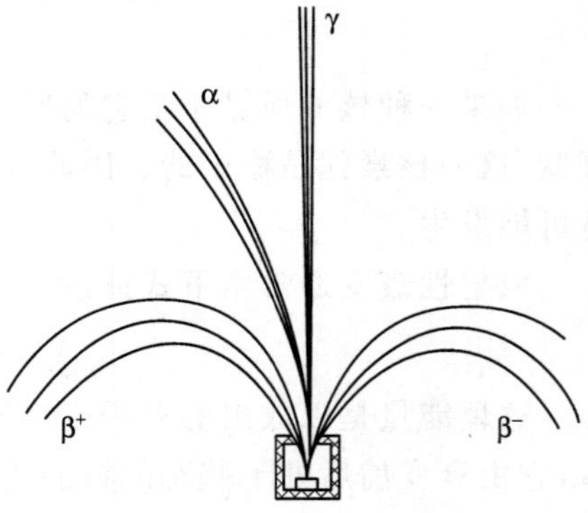

图 2.6　放射性衰变发出的射线在磁场中的偏转

放射性核的变化过程可以用衰变纲图描述。把不同状态的核绘在具有激发能 E_1、E_2、E_3 等的能级上。最低状态表示具有能量 E_0 的基态。所观察到的各个能级之间的变化，在衰变纲图中用箭头说明。箭头方向标明衰变类型。垂直箭头为放射 γ 量子，向右的斜箭头为 β^- 衰变，向左的斜箭头为 β^+ 衰变或电子俘获，向左的“宽”箭头为 α 衰变和发射质子。在每个箭头的一侧给出特定衰变的可能百分比和已知的以 MeV 表示的衰变能。

2.2.1　α 衰变

在 α 衰变中放出${}^4_2He$ 核（${}^4_2He^{2+}$ 简称为 α 粒子），这样衰变的核素其核子数减小 4、核电荷数减小 2，例如：

$$ {}^{238}_{92}U \xrightarrow{\alpha, 4.5\times10^9\ a} {}^{234}_{90}Th $$

$$ {}^{226}_{88}U \xrightarrow{\alpha, 1\ 602\ a} {}^{222}_{86}Rn $$

对 α 衰变来说，Q 值由下式得出：

$$ Q_\alpha = E_\alpha + E_R + E_A \qquad (2.26) $$

式中：E_α 释放出的 α 粒子的能量；

E_R是反冲原子的能量；

E_A是子体核的激发能。

特别在较轻偶偶核（$A<240$）的情况下，α 衰变后大多数直接到子体核的基态，而在其他类型的核时，常常到子体核的激发态。

2.2.2 β衰变

β衰变时原子核中的一种核子转变为另外一种核子。当母体核和子体核的能量差很小，即衰变核位于同量异位曲线中稳定区谷底附近时，β衰变才是可能的。随着母体核与子体核之间能量差的增大，作为β衰变的竞争反应粒子发射的概率增加了。在 β^- 衰变时，核中的中子转变成质子，β^+ 衰变和电子俘获时质子转变成中子，即β衰变时核子数不变而核电荷数增加或减小1。因此，β^- 衰变是在中子过剩的核（丰中子核）中出现。例如所有裂变产物和多数在反应堆中通过俘获中子所形成的放射性核素均属于此类。β^+ 衰变与电子俘获同恰好与 β^- 衰变相反，仅发生在中子不足的核素（缺中子核）中，如通过加速器内高能入射粒子能核反应产生的核素。

β^- 衰变：β^- 衰变（负电子衰变）可以自发进行，因为在核中较重的中子转变成为较轻的质子，质量差以能量形式出现。最轻的 β^- 放射体是自由中子：

$$\eta \xrightarrow{14.6\ \text{min}} p^+ + e^- + \bar{\nu} + \Delta E$$

大约存在800种放射 β^- 的核素，例如：

$$^{3}_{1}\text{H} \xrightarrow{T_{1/2}=12.3\ \text{a}} {}^{3}_{2}\text{He} + e^- + \bar{\nu}$$

$$^{32}_{15}\text{P} \xrightarrow{T_{1/2}=14.1\ \text{d}} {}^{32}_{16}\text{S} + e^- + \bar{\nu}$$

$$^{234}_{90}\text{Th} \xrightarrow{T_{1/2}=24.1\ \text{d}} {}^{234}_{91}\text{Pa} + e^- + \bar{\nu}$$

可以用适当的探测器证明 β^- 衰变除了放出电子以外还放出了所谓的反中微子 $\bar{\nu}$（β^+ 衰变放出中微子 ν）。

β^+ 衰变和电子俘获：β^+ 衰变（正电子衰变）时质子转变成中子，同时放出正电子和中微子，因此这类衰变仅限于质子过量的核，即缺中子核。

$$p^+ \longrightarrow n + e^+ + \nu$$

如果在初始态与终态之间的能量差（Q 值）大于1.02 MeV，即两个电子的静质量时，该反应才能发生（除了放出正电子外，围绕原子核的电子壳层也失掉电子，以维持电中性）。β^+ 衰变的正电子谱在相当大的程度上类似于负电子谱，也存在直到最大能量 $E_{\beta,\max}$ 的连续能量分布。

β^+ 衰变发射的正电子通过弹性碰撞给出能量，然后与电子结合，同时把两个粒子的静质量转变为两个能量各为0.51 MeV的γ量子，以180°角放出。具有 $E_\gamma=0.51$ MeV的湮没辐射的检测是正电子衰变的间接证明。

如果转变的 Q 值小于1.02 MeV就不可能发生正电子发射。在这种情况下，母体核通过俘获壳层电子转变为子体核，即电子俘获EC：

$$p^+ + e^- \longrightarrow n + \nu$$

因此，由发射正电子或电子俘获所产生的子体核是相同的。由 p^+ 与 e^- 的结合释放出的能量如果不保留作为核能级不连续的激发能，它就由中微子带走。这样，与 β^+ 衰变相反，在电子俘获中形成了单能的中微子。

由于从 K 壳层俘获电子的可能性大于其他壳层，观察到的大多数是 K 俘获（ε_K）。L 俘获（ε_L）或 M 俘获（ε_M）常常少得多。当可用的能量不足以分离结合很强的 K 壳层电子时才发生 L 俘获和 M 俘获。

电子俘获后在电子壳层中形成空穴，它由俘获外壳层电子填满，如图 2.7 所示。由此发射出子体的特征 X 射线。这些 X 射线可以帮助鉴别母体核，在 $^{64}_{29}Cu$ 的 K 俘获中，可以探测到 $^{64}_{28}Ni$ 的特征 K_α 辐射。

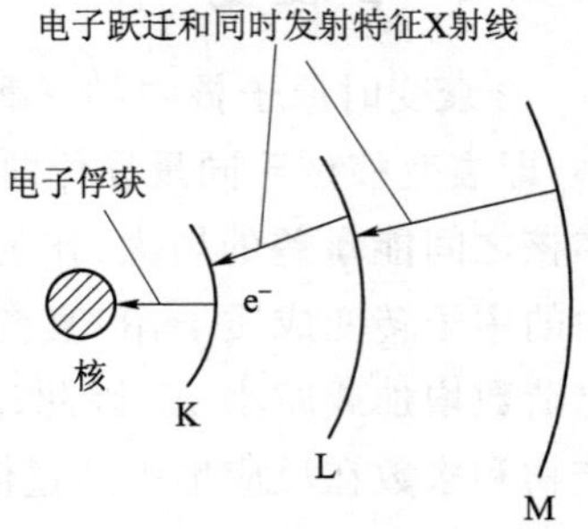

图 2.7 电子俘获示意图

Q 值小于 1.02 MeV 时，也能观察到电子俘获，此时电子俘获和正电子发射作为竞争反应存在。然后随着 Q 值增大衰变比 EC/β^+ 急剧下降，在相同 Q 值时随原子序数增加 EC/β^+ 增加。如 $A>210$ 时 ^{234}Np 的 β^+ 衰变的分支比仅占 0.05%。

2.2.3 γ 衰变

α 或 β 衰变生成的子体核常常处于激发态。通常情况下激发态核通过发射 γ 射线到基态。因为初态和终态具有不连续的能量，核素去激时发射出单能 γ 射线，其辐射能量与频率的关系为：$E=h\nu$。γ 能量在 5 keV～7 MeV 之间，低能部分是在 X 射线的特征范围内。核激发态的去激和跃迁到基态常常不是发射一个 γ 光子而是连续发射多个光子即 γ 级联。γ 衰变的特点是既不改变原子核的质量数 A 也不改变原子序数 Z，发射 γ 量子的结果仅仅是损失核结合能。

核的激发态的寿命长到可以被测量出来的这种核称为亚稳态核。例如 ^{80m}Br ($T_{1/2}=4.4$ h)，^{234m}Pa ($T_{1/2}=1.18$ s) 这类核同质异能现象常常被观察到。对更短寿命的核态称为"核激发态"。两个核态之间的能量差 $\Delta E=E_2-E_1=E_\gamma$，不一定绝对地以 γ 量子形式发射出来，而是还可以转变成轨道电子的动能，该电子带有不连续的能量 $E_{e^-}=\Delta E-E_B-E_R$ 离开核，其中，E_R 是子体核的反冲能量，E_B 是所遇到的轨道电子的结合能。由这一过程发射的单能电子成为内转换电子（e^-），与 β 衰变发射的具有连续能量的电子相反，所有这种转换电子都具有相同能量，如图 2.8 所示。

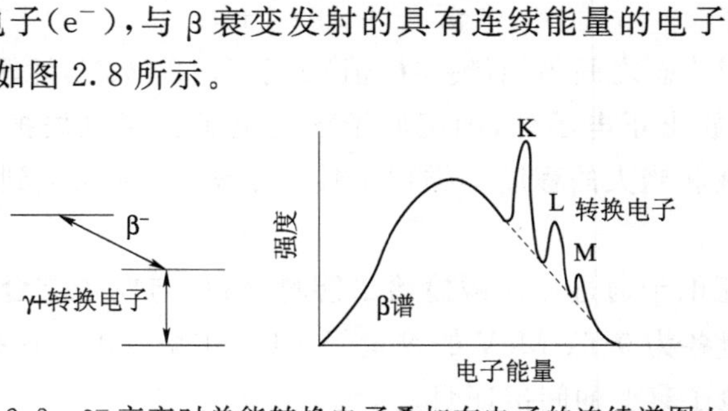

图 2.8 β^- 衰变时单能转换电子叠加在电子的连续谱图上

内转换系数（转换数）α 是对两个能态之间的同一跃迁发射内转换电子的概率 W_e 与发射 γ 量子的概率的商值。

$$\alpha=\frac{W_e}{W_\gamma}=\frac{W_e}{1-W_e}$$

局部内转换系数表示该与原子壳层 K、L、…上的电子的相互作用，它们分别为 α_K、α_L、…。α 也称为“点”转换系数，

$$\alpha=\alpha_K+\alpha_L+\cdots=\frac{W_K}{W_\gamma}+\frac{W_L}{W_\gamma}+\cdots \tag{2.27}$$

式中：W_K、W_L…是指从 K、L 等壳层发射转换电子的概率。

α_K/α_L 的比值称为 K 对 L 的转换比，α 可以取 0 与∞之间的任何值，纯 γ 光子发射或纯转换电子发射的极端情况。两个激发态之间能量差值越小以及自旋量子数差值越大，就是说寿命越长，α 就越大，原子序数 Z 越大则一般说来转换系数越大。

转换电子主要来自于 K 壳层，而来自 L(α_L)，M(α_M)或更外壳层的较少。下述情况是可以理解的。K 壳层上的电子和核之间的距离小，因而在核内滞留“概率”大于其他壳层，如果核给出的能量小于 K 壳层的电子结合能，则外壳层的转换电子将分裂出去。

转换电子分裂出去之后，像电子俘获一样在该壳层形成“空洞”，由更外层的电子来填充，由此发射出特征的 X 射线（K_α、K_β、L_α…）。这些特征 X 射线，即电子壳层的两个能态之间的差值同样也可以转换，代替发射特征 X 射线的是从外壳层剥落电子。通常这些能量很低的单能电子叫做俄歇电子，如图 2.9 所示。用“荧光产额”ω 表示填充电子空穴时发射 X 射线的份额。图 2.10 表明从 K 壳层产生的荧光产额随原子序数增加而升高，也就是俄歇电子产额($1-\omega$)即发射电子的概率降低。

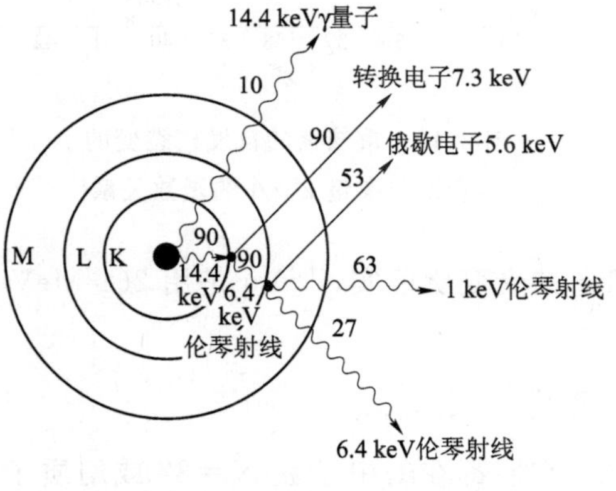

图 2.9　处于 14.4 keV 能级的 ^{57}Fe 衰变时特征 X 射线的转换

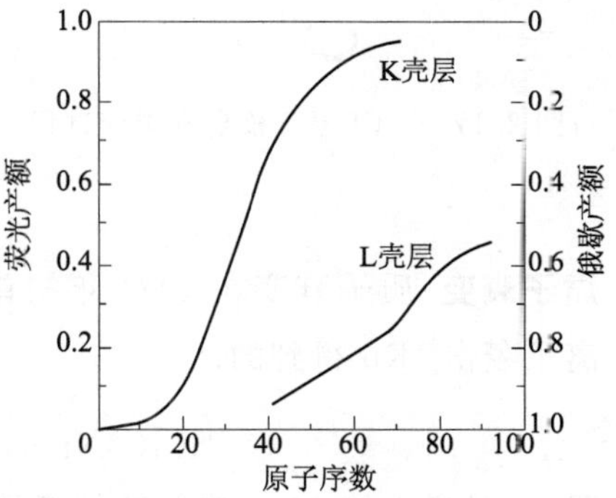

图 2.10　荧光产额 ω、俄歇产额 $1-\omega$ 与原子序数的关系

2.2.4　其他衰变

自发裂变：在放射性衰变中原子核分裂成两个大小相近的碎片的过程叫自发裂变。这一过程和涉及的能量均类似于诱发核裂变，但是自发裂变是在没有外来影响下进行的基态衰变，^{252}Cf 的自发裂变如图 2.11 所示。

根据原子核的液滴模型自发裂变仅在 $Z\geqslant 90$、$A>230$ 的重核中观察到。不过至今只知道少数几个核素（如 ^{250}Cm、^{254}Cf、^{256}Fm、^{260}Ku）的自发裂变是其主要衰变形式。大多数核素的自发裂变仅占小的衰变分支比，自发裂变的部分半衰期都很长。自发裂变的半衰期应该

随 Z^2/A 的升高而减短，因此 $Z^2/A>44.8$ 的核将通过自发裂变极迅速地衰变($T_{1/2}=10^{-20}$ s)。从图 2.12 可以看出，这一模型正确地在、描绘了偶偶核的自发裂变的半衰期，随原子序数上升呈下降趋势，而每个元素的自发裂变的这些值都形成自己的曲线。非偶偶核的自发裂变半衰期比临近的偶偶核的平均值大 3～4 个数量级。

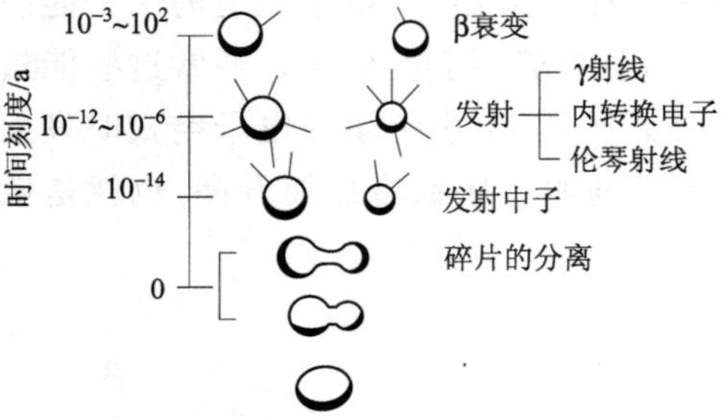

图 2.11 ^{252}Cf 原子核自发裂变过程

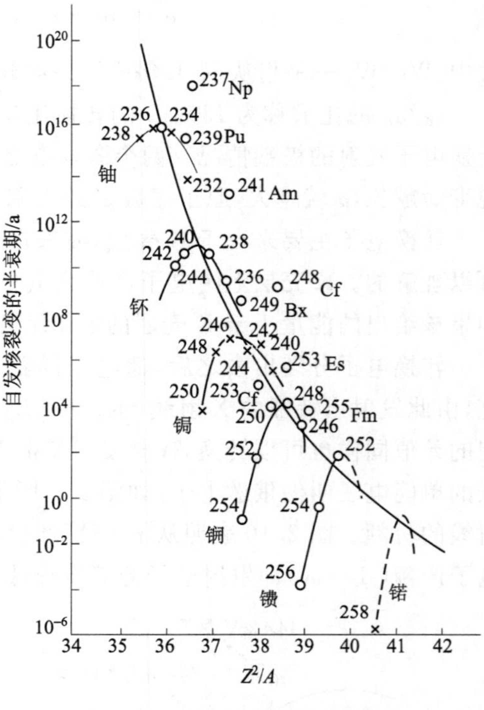

图 2.12 重核素的自发核裂变的半衰期与参量 Z^2/A 的函数关系

质子衰变：质子衰变在 1981 年初首先由^{151}Lu 的衰变所证实，^{151}Lu 是用 261 MeV 的^{58}Ni 离子轰击^{96}Ru 得到的。

$$^{96}\mathrm{Ru}(^{58}\mathrm{Ni},\mathrm{p},2\mathrm{n})^{151}\mathrm{Lu}\xrightarrow{\mathrm{p}^+,8.5\ \mathrm{ms}}{}^{150}\mathrm{Yb}$$

目前，已经大约 10 种放射性核素能发射质子，它们都在幻中子数 $N=82$ 或幻质子数 $Z=50$ 附近。在这些核中质子稳定性界限被超过了，最后一个质子是没有结合的。质子发射只能通过隧道并被库伦势垒或离心势垒推迟，它的半衰期在 1 s 以下。

发射中等重量粒子的衰变：1984 年第一次证实了^{235}U 衰变系中 ^{227}Th 的衰变产物^{223}Ra 除发射 α 粒子外，还以大约 6×10^{-10}的份额发射具有 30 MeV 能量的^{14}C 粒子。

$$^{223}\mathrm{Ra}\xrightarrow{^{14}\mathrm{C},\,T_{1/2}\approx10^{10}\,\mathrm{a}}{}^{209}\mathrm{Pb}$$

已经证实 ^{226}Ra、^{224}Ra 和^{222}Ra 也发射^{14}C。可与发射^{14}C 相比较的是^{24}Ne 的发射(如^{232}U，$T_{1/2}=8\times10^{12}$ a)，^{234}U 发射^{24}Ne 和^{28}Mg，以及^{238}Pu α 衰变($T_{1/2}=87.75$ a)时发射 Mg 离子(α：Mg≈6×10^{-17}，$T_{1/2}=2\times10^{18}$ a)和 Si 离子(α：Si≈1.4×10^{-16}，$T_{1/2}\approx6\times10^{17}$ a)。如图 2.13 所示，^{234}U 是发射 4 种重粒子。

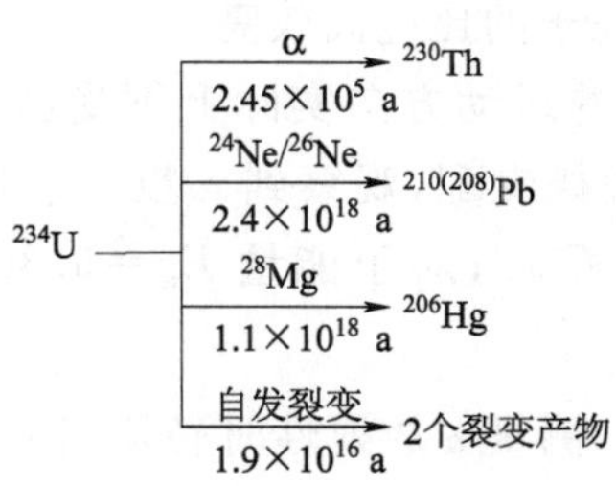

图 2.13 ^{234}U 衰变图

2.3 射线与物质的相互作用

核辐射射线分为带电射线和不带电射线两大类。直接引起电离的核辐射由具有静止质量和电荷的粒子组成,如 α 和 β 辐射。不带电荷的辐射是间接引起电离的辐射,如 γ 辐射和中子辐射就是间接引起电离的辐射。

核辐射与物质相互作用时,与原子壳层电子直接或间接地发生作用,引起电子激发或电离。通常电离占主要地位:

$$M \longrightarrow M^+ + e^-$$

射程是直接引起电离的辐射能量的特征量度。半厚度是间接引起电离的辐射能量的合适量度。为了不同的吸收物可以互相比较,射程和半厚度多用单位面积质量 g/cm^2 或 mg/cm^2 来表示。

2.3.1 α 射线与物质的相互作用

α 辐射与物质有强的相互作用,因而它很容易被完全吸收,如 ^{214}Po(能量 E_α = 7.69 MeV)的 α 射线在不同材料中的射程见表 2.3,从表 2.3 中的数据可得,一张薄纸或几厘米空气就足以将它定量吸收了。

表 2.3 ^{214}Po 的 α 射线在不同材料中的射程

物质	外推射程/cm	射程/(mg/cm^2)
空气	6.95	8.5
云母	3.60×10^{-3}	10.1
铝	4.06×10^{-3}	11.0
铜	1.83×10^{-3}	16.8
金	1.40×10^{-3}	27.0

α 粒子穿过物质是几乎全部通过与原子壳层电子的静电相互作用损失能量,这种过程可理解为 α 粒子与电子的碰撞。在空气中产生一对离子所需能量平均是 35 eV,因此,由 ^{238}U 发射出能量为 E_α=4.2 MeV 的 α 粒子在被吸收过程中产生约 1.2×10^5 对离子。在 α 粒子路程终点处的比电离约为 7 000 对离子/mm(1 atm,15 ℃),而在路程开始处为约

3 000 对离子/mm，因为低能量粒子的比电离较高。

与电子碰撞时，重的 α 粒子的运动方向实际上不受影响，因而 α 粒子是做“直线飞行”的。由于电离过程受统计分布规律支配，观察到 α 粒子射程有小的变化。α 粒子的射程可区分为外推射程 $R_{外推}$ 和平均射程 $\overline{R}$；对于能量 $E_\alpha = 5.301$ MeV ^{210}Po 的 α 辐射，$R_{外推} = 3.897$ cm，$\overline{R} = 3.842$ cm。

由于 α 粒子与物质的作用强，测量 α 放射性时必须制成很薄的源，其厚度应该在 $\mu g/cm^2$ 范围。同时，测量要在真空下进行。源太厚或者在空气中测量会因 α 辐射的自吸收或被空气吸收而造成能量分辨率的严重降低。质子、氚核和重离子与物质的相互作用和 α 辐射的作用相似。

2.3.2 β 射线与物质的相互作用

电子与物质的相互作用和 α 粒子与物质的相互作用在机理上是相似的，但程度弱得多。电子的比电离是 4～8 对离子/mm，因而 β 辐射在碰撞过程中方向有很大偏转，从而使它的慢化途径呈锯齿形。

常用固体物质，特别是铝，作为 β 辐射的吸收剂。吸收曲线可近似地用下列指数式表示：

$$I = I_0 e^{-\mu d} \tag{2.28}$$

式中：I 是通过厚度为 d 后的强度；

I_0 是起始强度；

μ 是吸收系数。

用同样的方法可以测定转换电子的能量，不过当转换电子能量高于 0.2 MeV 时，强度降低和吸收厚度呈线性关系。对于几种发射电子核素的混合物或某种有几个 $E_{\beta(max)}$ 的核素，吸收法只能准确测得能量最高的 β 辐射或转换电子的能量。

β 辐射的自吸收效应比 α 辐射小，但对很低能量的 β 辐射体，如 ^3H 或 ^{14}C 来说，这种效应是严重的。因此这些核素的测定常用气相(CT_4 或 $^{14}CO_2$)测量法或液相闪烁测量法。

高能量电子在原子核电场内慢化时放出一种连续的 X 射线——韧致辐射。韧致辐射的强度正比于吸收物原子序数及电子能量。β 衰变电子慢化放出韧致辐射发生在吸收物的原子核附近，叫做外韧致辐射。而电子俘获时放出的韧致辐射可成为内韧致辐射，因为此时电子慢化发生在衰变核本身附近。

2.3.3 γ 射线与物质的相互作用

γ 辐射与物质的相互作用和 α 及 β 辐射有重大的差别。带电粒子在多次单个事件中把能量传给原子壳层电子，而 γ 光子在一次事件中就给出全部或大部分能量。但是 γ 辐射的作用很弱，也就是说它的穿透能力比带电粒子大得多。和 β 辐射一样，γ 辐射的吸收遵循指数定律 $I = I_0 e^{-\mu d}$，对 γ 辐射来说，该定律是严格遵循的。半厚度(以 g/cm^2 为单位)可用来表征 γ 辐射的穿透能力，它是使辐射强度降低一半的吸收层厚度。7 个半厚度使起始能量降低至约 1%，10 个半厚度使之降至约 0.1%。

γ 辐射的吸收由 3 种相互独立、物理本质不同的效应引起：光电效应、康普顿效应及电子对形成效应。

在光电效应中，γ 光子在一次碰撞中把全部能量给予一个壳层电子，放出的光电子能量等于 γ 光子能量 E_γ 减去电子的结合能。

在康普顿效应中，γ 光子把部分能量给予一个壳层电子，γ 量子本身发生散射。此过程可用经典物理学中的碰撞定律在描述。碰撞后 γ 量子能量 E_γ 可按下式计算：

$$E'_\gamma = E_\gamma \frac{1}{1+qE_\gamma} \tag{2.29}$$

其中，

$$q = \frac{1-\cos p}{m_0 c^2} \tag{2.30}$$

由于碰撞角 p 可不同，电子得到的能量也不相同。康普顿电子具有连续的能谱。

在电子对形成效应中，一个 γ 光子在原子核电场内生成负电子-正电子对。这仅当 γ 光子能量高于 1.02 MeV（两个电子的静止质量）时才能发生。

这 3 种效应在总吸收中的贡献取决于 γ 量子的能量和吸收剂的原子序数，图 2.14 是铅、铝对 γ 量子吸收。对铅来说，在低能区（<0.5 MeV）光电效应是主要的；当 γ 辐射能量高于 4 MeV 时，电子对形成效应是主要的；在中间能量范围内康普顿效应是主要的。对于原子序数较低的元素，除了很低的能量区外，康普顿效应在总吸收中占主要地位的现象一直持续到高能量区，对铅来说一直持续到 10 MeV。

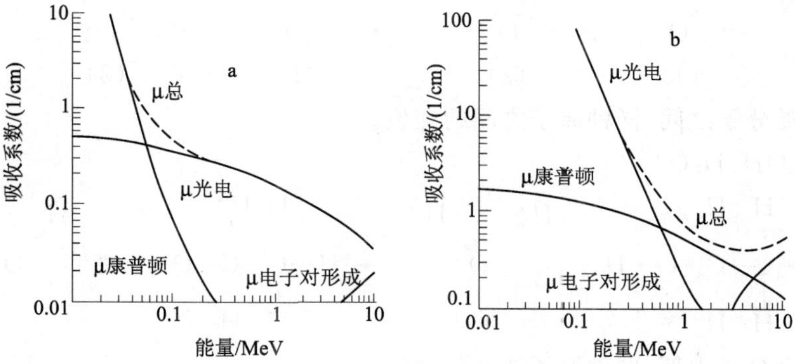

图 2.14　铅、铝对 γ 量子吸收

a—铝；b—铅

第3章　放射性核素的物理化学

3.1　同位素交换

物质的各种运动中，微观物质运动有原子、分子运动，如：

$$\mathrm{Na-OH + H-Cl \longrightarrow H-OH + Na-Cl}$$

不同种分子、原子间进行交换，形成了新的分子种类，即形成了新的化学物质。除此之外，还存在如下的一些运动形态。

(1) 同种原子之间

1）同类分子、不同个体的分子之间，同种原子之间的交换。为了说明问题，将一交换原子做出标记（*）。

H_2O：

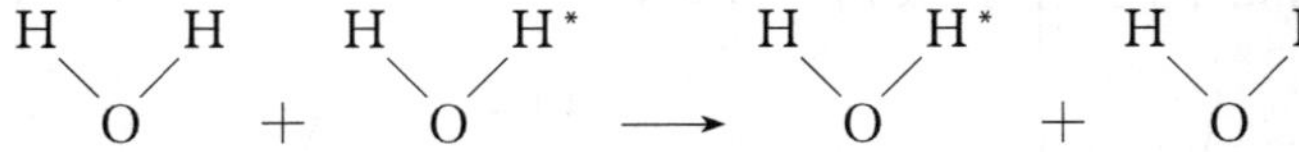

(1)　(2)　(1)　(2)

2）不同类分子之间，同种原子之间的交换。

CH_3CH_2OH，H_2O：

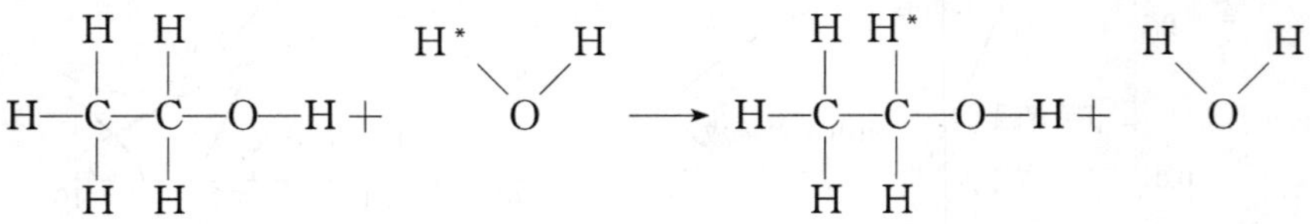

3）同一个分子内部、同种原子之间的交换。

CH_3CH_2OH：

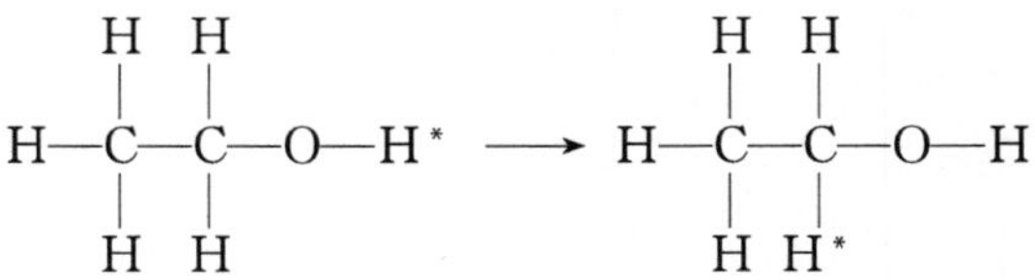

4）同类分子处于不同物理状态的两个分子之间的同种原子之间的交换。

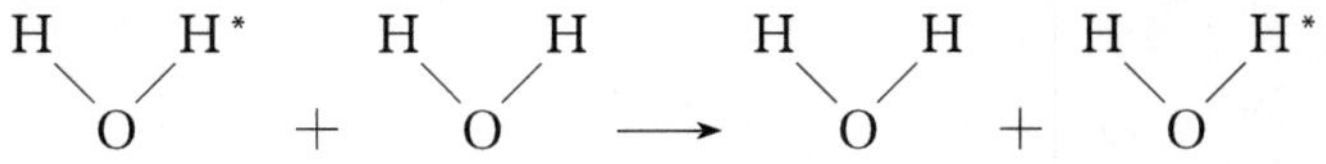

(S)　(L)　(S)　(L)

(2) 同位素原子之间

比如：^{131}I-^{127}I之间的交换，^{127}I为稳定的同位素，^{131}I为放射性原子，即为标记原子。

$$\mathrm{KI(s) + {}^{131}I\cdot I(g) \rightleftharpoons K{}^{131}\text{-}I(s) + I\text{-}I(g)}$$

同位素交换是体系中同位素发生再分配的过程。

在体系的物理和化学状态都不变化的情况下，在不同分子间，同一分子内和不司的相之间，相同原子或同位素原子之间都存在同位素的交换。

例如，碘化钾和碘蒸气的同位素交换。使含有放射性同位素^{131}I的碘蒸气在碘化钾晶体上通过，放射性同位素碘^{131}I在元素碘(I-I)和碘离子(I^-)两种化学形态之间进行了重新分配，所以KI晶体中的I^-有的是^{131}I，从而有了放射性。表示可为：

$$KI(s)+{}^{131}I(g) \rightleftharpoons K^{131}I(s)+I_2(g)$$

因此，任何过程如不导致体系的一般化学或物理化学(如沸点、熔点)的变化，其结果只是改变了在各化学状态，各相或分子内(各部位)同位素的分配，即称为同位素交换过程。

当然，这些现象的证实，在放射性发现之前是不可能实现的。

同位素交换现象具有重大的理论意义与应用价值。比如，利用同位素交换现象研究核素的存在状态；

合成各种标记化合物时，利用同位素交换过程将放射性原子引入化合物中；利用同位素交换在分析化学中应用核素作为指示剂的方法等等。

3.1.1　同位素效应

由于同位素质量不同而引起的同位素在物理和化学性质上的差别称为同位素效应。

同位素的核电荷数相同，彼此仅有质量之差，它们的化学行为没有本质的不同，仅在程度上有一些微小的差别。

同位素效应一般是很小的，其大小可用统计热力学的方法来预测。对于许多司位素交换反应，其效应的理论预测已被实验证实。

例如，双原子气体分子的同位素交换反应是最简单的同位素交换反应，如氢-氘之间的同位素交换：

$$H_2+D_2 \rightleftharpoons 2HD$$

$$H\text{-}H+D\text{-}D \rightleftharpoons H\text{-}D+H\text{-}D$$

其反应的平衡常数K(此写为$K_{交换}$)定义为：

$$K_{交换}=\frac{[HD]^2}{[H_2][D_2]} \tag{3.1}$$

通过实验可测得$K_{交换}$值，其物理意义为：分布均匀性的标志。通过统计热力学的理论推导，该同位素交换反应的平衡常数$K_{交换}$同样可用以下的近似表达式表示，同样$K_{交换}$是反应程度的标志。

下列因素与同位素交换有关，是应该考虑的：

1) 质量——质量差异；

2) 分子的空间形状——对称性；

3) 转动情况——分子的转动惯量；

4) 振动情况——分子热运动情况，用温度表达；

5) 其他如结构稳定状况——分子最低能级状态等。

若分子H_2、D_2和HD的质量分别以m_{H_2}、m_{D_2}和m_{HD}表示；分子H_2、D_2和HD的对称数分别以δ_{H_2}、δ_{D_2}、δ_{HD}表示；所谓分子的对称数指分子在空间转动2π过程中，分子形态复原的次数，如$\delta_{H_2}=2$、$\delta_{D_2}=2$、$\delta_{HD}=1$；分子H_2、D_2和HD的转动惯量分别以I_{H_2}、I_{D_2}和I_{HD}表示；

ΔU_0表示反应前、后分子最低能级的差值(以光谱数据求得其值为 656.9 J/mol);注意反应前有两种分子 H-H、D-D,计算时,以单位摩尔的所有分子算,即反应前算 H-H、D-D,反应后以 H-D 为准计算,那么,T 表示温度,体系的温度,K;R 为理想气体常数(8.314 J·(mol·C)$^{-1}$)

可得 $H_2+D_2 \rightleftharpoons 2HD$ 反应,$K_{交换}$ 的近似表达式为:

$$K_{交换} = \left(\frac{m_{HD}^2}{m_{H_2} m_D}\right)^{3/2} \cdot \left(\frac{\delta_{H_2} \cdot \delta_{D_2}}{\delta_{HD}^2}\right)\left(\frac{I_{HD}^2}{I_{D_2} \cdot I_{H_2}}\right) e^{-\frac{\Delta U_0}{RT}} \tag{3.2}$$

$K_{交换}$衡量同位素效应大小。$K_{交换}$远离 1,说明体系中各种同位素分布很不均匀,同位素效应大。

$K_{交换} \to 1$,说明体系中各种同位素分布趋向均匀,即在各种化学状态或物理形态下,H、D 呈均匀分布,说明效应越小,即各同位素之间无差异。

$K_{交换}=0$ 与 $K_{交}=\infty$ 是一个意思,说明同位素"不交换",理论上这是不可能的。

将 H_2、D_2、HD 的各值代入上式,可得:

$$K_{交换}=4.24 \times e^{-656.9/8.314T}$$

从而可算出不同温度下时的交换平衡常数(理论值)。$T=273+t$ ℃(如 t ℃ $=25$ ℃时,可与实验值对照)。

同样,利用另外的近似计算可求得多原子分子的复杂的同位素交换反应的平衡常数(理论值)。

表 3.1 列出了一些分子在 25 ℃时同位素交换反应的平衡常数值(实验值)。

表 3.1 若干同位素交换反应的平衡常数(25 ℃)

同位素交换反应	$K_{交换}$
$^1H^3H+^1H_2O \rightleftharpoons ^1H^3HO+^1H_2$	6.26
$^1H_2+^2H_2 \rightleftharpoons 2^1H^2H$	3.28
$^1H_2+^2HCl \rightleftharpoons ^1HCl+^1H^2H$	1.45
$^{12}CO_3^{2-}(l)+^{13}CO_2(g) \rightleftharpoons ^{13}CO_3^{2-}(l)+^{12}CO_2(g)$	1.017
$^{14}NH_4^+(l)+^{15}NH_3(g) \rightleftharpoons ^{15}NH_4^+(l)+^{14}NH_3(g)$	1.034
$H^{32}SO_3^-(l)+^{35}SO_2(g) \rightleftharpoons H^{35}SO_3^-(l)+^{32}SO_2(g)$	1.043
$\frac{1}{2}\,^{35}Cl_2+H^{37}Cl \rightleftharpoons \frac{1}{2}\,^{37}Cl_2+H^{35}Cl$	1.003
$\frac{1}{2}\,^{79}Br_2+H^{81}Br \rightleftharpoons \frac{1}{2}\,^{81}Br_2+H^{79}Br$	1.000 4

$K_{交换}$大小表示效应的大小(远离 1 的程度),表 3.1 中,$K_{交换}$=产物浓度积/反应物浓度积。$K_{交换}$随"质量的相对差异"而变化,无疑还受 δ、I、ΔU 因素的影响。

表 3.1 的数据表明,同位素的质量比值与 1 相差越大,则平衡常数与 1 的偏离也越大,即平衡时离同位素的均匀分配状态越远。这说明轻元素的同位素效应较大。当同位素质量 $m>30$ 时,同位素效应明显变小,重元素的同位素效应已可忽略,说明它们的化学性质近于完全相同。也就是说:K 用来衡量效应之大小,K 远离"1",体系愈不均匀,同位素效应越大。一般情况下,同位素交换时,均不考虑同位素效应。

3.1.2 同位素交换反应的特征

1）由于同位素彼此间化学性质相同，所以，除氢以外，所有的同位素交换反应的热效应几乎等于零，即 $Q=0$。

2）除氢之外，同位素交换反应的平衡常数 $K_{交换}$ 极近似等于1，且与温度无关。所以，一般情况下，同位素效应可忽略，即 $K\approx1$。K 近似不变的，当然与温度也无关。

3）同位素交换反应是可逆反应，而可逆反应的热效应等于正反应与逆反应的活化能之差。

$$E_{逆}-E_{正}=Q=0, E_{逆}=E_{正}$$

所以，同位素交换反应的正反应与逆反应的活化能是相等的。

4）因为平衡常数 $K_{交换}=1$，所以同位素交换反应的正反应和逆反应的速度常数相等，即 $k_{正}=k_{逆}$。

$$\alpha A+\beta B \rightleftharpoons \gamma C+\theta D$$

$\overrightarrow{V}_{正}=k_{正}[A]^{\alpha}[B]^{\beta}, \overleftarrow{V}_{逆}=k_{逆}[C]^{r}[D]^{\theta}$；

达到平衡时，$\overrightarrow{V}_{正}=\overleftarrow{V}_{逆}, k_{正}[A]^{\alpha}[B]^{\beta}=k_{逆}[C]^{r}[D]^{\theta}$；

$\dfrac{k_{逆}[C]^{r}[D]^{\theta}}{k_{正}[A]^{\alpha}[B]^{\beta}}=1$，而 $\dfrac{[C]^{r}[D]^{\theta}}{[A]^{\alpha}[B]^{\beta}}=K_{交换}=1$；

所以 $\dfrac{k_{逆}}{k_{正}}=1$，即 $K_{正}=K_{逆}$。

5）同位素交换反应的进行，不伴随有普通元素浓度的变化。

同位素效应的研究结果表明，对于大多数同位素交换反应，由于可以忽略同位素在物理和化学性质方面的差别，所以，可以用纯粹概率的方法来处理同位素交换问题。在同位素交换过程中，体系的内能可以认为不变，因此同位素交换的体系状态只取决于体系的均匀程度。即可用热力学中"熵值"的概念来研究。当体系的均匀性达到最大限度时，同位素交换反应达到平衡。从热力学第三定律可以看出，最大的均匀程度（熵值最大）对应于体系的概率最大的随机状态。既然如此，由于同位素的化学状态几乎完全相同，因此从概率的角度来看，同位素交换反应的平衡状态就相当于大小和质量都相等但颜色不同的球在充分混合时出现的概率最大的随机状态。

用概率方法可以证明，体系的概率最大的随机状态与同位素在不同化合物之间的均匀分配是相对应的，即：若 N_1 为化合物1中参与交换的原子总数，N_2 为化合物2中参与交换的原子总数；而 N_1^* 为化合物1中的放射性原子数（标记原子数），N_2^* 为化合物2中的放射性原子数（标记原子数）。则：

$$\frac{N_1^*}{N_1}=\frac{N_2^*}{N_2} \tag{3.3}$$

上述结论适用于同位素效应可以忽略的任何复杂的均相和多相同位素交换体系。因此，同位素交换反应达到最稳定的平衡态，是在所有化学状态和体系各个部分中具有相同的同位素组成（组成比例）的状态。当然，这个结论对于具有同位素效应的体系是不适用的。实际上，同位素效应是一种"破坏"同位素均匀分配的效应，可正好作为富集同位素（某核素）的一种手段。

3.1.3 同位素交换反应的基本规律

根据体系的不同形式(单相或多相),同位素交换过程可分为单相与多相两种。现以均相(单相)体系为例进行研究。并以简单的同位素交换反应为例,即两种分子间单个的原子交换情况。在下例简单、均相同位素交换反应中:

$$AX^* + BX \rightleftharpoons AX + BX^* \quad (X^* \text{表示放射性核素标记原子})$$

体系初始时,只有 AX、AX^*、BX 3 种化合物。AX(包括 AX^*)形态化合物与 BX 形态物之间,原子 X(包括 X^*)进行交换。现在研究在原来不含放射性核素的化合物 BX 中(即只有 BX 物,无 BX^* 物),由于 X(包括 X^*)在 AX(AX^*)与 BX 之间进行交换,化合物 AX 中有标记原子 X^*,即存在 AX^* 化合物;BX 原来不含标记原子,无 BX^* 物。

设体系中 AX 与 AX^* 的浓度之和为 a,体系中 BX 与 BX^* 的浓度之和为 b,(显然,反应刚开始时,$t=0$ 时,$[BX^*]=0$,$[BX]=b$),在给定的实验条件下(体系确定),a、b 均为定值。令 X_0代表 AX^* 的初始浓度($t=0$ 时的),X 表示 AX^* 的瞬时浓度(t 时),Y 表示 BX^* 的瞬时浓度(t 时),通常 $a>x$,$b>y$(a、b 是能参与交换的原子总数)如果不考虑同位素效应(效应可忽略时),当同位素交换反应达到平衡时,前述"同位素交换反应达到最稳定状态是在所有化学状态和体系各个部分中具有相同同位素(核素)组成的状态",这一结论可得到:

$$\frac{x_\infty}{a} = \frac{y_\infty}{b} \tag{3.4}$$

式中:x_∞ 表示同位素交换反应达到平衡时,AX^* 的浓度;

y_∞ 表示同位素交换反应达到平衡时,BX^* 的浓度。

$t=0$ 时,有:

$$\underset{a}{AX(\overset{x_0}{AX^*})} + \underset{b}{BX}$$

当到达 t 时刻时,有:

$$\underset{a}{AX(\overset{x}{AX^*})} + \underset{b}{BX(\overset{y}{BX^*})}$$

当 $t\to\infty$时,即体系平衡时有:

$$\underset{a}{AX(\overset{x_\infty}{AX^*})} + \underset{b}{BX(\overset{y_\infty}{BX^*})}$$

无疑,$x+y=x_0$,$x_\infty+y_\infty=x_0$

考虑对衰变的校正后,根据物料平衡关系可得:

$$x+y=x_\infty+y_\infty=x_0$$

如果设 R 是交换的原子 X 在 AX 型和 BX 型之间的交换速度(mol/s),R 与体系的状态有关,无疑与温度及其他状态因素有关,一定的状态下,R 是一常数。

显然 $\frac{x}{a}$ 正是 X 从 AX 转移到 BX 的标记概率(比例);$\frac{y}{b}$ 正是 X 从 BX 转移到(返回)到 AX 的标记概率(比例);那么,在给定(确定)的实验条件下(体系固定),时间 t 时(任一瞬时),BX 型中的 BX^* 化合物浓度为 y;显然,$R\cdot\frac{x}{A}$ 是 X 从 AX→BX 之总量中,X^* 的份额 $R\cdot\frac{y}{B}$ 是 X 从 BX→AX 之总量中,X^* 的份额 $\frac{\mathrm{d}y}{\mathrm{d}t}$ 应为 X^* 的"净"生成速度,所以,

$$\frac{dy}{dt}=R\left(\frac{x}{a}-\frac{y}{b}\right)$$

推导：$X=X_{\infty}+y_{\infty}-y$，而 $X_{\infty}=\frac{a}{b}y_{\infty}$，

则 $X=\frac{a}{b}y_{\infty}+y_{\infty}-y$，

$\frac{x}{a}=\frac{a+b}{ab}\cdot y_{\infty}-\frac{1}{a}y$，

$\frac{x}{a}-\frac{y}{b}=\frac{a+b}{ab}y_{\infty}-\frac{1}{a}y-\frac{1}{b}y=\frac{a+b}{ab}(y_{\infty}-y)$。

所以，$\frac{dy}{dt}=R\left(\frac{x}{a}-\frac{y}{b}\right)=R\cdot\frac{(a+b)}{ab}(y_{\infty}-y)$。

积分得：$-\ln(y_{\infty}-y)=\frac{R(a+b)}{ab}\cdot t-\ln y_{\infty}$，

$\ln\frac{y_{\infty}-y}{y_{\infty}}=-\frac{R(a+b)}{ab}\cdot t$，

定义 $\frac{y}{y_{\infty}}=F$，F 为交换度，表示同位素（标记原子）在参加交换的物质之间的分配与平衡分配相距的程度，是同位素交换状况的一个重要标志。显然 F 的值在 0～1 的范围内。

$$\ln(1-F)=-R\frac{(a+b)}{ab}\cdot t$$

则交换度的指数形式为：

$$F=1-e^{-\frac{a+b}{ab}Rt} \tag{3.5}$$

这就是均相同位素交换的指数规律。可以看出，BX 中放射性活度的增长速度，服从指数规律，且与交换反应的机理无关。

若设 $t=t_{1/2}$，$t_{1/2}$ 为半交换期，即交换度为一半时，$-\ln(1-0.5)=R\frac{(a+b)}{ab}\cdot t_{1/2}$

$R\frac{(a+b)}{ab}\cdot t_{1/2}=0.693$，得 $R\rightarrow t_{1/2}$ 关系：

$$R=0.693\times\frac{ab}{a+b}\times\frac{1}{t_{1/2}} \tag{3.6}$$

对于由多个交换能力相同的 X 原子组成的分子 AX_m 和 BX_n 间的同位素交换，上述指数规律同样适用。

如 $AX^*+BX_2 \rightleftharpoons AX+BX^*X$ 中，只要将 b 用 $2b$ 代替即可得：$F=1-e^{-\frac{a-2b}{2ab}Rt}$

对于 $AX_m^*+BX_n \rightleftharpoons AX^*X_{m-1}+BX^*X_{n-1}$

可得：

$$F=1-e^{-\frac{ma+nb}{mnab}Rt} \tag{3.7}$$

对于多个原子(X)，在分子中处于不同的结构位置而具有不同的交换能力的体系，上述数学表达式不适用，须用另外的公式描述，此处不讨论。

在非均相体系中发生同位素交换反应时，某种元素的交换速度取决于交换原子在两相内的扩散速度和在相界面上的交换速度。过程的总速度由最慢的阶段决定。如果原子在两相中的扩散速度远大于交换速度，则同位素交换是过程的限制阶段；如果交换速度远大于在一相或两相中的扩散速度，则扩散是过程的限制阶段。在同位素交换为限制阶段的情况下，同位素从一相向另一相转移的速度遵从由均相同位素交换导出的指数定律。在扩散速度是

过程的限制阶段的情况下，同样可证明服从指数规律。总之，在非均相条件下，同位素交换亦服从指数规律。

3.2 放射性核素在介质中存在的状态

在自然界中以及人类生产活动中，常常遇到一种或几种物质分散在另一种物质中的分散体系。被分散的物质叫做分散相；而容纳分散相的另一种物质叫做分散介质。分散体系按分散相颗粒大小的不同，可以分为三类，见表3.2。

表3.2 分散体系的分类

类型	颗粒大小(分散相物质/m)	实例
粗分散体系	$>10^{-7}$	矿石，乳状液，悬浮液(如油漆)
胶体分散体系	$10^{-7}\sim10^{-9}$	氢氧化铝溶液，明胶液
分子与离子分散体系	$<10^{-9}$	气体混合物，一般的溶液(如盐水)

研究胶体分散体系，对于解决放射化学中的问题，具有特殊意义。胶体分散体系，按其分散相和分散介质的聚结状态的不同配合，可以分为表3.3中的几类。

表3.3 胶体分类

分散相物态	分散介质物态	胶体名称	实例
固体	液体	液溶胶(溶胶)	As_2S_3溶胶，黏土混浊液
液体	液体	乳胶	油在水里
气体	液体	泡沫	喷打乳剂
固体	气体	气溶胶	尘土、烟尘
液体	气体	气溶胶	薄雾、浓雾
固体	固体	凝胶	有色玻璃
液体	固体	凝胶	冻胶
气体	固体	凝胶	浮石粉末，泡沫塑料

物质处于胶体分散状态时，表现出许多特殊的性质。比如，由于胶体体系的分散相物质的特殊分散状态，分散相颗粒直径处于$1\times10^{-7}\sim1\times10^{-9}$ m之间，其颗粒大小大于原子或分子的直径，原子或分子一小分子，其直径一般小于10^{-9} m；而又小于普通悬浮固体颗粒的直径，一般在$1\times10^{-6}\sim1\times10^{-3}$ m之间。所以，胶体体系的分散相颗粒(胶粒)具有特殊的可滤性，它可以穿过普通的过滤器(如滤纸及烧结玻璃漏斗)，这与分子、离子分散体系类似；但它不能穿过特殊的过滤器(超过滤器)，这一点又与分子、离子分散体系不同而与粗分散体系相同。因为胶粒是由许多分子或原子聚积而成，如$Fe(OH)_3$胶粒是由400～500个$Fe(OH)_3$分子聚积而成，金胶粒则由约10 000个金原子组成。

同时，由于分散相物质的高度分散，因此分散相物质有着巨大的表面积。处于界面上分子的状况和物质内部的不同，因此，具有广大界面的胶体分散相物质有着突出的表面性质，由于分散相物质具有广大表面积，具有很大的表面自由能，所以胶粒都有自发聚结或较大颗粒的趋势，使体系能量降低。因此，胶体体系具有聚结不稳定性特点。同时，由于处于高度分散状态的微小胶粒具有布朗运动性质，加上胶体颗粒具有强烈的电特性，胶粒带有同种电荷，互相排斥，不利聚结。结果，使胶体体系的分散相物质有聚沉下来的趋势，并最终将聚沉下来，而这种聚沉作用又非常缓慢，从而表现出胶体体系的相对稳定。例如，法拉第制备的金溶胶，放置了数十年才沉淀下来，$Fe(OH)_3$溶胶经纯化也可存放一年或数年而不聚沉。以分子、离子分散的胶体体系，是均匀的单一相体系；胶体体系还有多相性特性，具有特殊的光学性质等。

3.2.1　放射性胶体及其特性

在放射化学工作中所遇到的放射性核素，大都是在微量范围内存在于各种介质之中而形成各种分散体系的。由放射性物质作分散相形成的胶体体系，即为放射性胶体。在辐射防护工作中，分散介质为液体（主要是水）与气体（主要是空气）的放射性胶体体系是最有意义的研究对象。

在处理微量放射性物质的过程中极易发生胶体现象，所以研究胶体体系对掌握放射性核素在介质中存在的状态具有重大意义。比如，在十分低浓（10^{-9} mol/L 或更低）的水溶液中，Po、Th、Pu、Be、Mg、La、Y、Ti、Zr、Sn、Pb、Nb、Bi、Pd、Se、Ba 等元素，均有可能呈胶体状态。

在放射性胶体分散体系中，作为分散相的放射性物质分为两种胶粒形态而存在于介质中。一种是在放射性核素的原子、离子或分子直接聚合在一起，构成胶粒大小的聚集体，分散在介质中，形成放射性胶体分散体系，这称为放射性真胶体。此种真胶体的胶粒很小，比如在液溶胶体系中，这些胶粒聚集体的直径只为 10^{-9} m 数量级。另一种是放射性核素（离子或分子）被吸附在存在于介质中的其他非放射性悬浮粒子（杂质）上，这种吸附了放射性核素的杂质胶粒为分散相的胶体体系，称为放射性假胶体。此种体系的胶粒直径比真胶体的胶粒要大。

放射性真胶体和假胶体的形成是由于生成的条件不同引起的。同一种放射性核素在某种情况下处于真胶体状态，在另一种情况下可以处于假胶体状态，有时两种胶体同时并存，形成真胶体和假胶体的混合物。

放射性胶体体系与普通胶体体系一样，表现出胶体体系的特殊性质，同时放射性胶体还具有放射性等与普通胶体不同的特性。具体说来，放射性胶体具有以下特性：

1）在渗析或超过滤时，没有透过半透膜（只有离子才能透过的薄膜，如羊皮纸、火棉胶）和超细过滤介质的能力，或者降低了这种能力；

2）扩散速度降低；

3）在电解质的作用下，能发生凝聚或胶溶（胶粒解聚）的现象；

4）在加速力场（重力或超离心力）的作用下，能够沉降；

5）由于胶粒本身带有电荷，在电场的作用下可向相应的电极方向移动，所以能产生电渗析和电泳现象；特别是放射性气溶胶胶粒更容易带电（多数情况下带正电）；

6）由于胶粒带有放射性，所以，可用自射线照相考察胶粒；

7）放射性胶粒在空气中的浓度虽不高，但由于放射性高度集中在微小的胶粒上，放射性的比活度并不很低，所以，一旦进入生物体内，产生的生物效应却很强；

8）在电沉积过程中，反常地难沉积在较活泼的金属（较不贵重金属）上；

9）在共结晶、吸附、离子交换、萃取和同位素交换能力方面也有反常行为。

3.2.2 放射性胶体的形成

放射性胶体体系中，其分散介质为液体和气体的放射性胶体是研究得较多的，与我们关系也最为密切。

(1) 放射性物质——液体分散体系

1）放射性核素在溶液中生成难溶水解产物或其他难溶化合物的趋势越大，越有利于放射性胶体（真胶体）的形成。相反，若在溶液中有能与放射性核素形成可溶性络合物的物质（络合物中的配位体）存在，则不利于放射性胶体的形成。例如，^{212}Pb 和 ^{212}Bi 的氢氧化物是难溶化合物，因此，它们在氨溶液中会形成胶体；而 ^{224}Ra 的氢氧化物溶解度较大，所以 ^{224}Ra 不形成胶体。若向 ^{212}Pb 溶液中加入柠檬酸盐，柠檬酸根能与 Pb^{2+} 形成可溶性络合物，则随着柠檬酸盐浓度的增加，^{212}Pb 形成胶体的量减少。

2）溶液的酸度对放射性胶体的形成有重大影响。在强酸介质中，放射性核素一般不形成胶体，当溶液酸度降低时，在一定的 pH 值条件下，各种放射性核素都能生成胶体粒子，但碱金属和碱土金属例外，不过在一定条件下能形成假胶体，碱土金属生成假胶体的趋势一般随原子序数的增加而加大。高价离子在溶液的 pH 值升高到一定值时开始形成胶体。各种元素开始形成胶体的 pH 值大致如下：第Ⅲ族元素在 pH 值为 7 左右；第Ⅳ、Ⅵ族元素在 pH 值为 4～5，第Ⅴ族元素在 pH 值为 1～2。

3）杂质粒子的影响。由于溶液中的悬浮杂质粒子如尘土、SiO_2、Fe_2O_3 等吸附放射性核素形成假胶体。表 3.4 列出了未净化水与净化水中放射性胶体（假胶体）生成量的差异。

表 3.4 杂质粒子对 ^{212}Pb 和 ^{212}Bi 胶体的影响

放射性核素	用水稀释后放射性胶体的量/%		
	未净化的水	过滤净化的水	离心净化的水
^{212}Pb	59.4	28	—
	37.9	—	15.6
^{212}Bi	48.0	16.0	—
	87.6	—	30.5

4）分散介质液体本身的性质、存在的电解质、溶液的保存时间和温度等的影响。研究放射性胶体的形成主要是以水为分散介质而进行的，其他分散介质研究得尚少，介质性质不同，对胶体形成有重大影响。已知 ^{210}Pb 和 ^{210}Bi 在水、乙醇、硫醚、甲醇和苯中形成胶体，而在二氧六环和丙酮中不易生成胶体。Po 在水溶液中易形成胶体，而在丙酮和乙醇中不形成胶体。

溶液中存在的电解质能影响胶粒的性质和胶体的生成量。放射性核素在溶液中水解和形成胶体的过程还受存放时间的影响。例如从新制备的 10^{-5} mol/L 硝酸钋溶液中，离心分离出的胶体量为 35%，从另一份陈化 45 天的溶液中，分离出的胶体量为 71%。溶液温度的升高，一般不利于胶体的生成和稳定。

(2) 放射性物质——气体分散体系(气溶胶)

1) 在放射性物质的研磨、粉碎、过筛以及放射性溶液的鼓泡、蒸发和转移过程中,放射性物质会扩散到空气中,与空气中的尘埃或雾滴结合在一起形成放射性气溶胶(假胶体)。

2) 天然放射性核素^{226}Ra、^{224}Ra、^{223}Ra在衰变过程中分别放出^{222}Rn、^{220}Rn、^{219}Rn等放射性气体,这些气体及其放射性子体在空气中与尘埃或雾滴相结合形成放射性气溶胶。

3) 放射性核素在衰变时产生的反冲原子在空气中可以形成放射性气溶胶。而且反冲原子往往会将放射性物质带入空气中,比如^{210}Po、^{239}Pu以及超钚元素,特别突出。

4) 核武器爆炸时,核裂变反应生成几十种元素的放射性裂变产物,由于高温使周围的物质发生强烈蒸发,将放射性物质卷扬到高空,冷却后在大气中形成大量的放射性气溶胶云,从而形成大量的放射性气溶胶。

了解和掌握放射性胶体的形成和性质,具有重要的实际意义。使我们在实际操作中,根据需要采取措施来消除放射性胶体或防止其生成,以及利用放射性胶体。为了在溶液中消除胶体或防止胶体生成,可以在溶液中加强电解质,加入络合剂,或者加热以及除掉溶液中的杂质等等。为了避免和防止放射性气溶胶的产生,在放射性物质的处置过程中,应尽量采用湿法操作,防止放射性物质飞扬进入空气中形成放射性气溶胶,对放射性物质应妥善封存,使其与环境空气隔绝,并加强放射性工作场所的通风,必要时要设置空气净化、过滤装置。

3.2.3 放射性核素在气相中的存在状态

放射性核素在气相中有3种存在状态:分子状态、气溶胶状态和浮尘状态。放射性气溶胶是放射性核素以极小微粒(1~100 nm)形式分散在空气中而形成的,它是放射性核素在气相中一种非常重要的存在形式。气溶胶有两种状态:一种是由放射性核素的分子或原子形成聚集体而悬浮于空气中,在许多情况下,这些聚集体被气相中的极性分子(水蒸气、氯化氢、乙烯等)包围着而成为相当稳定的一种气溶胶颗粒。另一种是放射性核素吸附在气相中的杂质微粒上,而形成气溶胶微粒。放射性气溶胶粒子中的放射性核素会因核衰变或核反冲逸出而减少,因此放射性气溶胶粒子随时间增长而逐渐减少。值得强调的一个现象是,核衰变时反冲原子(子体核素)和夹带的放射性原子(母体核素)同时进入气相的这种群体反冲现象,是Po、Pu和Am等超钚元素这些强α放射性固体物质的特点,是其形成气溶胶的一重要方式,所以,在使用和贮存这些物质时应加以注意。

3.2.4 放射性核素在固相中的存在状态

放射性矿物与放射性废物的固化处理(如水泥固化)是属于放射性核素在固相中存在状态的研究课题。在固体物质中,由核衰变或核反应生成的放射性子体,因核反冲的缘故,将在固相中穿行一定的路程。最后,反冲核可能处于不同的氧化态,在晶体中重新占据晶格结点的位置;或者卡在晶格结点之间。由于它们在晶体中所处环境不同,行为也就不同。离开了结点的原子,处于比较自由的状态,它能扩散到晶体表面或晶体间的缝隙中。由于这些占据晶格结点或卡在结点之间的核素之存在,使晶格受到破坏。

在铀和钍的矿物中,^{238}U、^{235}U和^{232}Th处于矿石晶格结点上,而铀和钍的衰变产物——子体放射性核素(镤、锕、镭的同位素等)却位于晶格结点之外,因此,这些核素易洗脱或迁移，因而容易进入环境(脱离矿石固相)。而铀和钍的矿石的自照射(核衰变引起)导致其晶格破坏，母体核素这时可转移而脱离原有矿石。

固体物质中核反应生成的放射性核素处于另一种化学状态，这些核素的原子在固体晶格中占有与原始原子所处位置不同的另一位置。

放射性废物的固化处理过程中，产生的放射性固体物质中之放射性核素的存在状态，无疑是一重要课题，它对于放射性废物的永久、安全保存有重要意义，此项研究尚不多。

3.2.5 放射性核素在液相中的存在状态

放射性核素在液相中(主要指在水相中)的存在状态，是放射化学工作者研究的主要领域，也是放射化学研究的主要对象。在超低浓的溶液中，放射性核素可以呈真溶液状态(分子、离子分散体系)存在，也可以呈胶体状态存在。如前所述，一般说，在强酸介质中，放射性核素形成真溶液，溶液酸度降低时，每种核素在一定的条件下，都可能生成胶体粒子。在液相内放射性核素所处的两种可能的极端状态(即呈普通离子状态和呈胶体状态)之间，随着pH值的增加，多价元素可生成水解离子、中性分子和聚合结构。表3.5列出了在不同介质条件下，溶液中某些微量放射性核素存在的主要状态、扩散系数和颗粒直径。

表3.5 某些放射性核素在溶液中存在的主要状态

核素	载体浓度/(mol/L)	溶液组成	存在的主要状态	扩散系数 25 ℃($\times 10^6$ cm/s)	颗粒直径/nm
^{137}Ce	10^{-5}	0.1 mol/L HCl	阳离子	19.7	—
^{90}Sr	10^{-7}	NaOH，pH=11.5	阳离子	7.58	—
^{140}Ba	无载体	0.235 mol/L HNO_3	阳离子	7.06	—
^{144}Ce	无载体	10^{-3} mol/L HCl，0.1 mol/L NaCl	阳离子	3.17	(1.52)
^{144}Ce	无载体	0.1 mol/L NaCl、pH=10.0	真胶体	0.65	7.36
^{147}Pm	无载体	10^{-3} mol/L HCl，0.1 mol/L NaCl	阳离子	4.87	(0.98)
^{147}Pm	无载体	0.1 mol/L NaCl，pH=10.0	真胶体	1.07	4.48
^{95}Zr	10^{-7}	1 mol/L HCl	阳离子	4.84	(0.95)
^{95}Zr	10^{-7}	NH_3H_2O，pH=10.4	真胶体	1.06	4.6
^{106}Ru(Ⅳ)	10^{-6}	0.1 mol/L NaCl，pH=6.8	真胶体	0.70	6.8
^{212}Pb+^{212}Bi	无载体	H_2O	假胶体	0.18	26
^{210}Po	$<10^{-9}$	H_2O，pH=6.55	假胶体	0.003	1 600

放射性核素在液相中存在的状态和行为，是放射化学研究得最多的领域，也是放射化学应用工作中，与我们关系最密切的部分。许多内容，如共结晶共沉淀，吸附共沉淀等重要的内容，将在下面章节中专门论述。

3.3 放射性核素的吸附现象

放射性核素的吸附现象，一般是指放射性核素从液相或气相转移到固体物质表面的过程。把吸附放射性核素的固体物质叫做吸附剂。认识放射性核素的吸附现象具有重要意义。微量存在的放射性物质极易在放化操作过程中因吸附等作用而丢失,如不注意,会导致实验的失败。

吸附剂对放射性核素的吸附,有物理作用,也有化学作用,即物理吸附和化学吸附。物理吸附是由于固体表面分子(或原子、离子)存在剩余吸引力而引起的,当吸附剂表面被吸附的一层粒子尚未完全抵消固体表面的力场(即剩余引力)时,可再吸附一层粒子,直到完全抵消固体表面的力场为止,因此,物理吸附是多层吸附。由于任何一对分子(或原子、带相反电荷的粒子)都能互相吸引,所以,物理吸附的选择性较差。化学吸附是吸附剂与被吸附的原子、离子或分子发生化学反应,靠化学键力而引起的。由于在化学吸附过程中,吸附剂只能吸附一定结构的物质,所以,化学吸附的选择性高。吸附过程一般是放热过程,其化学吸附的放热量远大于物理吸附的。吸附过程是可逆过程,吸附和解吸同时发生,最后吸附与解吸的速度相等时,达到了吸附平衡。本节主要介绍微量放射性核素在一些固体物质上的吸附。

3.3.1 放射性核素在玻璃上的吸附

玻璃器皿是放射化学实验室的常用器皿。放射性核素在许多情况下,极易被玻璃表面吸附,造成放射性核素丢失。例如,把 100 mL 的放射性溶液倒入玻璃烧杯中,假设与溶液接触的玻璃表面积约为 100 cm^2。玻璃中含有硅酸钠,其钠离子之间的平均距离约为 6 Å(1 Å$=10^{-10}$ m)。根据计算,每平方厘米的玻璃表面上约有 4×10^{14}个钠离子。在水溶液中,这些钠离子有可能发生解离,从玻璃表面进入溶液,而溶液中的放射性核素离子也有可能取代钠离子的位置而被吸附到玻璃表面上去。设有万分之一的钠离子因解离而被放射性核素离子所取代,则在 100 mL 溶液中,被吸附的放射性核素离子的量可达$\dfrac{4\times10^{14}\times100}{10\ 000\times6\times10^{23}}\approx10^{-11}$ mol,1 L 溶液可达 10^{-10} mol。此外,还有固体表面分子引力引起的吸附。但在环境和生物样品中,放射性核素的浓度通常只有 $10^{-20}\sim10^{-10}$ mol/L。例如,我国规定露天水源中^{210}Po 的限制浓度为 7.4 Bq/L,相当 3×10^{-13} mol/L。即使达到了限制标准的 100 倍,也只有 3×10^{-11} mol/L,尚比在玻璃烧杯表面上可能被吸附掉的还要低。可见,在实验工作中,必须考虑玻璃表面的吸附损失。

放射性核素在玻璃表面上的吸附规律如下:

1) 吸附具有可逆性。放射性核素在一定条件下可被玻璃表面吸附,改变条件,已被吸附的放射性核素可部分或全部地从玻璃表面上解吸下来。

2) 放射性核素的吸附能力与玻璃表面的不同处理过程、玻璃种类以及放射性核素所处的介质条件有关。

为衡量吸附能力,定义吸附系数 K_α 为:

$$K_\alpha=\frac{\text{玻璃上的放射性/玻璃表面积}}{\text{溶液的放射性/溶液体积}} \tag{3.8}$$

其中,有关放射性指吸附平衡时的放射性强度。显然,吸附系数 K_α 越大,吸附能力越强。

表面经过不同处理的同种玻璃,吸附能力不同。比如,经水处理后的玻璃表面对 Tl^+ 的吸附能力较未经水处理的明显增加。图 3.1 表示放射性 Tl^+ 在不同 pH 的溶液中,在同一牌号,经过不

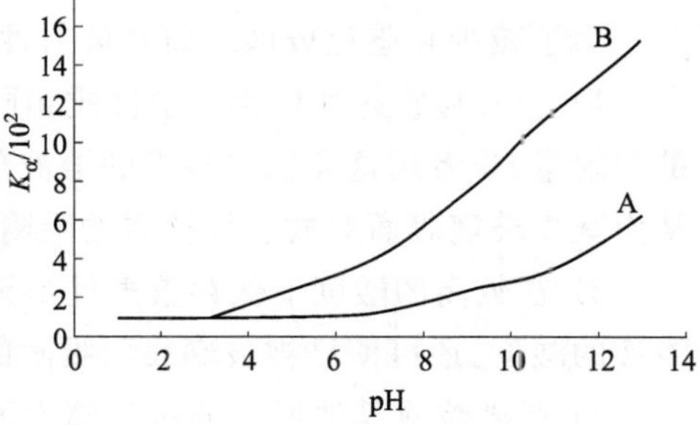

图 3.1 Tl^+ 在玻璃上的吸附、吸附系数—pH 关系曲线

同方法处理过的玻璃上的吸附情况，曲线 A 是在未浸过水、也未遇到过潮湿的玻璃上吸附的吸附曲线；曲线 B 是在经过水处理后的玻璃上的吸附曲线。

定义吸附率：

$$吸附率=\frac{在1\ cm^2玻璃上吸附放射性核素的量}{1\ mL溶液中该放射性核素的初始量}\times 100\% \tag{3.9}$$

当然，吸附率越大，吸附能力越强。不同种类的玻璃对同种核素的吸附能力有明显差异，同种玻璃对同种核素的吸附因介质条件不同而不同。比如，酸度不同，吸附率明显差异。表 3.6 列出了几种玻璃在不同 pH 值介质条件下对 ^{210}Po 的吸附情况。

表 3.6 ^{210}Po 在玻璃表面上的吸附率 单位：%

玻璃种类	pH 值				
	1.1	2.0	6.8	11	13
石英玻璃	2.7	—	0.2	—	0.6
硬质玻璃	1.3	2.4	0.6	1.6	2.6
化学玻璃	1.1	1.7	0.4	0.8	0.9
铅玻璃	0.7	1.4	0.6	1.3	1.2

在强酸性介质条件下，一般来说，放射性核素不容易被玻璃吸附。

3）吸附能力与放射性核素本身的性质有关。各种放射性核素在玻璃上的吸附大致分为 3 种类型：

① 对于不易发生水解的元素，玻璃对它的吸附量随溶液 pH 值的增加而有规律地增加。例如 Tl^+、Ra^{2+} 等便属于这一类型。图 3.1 Tl^+ 的吸附系数随 pH 值的变化情况说明了这一点。

② 对于易发生水解而形成胶体的元素，它们在玻璃上的吸附量随溶液 pH 值的增加而具有一个极大值。属于这种情况的大多数是高价易水解的元素，如 Tl^{3+}、Ru^{4+}、Ru^{3+}、Zr^{4+}、U^{4+} 等，以及 Po、Nb、La、Pm、Pa 等元素。

由于各种元素水解的条件和程度各不相同，因而它们的吸附曲线以及吸附最大值所对应的 pH 值也各不相同，如图 3.2 所示。

③ 以阴离子状态存在的元素，只受范得华力作用，因此它在玻璃上的吸附量很低。

此外，玻璃吸附还与放射性溶液的存放时间以及溶液中存在的杂质等因素有关。

为了减少和避免玻璃表面对放射性核素的吸附，可以采取以下措施：

1）加入与放射性核素化学性质相同或相似的稳定核素，可大大降低玻璃对放射性核素的吸附量，或者用这类稳定核素的溶液预先对玻璃器皿表面进行处理，使其达到吸附平衡，从而减少玻璃表面对放射性核素的吸附。

2）在较高的酸度下保存放射性溶液或进行操作，可大大减少玻璃的吸附。另外，提高溶液的酸度，还可使已被玻璃表面吸附的放射性核素解吸下来。

3）用硅烷或其他憎水剂对玻璃表面进行预处理，使玻璃表面形成一层疏水薄膜，从而减少对放射性核素的吸附。这个过程称为玻璃表面的硅烷化处理。常用的硅烷有二甲基二氯硅烷和甲基二氯硅烷等。

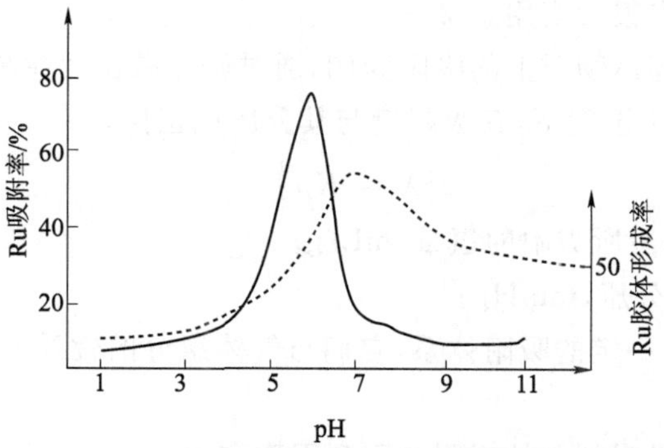

Ru^{4+}的浓度为10^{-7} mol/L(实线为吸附率，虚线为胶体形成率)

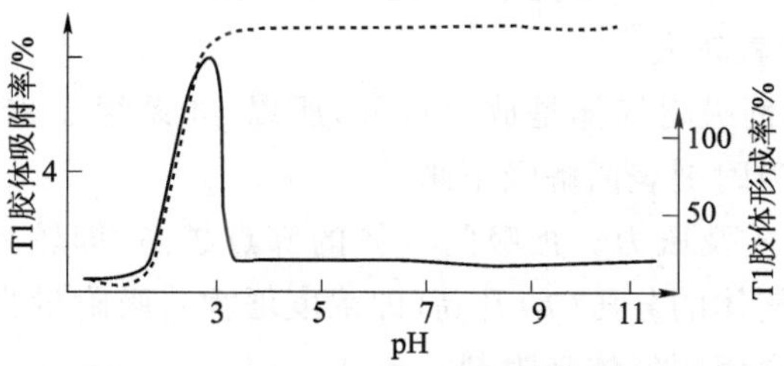

Tl^{3+}的浓度为10^{-4} mol/L(实线为吸附率，虚线为胶体形成率)

图 3.2　Ru^{4+}和Tl^{3+}在玻璃上的吸附率及胶体的形成率与 pH 的关系

3.3.2　放射性核素在滤纸上或在活性炭上的吸附

滤纸是一种能强烈吸附某些放射性核素的吸附剂。对滤纸吸附放射性核素的机理研究尚不充分。多数人认为，放射性核素是以离子状态或以胶体状态而被滤纸吸附的，以离子状态被滤纸吸附时，可能是以离子交换形式进行的，而胶态吸附几乎是不可逆的。滤纸的吸附能力与滤纸的原材料、加工工艺、厚度、孔隙率、孔径大小、滤纸的预处理(如化学处理、静电处理)、流体通过滤纸时的流速，被吸附的放射性核素的性质和状态等因素有关。由于滤纸对放射性核素存在的强烈吸附作用，因此，在放射分离操作下，不宜用滤纸来去除放射性溶液中不溶的滤弃物等杂质，而一般适合用来过滤获得放射性沉淀物，弃去滤液。所以，在放射性测量中，常将待测的放射性核素以沉淀物的形式在滤纸上直接制成放射源而测量。

放射性核素在活性炭上的吸附，应用也很广泛，但研究结果不多。有人曾对 $UO_2(NO_3)_2$ 水溶液中^{234}Th(UX_1)在活性炭上的吸附进行过研究。吸附达到平衡很慢。溶液中如果加入高吸附能力的物质会大大降低^{234}Th 的吸附。^{234}Th 的吸附是不可逆的扩散进入吸附剂内部。活性炭本身的组成对放射性核素的吸附影响很大。比如，无灰活性炭的吸附，可以是水解吸附使中性盐分解，将酸吸收而留下游离碱)；而在氧活化过的炭上吸附则可以是阳离子交换作用和电化学作用等等。

根据实验结果，可以认为放射性核素在活性炭上的吸附是分子吸附、离子交换吸附和因静电吸引力产生的吸附。

3.3.3　放射性气体在固体物质上的吸附

利用固体吸附剂吸附放射性气体，在核技术应用领域广泛使用。因此，研究放射性气体在固体物质上的吸附具有很大实用意义。

以放射性气体氡在固体物质上的吸附为例，通过研究氡在活性炭上的吸附，表明它符合享利(Henry)定律：在一定温度下，其吸附量与其分压成正比。

$$X = Kp^{\frac{1}{n}} \tag{3.10}$$

式中：X 是单位重量活性炭所吸附的氡量，mL/g；

p 是氡在气相中的分压，mmHg；

K，n 是系数。对于一定的吸附体系，它们与气体组分的性质及吸附温度有关，其值可由实验确定($n \geqslant 1$)。

放射性气体在固体吸附剂上的吸附与下列因素有关：

1) 吸附剂的种类和性能。一般说来，经过表面活化处理的多孔性吸附剂具有较大的比表面和活性，其吸附能力就较大。

2) 温度。由于吸附剂吸附气体是放热过程，所以，体系温度越高，气体越不易被吸附，已被吸附的气体愈易从吸附剂表面解吸下来。

3) 被吸附气体的性质及压力。被吸附气体的沸点越高，即较容易凝结为液态的气体，越容易被吸附。被吸附气体的分压(p)升高(即浓度增大)，吸附量当然也增加。

表 3.7 列出了几种常用的气体吸附剂。

表 3.7 几种常用的气体吸附剂

吸附剂		化学组成	性质	主要用途
活性炭		C	非极性	吸附 Ar、Kr、Xe、Rn 与 ^{131}I、CO_2 等气体
硅胶		$SiO_2 \cdot xH_2O$	氢键型	吸附 SO_2、H_2S、Kr、Xe、^3H、^{131}I 等气体
氧化铝		Al_2O_3	极性	吸附 ^3H、烷烃、烯烃等
分子筛	A 型	$Na_{12}[(AlO_2)_{12}(SiO_2)_{12}] \cdot 27H_2O$	具有强极性表面	吸附 Ar、Kr、Xe、Rn、^3H、CO 等气体
	X 型	$Na_{86}[(AlO_2)_{86}(SiO_2)_{106}] \cdot 264H_2O$		

3.4 微量放射性物质在固-液两相之间的分配

在高度稀释的溶液中，放射性核素的行为除了遵守真溶液(分子-离子分散体系)或胶体溶液(胶体分散体系)的一般物理化学规律外，还表现出一些特殊的规律性。比如，共结晶共沉淀，吸附共沉淀等放射性核素在固-液两相之间分配的规律性等。

微量的放射性核素以离子状态存在于溶液中时，由于其浓度很低，常常不能形成独立的固相。要使它从溶液中分离出来，可向溶液中加入某种常量元素的化合物，当常量元素形成沉淀时，同时将微量的放射性核素从溶液中载带下来，这种微量放射性核素与常量元素共同沉淀的过程即称为共沉淀。

共沉淀有两种类型：一类是放射性核素(简称微量物质)分布在常量物质晶体的内部，与常量物质形成混晶而一起沉淀出来，这种沉淀称为共结晶共沉淀(或体积分配)；另一类是微量物质分布在常量物质晶体的表面而一起沉淀出来，这种沉淀称为吸附共沉淀(或表面分配)。

3.4.1 共结晶共沉淀

(1) 微量物质与常量物质形成的共结晶共沉淀有 3 种类型。

1) 同晶和同二晶共沉淀

微量物质与常量物质的混合物在溶液中结晶时,形成同一晶体的现象,这种混合晶体称为类质同晶,简称同晶。同晶是属于真正的混晶。

形成同晶共沉淀必须满足几个条件:一是彼此的化学性质相似,例如,周期表中相邻的同族元素(如 Ca、Sr、Ba),或同一周期相邻的过渡元素(如 Fe、Co、Ni)。二是彼此的化学构型相同,即在它们所构成的化合物中,相应的阴、阳离子比例相同,相应的原子数比例也相同,两种物质十分相近的晶体结构。例如,$BaSO_4$-H_2O 体系中,$BaSO_4$-$RaSO_4$ 共沉淀就能满足上述几个条件。Ba 和 Ra 都是 IIA 族元素,化学性质非常相似;$BaSO_4$ 和 $RaSO_4$ 的化学构型相同,Ba : S : O = Ra : S : O = 1 : 1 : 4;Ba 和 Ra 的离子半径相近,且 $BaSO_4$ 和 $RaSO_4$ 均属正交晶系,其结晶结构非常相近。因此,在 $BaSO_4$ 形成结晶沉淀时,微量的 $RaSO_4$ 就能与之生成同晶共沉淀。

同晶共沉淀具有以下特点:微量物质和常量物质没有混合的上限和下限,微量物质和常量物质可以以任意比例混合而形成同晶共沉淀,同晶共沉淀不受沉淀条件(如酸度、试剂加入的次序、温度及结晶速度等)的限制,同晶共沉淀生成之后,不会因洗涤而改变其组成。

当微量物质与常量物质是化学类似物,并具有相同的化学构型,但它们的稳定结晶结构不相同。如果微量物质在一定条件下能形成一种介稳态变本(暂时稳定的结晶结构)以适应常量物质的结构,这种强制同晶的现象也能生成真正的混晶共沉淀,这就是同二晶共沉淀。例如,铁和锰是第四周期相邻的两个过渡元素,彼此化学性质相似,它们的硫酸盐($FeSO_4$、$MnSO_4$)是化学类似物,并有相同的化学构型,但在 20 ℃两种物质单独结晶时,具有不同的结晶形式。可是,两种物质如果混合在一起结晶时,却能形成真正的混晶。混合结晶时,如果 $FeSO_4$ 过量,可得到单斜晶系的混晶 $FeSO_4 \cdot 7H_2O$-$MnSO_4 \cdot 7H_2O$;如果 $MnSO_4$ 过量,可得到三斜晶系的混晶 $MnSO_4 \cdot 5H_2O$-$FeSO_4 \cdot 5H_2O$。这是因为,$FeSO_4$ 在温度低于 56.6 ℃的水溶液中形成 $FeSO_4 \cdot 7H_2O$ 单斜晶系的结晶,而 $MnSO_4$ 在高于 8.6 ℃的水溶液中形成 $MnSO_4 \cdot 5H_2O$ 的三斜晶系的结晶。混合结晶时,当 $FeSO_4$ 过量,$MnSO_4$ 生成介稳态变体 $MnSO_4 \cdot 7H_2O$ 以适应 $FeSO_4 \cdot 7H_2O$ 的结构。

同二晶的特点是存在混合上限(微量物质的量不得超过某一限度),但由于在放射化学中所遇到的放射性物质的浓度一般都非常低,因此,这一特点不会成为同二晶共沉淀方法应用的障碍,另一特点是同二晶共沉淀过程会受沉淀条件如酸度、温度等因素的影响。同晶和同二晶共沉淀的共同特点是没有混合下限,即不论微量物质的浓度是多低,只要常量物质的浓度足以形成结晶,那么,微量物质的离子、原子或分子就能取代晶格中常量物质相应的离子、原子或分子而形成混晶。

2) 共结晶共沉淀的其他类型

新类型混晶。有些化学性质并不相似的化合物,只要它们的化学构型和结晶结构相近(正、负离子半径之间的比值相近等),也能形成混晶,这就是新类型混晶。例如,$NaNO_3$ 和 $CaCO_3$;$BaSO_4$ 和 $KMnO_4$;NaCl 和 PbS;$PbSO_4$ 和 $KClO_4$ 等。在新类型混晶中,微量物质不是以离子状态而是以分子或小的晶格单位进入晶体的。新类型混晶存在混合的下限，这是与真正混晶的根本区别。

反常混晶。化学性质不相似、结晶结构也不相似的两种化合物形成的混晶、称为反常混晶。例如，NH_4Cl 和 $FeCl_3$；NH_4Cl 和 $CoCl_2$；LaF_3 和 PuF_4；$BiPO_4$ 和 $Pu_3(PO_4)_4$；YF_3 和 RaF_2等。反常混晶中，有的存在混合下限，有的不存在混合下限。反常混晶的形成机理尚不清楚。

(2) 微量物质在固-液两相的分配。

对于真正的混晶共沉淀，也就是共结晶共沉淀，根据实验条件，可以导致微量物质在结晶固体内的均匀分配或非均匀分配两种情况。

如果整个晶体和溶液间建立了热力学平衡，则微量物质在晶体内的分布是均匀的。那么，微量物质在结晶相和液相间的分配应服从贝斯洛-能斯特(Berthelot-Nernst)定律：

$$K = C_S/C_L \tag{3.11}$$

式中：C_S 是微量物质在晶体中的浓度；

C_L是微量物质在溶液中的浓度；

K 是分配系数。

因为：

$$C_S = \frac{x}{V_s} = x \cdot \rho_s / m_s$$

$$C_L = \frac{x_0 - x}{V_L} = \frac{(x_0 - x)\rho_L}{m_L}$$

式中：x，x_0 是微量物质在晶体中的含量和在体系中的总量；

m_s，m_L 是晶体和溶液的质量；

ρ_s，ρ_L 是晶体和溶液的密度；

V_s，V_L 是晶体和溶液的体积。

把 C_S、C_L代入式(3.11)得：

$$\frac{x \cdot \rho_s}{m_s} = K\frac{(x_0 - x) \cdot \rho_L}{m_L}$$

$$\frac{x}{x_0 - x} = K\frac{\rho_L}{m_L} \cdot \frac{m_s}{\rho_s} \tag{3.12}$$

式(3.12)也称赫洛宾(B・Хлопин)定律。

如用 y 和 y_0 分别表示常量物质在晶体中的量和在体系中的总量；C 表示饱和溶液中常量物质的浓度，则

$$y \approx m_s \qquad \frac{y_0 - y}{C} = V_L = \frac{m_L}{\rho_L}$$

于是式(3.12)可以表示为：

$$\frac{x}{x_0 - x} = K\frac{C}{\rho_S} \cdot \frac{y}{y_0 - y} = D\frac{y}{y_0 - y} \quad 或 \quad \frac{x}{y} = D\frac{x_0 - x}{y_0 - y} \tag{3.13}$$

式(3.13)便是微量物质在固-液两相间均匀分配规律。式中 D 为结晶常数$\left(D = K\frac{C}{\rho_S}\right)$，它表示当固、液两相达到热力学平衡时，微量物质和常量物质在固相中的含量比与在溶液中

的含量比的比值。显然，D 值只与体系性质和温度有关（恒压下），而与微量物质的初始浓度和固、液相的体积无关。所以，在恒定温度下，一定体系的 D 值是一个常数。表 3.8 列出了一些共沉淀均匀分配之 D 值。

表 3.8 若干体系的结晶常数

体系	温度/℃	D
$BaCrO_4$-$RaCrO_4$-H_2O	34.5	20.19
$Pb(NO_3)_2$-$Ra(NO_3)_2$-H_2O	25	2.47
$Ba(CH_3CO_2)_2$-$Ra(CH_3CO_2)_2$-H_2O	100	0.89
$BaBr_2$-$RaBr_2$-H_2O	0	12.5
$Ba(NO_3)_2$-$Ra(NO_3)_2$-H_2O	25	1.49
$Sr(NO_3)_2$-$Ra(NO_3)_2$-H_2O	15	1.08

当 $D>1$ 时，微量物质和常量物质在固相中的含量比值大于平衡时在溶液中的含量比值，这说明微量物质在结晶中能得到富集。

当 $D<1$ 时，与上述情况相反，微量物质在结晶中得不到富集，反而在溶液中得到富集。

当 $D=1$ 时，在常量物质结晶过程中，微量物质和常量物质在溶液中的比值和晶体中的相同。

但是，由于微量物质在晶体内部的扩散速度很小，上述热力学平衡往往难以实现。比如，除非大力搅拌和多次重结晶，使微量物质的扩散速度增大许多个数量级，热力学平衡才可能达到。一般情况下，微量物质在结晶固体内的分布是不均匀的。因为将含有微量物质的常量物质饱和溶液进行缓慢的等温蒸发结晶时，每一瞬间内，微量物质在溶液中的浓度不断地变化，因此，在结晶过程终了时，微量物质在整个晶体中呈非均匀分配。

而对于每个晶体单元层来说，微量物质在晶体和溶液间的分配可看成是符合热力学平衡过程的，因此其分配规律可表示为类似于式(3.13)的表达式：

$$\frac{\mathrm{d}x}{\mathrm{d}y}=D'\frac{x_0-x}{y_0-y} \tag{3.14}$$

式中，$\mathrm{d}x$，$\mathrm{d}y$ 是晶体单元层中微量物质的量和常量物质的量；

x，y 是在某一时刻已转入混晶中的微量物质的量和常量物质的量；

x_0，y_0 是结晶开始时微量物质的初始量和常量物质的初始量；

D' 是对数分配常数。

将式(3.14)积分，得：

$$\ln\frac{x_0-x}{x_0}=D'\ln\frac{Y_0-Y}{Y_0} \tag{3.15}$$

式(3.15)便是微量物质在固-液两相间非均匀分配规律。式中 D' 为对数分配常数，它表示在某一时刻，微量物质在溶液中的量与起始量之比的对数除以常量物质在溶液中的量与其起始量之比的对数是一个常数。这种体积分配也称对数分配。表 3.9 列出了某些放射性核素与草酸镧生成共沉淀时的 D' 值。

表 3.9 若干体系的对数分配常数

放射性核素	体系的组成条件	D'
Pu^{4+}	1.5 mol/L HNO_3，0.1 mol/L $H_2C_2O_4$	22.6
Pu^{4+}	1.5 mol/L HNO_3，0.25 mol/L $(NH_4)_2C_2O_4$	7.3
Am^{3+}	0.1～1.5 mol/L HNO_3，0.1 mol/L $H_2C_2O_4$	4.7
Eu^{3+}	0.1～1.5 mol/L HNO_3，0.1 mol/L $H_2C_2O_4$	3.8
Y^{3+}	0.1～1.5 mol/L HNO_3，0.1 mol/L $H_2C_2O_4$	3.6

当 $D'>1$ 时，微量物质在晶体内富集。此时，微量物质在最初生长的常量晶体层中的相对含量最大，在结晶过程中，微量物质在溶液中的相对浓度不断减少，所以，在以后继续生长的晶体单元层中微量物质的相对含量逐渐减少。微量物质的相对含量在整个晶体中的分布是从结晶中心向周界方向不断减少。

当 $D'<1$ 时，情况正好相反，微量物质的相对含量的分布是从结晶中心向周界方向不断增加。

当 $D'=1$ 时，获得的是均匀晶体。

必须指出，以上讨论的微量物质在固-液两相间分配时所遵守的规律，只有在严格按照所要求的实验条件进行操作时才成立。若实验条件未能满足时，分配虽然是不均匀的，也不等于就符合不均匀的对数分配规律。同时，还要注意不同类型混晶形成的限制条件(上、下限)，只有真正的混晶共沉淀过程，才是上述规律的考虑范畴。

3.4.2 吸附共沉淀

微量物质被吸附在常量物质晶体表面而一起共沉淀，主要分为在离子晶体上的吸附共沉淀和在无定形沉淀上的吸附共沉淀。

(1) 放射性核素在离子晶体上的吸附共沉淀

在离子晶体上的吸附，可分为一级吸附和二级吸附两类。

在一级吸附时，被吸附离子进入吸附剂表面的晶格里。一级吸附的主要形式是所谓一级交换吸附。一级交换吸附，溶液中离子晶体表面的离子，并非处于静止状态，它们和溶液中相同种类的离子不断地进行交换。如果溶液中有同种离子(包括同位素离子)或同晶离子存在，则这些离子也能参与交换，而转移到晶体表面，这个过程称为一级交换吸附。同晶离子的交换吸附又称为同晶交换吸附。例如，AgI 晶体表面的 I^- 可以与溶液中的同晶离子 Cl^-、Br^- 进行交换吸附。一级交换吸附显然发生在晶体的表面。同晶离子的一级交换吸附可以看成是微量物质在溶液和晶体表面间的分配，可以看成是共结晶共沉淀的一个特例，因此，它亦服从微量物质在固-液相间的均匀分配规律。可用下式表达：

$$\frac{N_{微晶}}{N_{常晶}} = D\frac{N_{微液}}{N_{常液}} \tag{3.16}$$

式中：$N_{微晶}$，$N_{常晶}$ 是微量物质和常量物质在晶体表面上的原子数；

$N_{微液}$，$N_{常液}$ 是微量物质和常量物质在溶液中的原子数。

上式经过改写可得到一级交换吸附的关系式：

$$\frac{x}{1-x} = D\frac{mS}{\sigma CV} \tag{3.17}$$

式中：x 是微量物质被吸附在晶体表面上的分数；

$1-x$ 是微量物质留在溶液里的分数；

$x/(1-x)$ 是吸附系数；

D 是结晶常数；

m 是晶体的质量；

S 是 1g 晶体的表面积；

σ 是 1 mol 离子所占据的表面积；

C 是常量物质（晶体）在溶液中的浓度；

V 是溶液的体积。

由式(3.17)可见，当 S 和 σ 为常数时，微量物质的吸附系数 $x/(1-x)$ 与溶液中常量物质的浓度 C 成反比，与晶体的质量 m 成正比。

一级交换吸附的特点是只有与常量晶体同晶或同二晶的离子才能被吸附。对于一定的常量物质体系，吸附系数与结晶常数 D 成正比，D 取决于常量物质的溶解度与被吸附离子化合物的溶解度的比值，所以被吸附离子化合物的溶解度越小，吸附量越大。

二级吸附。离子从溶液中转移到紧靠晶体表面的液膜层中的过程称为二级吸附。液膜层中的离子与溶液中相同符号的离子在不断地进行交换，所以二级吸附也称为二级交换吸附。二级交换吸附中，被吸附离子只是停留在紧靠晶体表面的液膜层中并不进入晶体的晶格中去。二级交换吸附的形成依赖于静电引力，所以，溶液中所有与晶体表面电荷符号相反的离子都有机会进行这种交换而被晶体吸附。

根据交换吸附平衡可以导出二级交换吸附系数的关系式。设溶液中存在 $i+1$ 种与晶体表面所具电荷符号相反的离子，其中某一离子（0 号离子）的电荷数为 Z_0 浓度为 C_0，则可导得这种离子的吸附系数为：

$$\frac{X}{1-X}=K\alpha^{Z_0} \tag{3.18}$$

式中：K 取决于体系溶液的体积；

α 取决于其他 i 种离子的浓度以及体系其他性质；

$X/(1-X)$ 是二级交换吸附系数。

由式(3.18)可见，影响二级交换吸附的主要因素有：

1) 当溶液组成不变（α 为常数）时，吸附系数与被吸附离子的价数成指数关系：

$$X/(1-X)\propto \alpha^{Z_0}$$

表明被吸附离子的价数越高，越容易被吸附。表 3.10 列出了新制备的带负电荷的 AgI 晶体表面吸附 Ra^{2+}、Ac^{3+} 和 Th^{4+} 的情况。

表 3.10　离子在 AgI 晶体沉淀表面上的二级交换吸附量

溶液中 H^+ 浓度/(mol/L)	二级交换吸附量/%		
	Ra^{2+}	Ac^{3+}	Th^{4+}
5×10^{-3}	7.0	75.2	≈100
5×10^{-2}	很少	25.1	≈100
1×10^{-1}	≈0	7.0	50.5

注：新制备的 AgI 晶体量：3×10^{-4} mol；溶液体积：20 mL；温度：0 ℃。

2）设溶液中晶体本身离子或同晶离子的浓度为 C，其他因素固定不变，由式(3.18)可推导得：

$$\left(\frac{X}{1-X}\right)^{1/Z_0} = A + B \cdot \ln C \tag{3.19}$$

式中：A、B 为常数。表明溶液中晶体本身离子或同晶离子的浓度越高，则吸附微量放射性核素的量越大。

3）若溶液中 0 号离子以外的任意离子 j 的浓度为 C_j，其他因素固定不变，由式(3.18)也可推导得：

$$\left(\frac{1-X}{X}\right)^{1/Z_0} = A' + B'C_j \tag{3.20}$$

式中：A'、B' 为常数。

表明溶液中任何一种竞争离子的浓度增大，则吸附放射性核素的能力下降。

(2) 放射性核素在无定形沉淀上的吸附共沉淀

无定形沉淀的表面性质不稳定，例如新制备的沉淀，其化学组成、表面电荷数和沉淀比表面的大小，可能随时间发生变化。比如，新生成的无定形沉淀具有大的发达表面，吸附能力强，随着放置时间延长，表面积缩小，吸附能力下降。

微量物质在无定形沉淀上的吸附共沉淀，机理尚未清楚，但在放射化学操作中，应用却很广泛。比如，在放射化学工作中，经常采用一些氢氧化物（如 $Fe(OH)_3$、$Al(OH)_3$、氧化物（如 MnO_2）和硫化物（如 CuS、Bi_2S_3）等的无定形沉淀来吸附溶液中的微量放射性核素。例如，利用新制备的 MnO_2 沉淀，可从母体 ^{95}Zr-Bi_2S_3 中分离出无载体的子体 ^{95}Nb。由于无定形沉淀都有相当大的比表面积（吸附剂的颗粒小），沉淀物往往具有胶体的性质，加上低的溶解度，所以它们有很大的吸附容量。从现有实验情况看，无定形吸附共沉淀大致归纳为 3 种类型：

1）离子交换吸附

无定形沉淀的离子交换吸附可以是一级交换吸附，也可以是二级交换吸附，但后者居多。例如，氢氧化锌无定形沉淀表面的液膜层中发生的离子交换吸附，随溶液介质不同，既可与阳离子发生交换，也可与阴离子发生交换。$Zn(OH)_2$ 有如下两种解离方式：

在酸性介质中，$Zn(OH)_2 \rightleftharpoons HZ_nO_2^- + H^+ \rightleftharpoons Z_nO_2^{2-} + 2H^+$，氢氧化锌沉淀表面带负电，分布的是 ZnO_2^{2-}，紧靠沉淀表面的液膜层中分布的是 H^+ 离子，溶液中的阳离子与 H^+ 相互交换，所以，有阳离子交换性质。

2）化学吸附

有些放射性核素在氢氧化物或氧化物上的吸附是由于它们在沉淀表面上形成了表面化合物造成的。这就是化学吸附。例如，MnO_2 吸附二价金属离子（如 Zn^{2+}），是在 MnO_2 表面上，二价金属离子与锰形成了六环螯合结构而被吸附的，如图 3.3 所示。

而有些放射性核素在氢氧化物沉淀上的吸附是由于它们在沉淀物表面形成了难溶的氢氧化物、碱式盐、铁酸盐或铝酸盐等化学物质而被吸附的。

在化学吸附过程中，决定吸附率大小的主要因素是放射性核素与吸附剂所形成的化合物的溶解度和解离度。生成的化合物是难溶的或难解离的，则易被吸附。

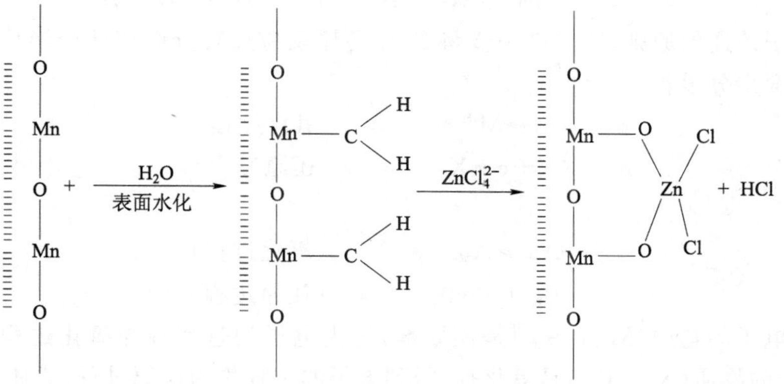

图 3.3 MnO_2吸附金属离子示意图

3）分子吸附

有些放射性核素在无定形沉淀上的吸附是属于分子吸附。即放射性物质以分子形式被吸附。如有些银盐（$AgNO_3$、Ag_2SO_4等）是以分子形式被 Fe_2O_3、Al_2O_3或 SiO_2表面吸附的。被吸附的银盐溶解度越小，吸附率越高。在强酸介质中，某些放射性核素被 SiO_2、MnO_2以及一些吸附剂表面吸附也属于分子吸附。

3.5 电化学

化学反应可分为两大类：一类是在反应过程中，反应物中的原子或离子所带的电子数没有变化，例如酸-碱反应，沉淀反应等；另一类是在反应过程中，反应物中的原子或离子所带的电子数发生了变化，当然，总的电子数既未增加，也未减少，只是电子从一个原子或离子的外层迁移到了另一个原子或离子的外层，也就是说，发生了原子或离子之间的电子传递。原子或离子之间发生电子传递的化学反应，称为氧化-还原反应。

3.5.1 氧化-还原反应

化学反应 $Mg+2HCl \longrightarrow MgCl_2+H_2$中，Mg 原子失去电子，变成 Mg^{2+}离子；H^+得到电子，变成 H 原子，并结合成氢分子 H_2。

化学反应 $Cu+\frac{1}{2}O_2 \xrightarrow{\triangle,300\ ℃} CuO$ 中，Cu 原子失去电子，变成 Cu^{2+}离子；O 原子得到电子，变成 O^{2-}离子。

化学反应 $Zn+Cu^{2+} \rightarrow Zn^{2+}+Cu$ 中，Zn 原子失去电子，变成 Zn^{2+}；Cu^{2+}得到电子，变成 Cu。

上述反应过程中，得到电子的物质如 H^+、O、Cu^{2+}称为反应过程中的氧化剂；失去电子的物质如 Mg、Cu、Zn 称为反应过程中的还原剂。上述反应正是典型的氧化-还原反应。反应过程中，发生了电子的传递，但电子总数在反应过程中没有变化。

氧化-还原反应用通式表达为：

$$M + X \rightleftharpoons M^+ + X^- \quad 或 \quad A_{还} + B_{氧} \rightleftharpoons A_{氧} + B_{还}$$

根据电子传递的原则，还可进一步将氧化-还原反应过程分解成两个半反应（将反应总过程分解为两个分过程）：

$$\begin{cases} M \rightarrow M^+ + e & （氧化过程）\\ X + e \rightarrow X^- & （还原过程）\end{cases}$$

或

$$\begin{cases} A_{还} \rightarrow A_{氧} + e & （氧化过程）\\ B_{氧} + e \rightarrow B_{还} & （还原过程）\end{cases}$$

则失去电子的物质（M 或 $A_{还}$）是还原剂，失去电子的过程称为氧化过程，或氧化半反应，得到电子的物质（X 或 $B_{氧}$）是氧化剂，得到电子的过程称为还原过程，或还原半反应。

由于氧化还原反应同样可以是可逆反应，所以，已经失去了电子的物质 M^+ 或 $A_{氧}$，可以获得电子而发生还原反应过程，此时，M^+ 或 $A_{氧}$ 在反应过程中是氧化剂，已经获得电子的物质 X^- 或 $B_{还}$，可以失去电子而发生氧化反应过程，此时，X^- 或 $B_{还}$ 在反应过程中是还原剂。因此，同一种元素由于处于不同的状态（所带电子的状态）而在氧化还原反应过程中起着不同的作用，用上述表达式为例，我们说，反应过程中，失去电子的 $A_{还}$（或 M）是物质 A（或 M）的还原型，失去电子后的 $A_{氧}$ 或 M^+（具备获得电子的条件）是物质 A（或 M）的氧化型；同样，得到电子的 $B_{氧}$（或 X）变成是物质 B（或 X）的氧化型，而得到电子后变成的 $B_{还}$（或 X^-）（具备失去电子的条件）是物质 B（或 X）的还原型。

应该指出，氧化-还原反应与酸碱中和反应一类的化学反应是有不同特点的，不但表现在存在电子的传递方面，而且反映在反应发生的条件方面。只要酸和碱放在一起，就可以发生中和反应，很快达到反应平衡；而氧化-还原反应有时需要在这一定的条件下（如加热、酸性或碱性介质中）才能进行。自然，各种不同物质的氧化型获得电子的能力或其还原型失去电子的能力是各不相同的。电极电势就是对这种能力的一种度量。

3.5.2 电极电势

所谓电极电势，就是某种物质的氧化型与相应的还原型之间的电势。它表示某种物质的氧化型获得电子变为相应的还原型或还原型失去电子变为相应的氧化型的趋势，用 E 表示。通常，规定电极电势 E 值的大小表示该物质氧化型获得电子的能力。E 值越大，氧化型物质获得电子的能力越强，其还原型物质失去电子的能力相应地越弱。无疑，金属的电极电势是最有实际意义的。某种金属的电极电势就是其氧化型 M^{n+} 获得电子或还原型 M 失去电子的趋势。比如，在 $Zn + Cu^{2+} \rightarrow Zn^{2+} + Cu$ 的反应中，为什么电子从 Zn 原子转移给 Cu^{2+} 离子而不是从 Cu 原子转移给 Zn^{2+} 离子？就是因为锌与铜的电极电势不同，即得失电子的能力不同造成的。

当把金属棒 M 放入它的盐溶液中时，一方面金属 M 表面的一些原子有一种把电子留在金属棒上而自身以离子 M^{n+} 的形式进入溶液的倾向，金属越活泼（外层电子越容易逃逸），溶液越稀，这种倾向越大；另一方面，盐溶液中的 M^{n+} 离子又有一种从金属 M 表面获得电子而沉积在金属表面上的倾向，金属越不活泼（外层电子越不容易逃逸），溶液浓度越浓，这种倾向越大。两种倾向的关系可由下式表示：

$$M \rightleftharpoons M^{n+} + ne$$

若失去电子的倾向大于它的离子获得电子的倾向，最后结果将是金属离子 M^{n+} 进入溶液，使金属棒上有过多的电子而带负电，靠近金属棒附近的溶液带正电，如图3.4甲所示，在金属和盐溶液之间产生了电势。若金属失电子的倾向小于它的离子获得电子的倾向，结果在金属和盐溶液之间也产生了电势，不同之点只是金属带正电，靠近金属棒附近的溶液带负电而已，如图3.4乙所示。所以，金属的电极电势，就是指产生在金属和它的盐溶液之间的电势。

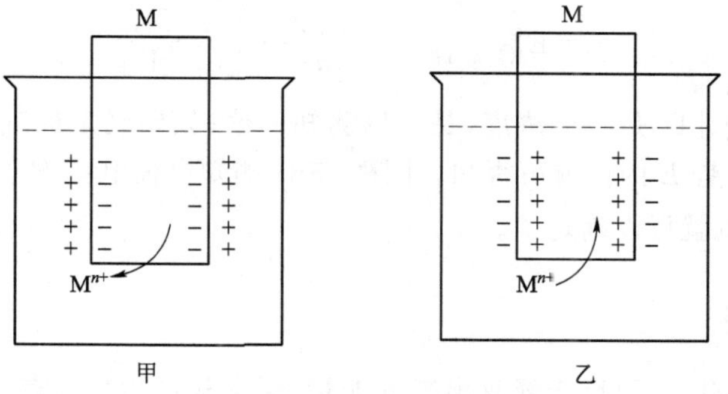

图3.4 金属的电极电势

某种物质的电极电势，除同物质本身得失电子的能力和相应的物质离子在溶液中的浓度有关外。比如，金属的电极电势，除同金属本身的活泼性和金属离子在溶液中的浓度有关外。还决定于温度。但在通常情况下，温度对电极电势的影响是比较小的。

能斯特(Nernst)根据热力学方法，从理论上导出了在1大气压(1 atm)和25 ℃条件下的电极电势的理论计算公式，即某种物质的氧化型与其相应的还原型之间的电势之理论计算式，称为能斯特方程式：

$$E = E^{\ominus} + \frac{0.059}{n}\lg\frac{[\text{氧化态}]}{[\text{还原态}]} \tag{3.21}$$

式中：[氧化态]或[还原态]表示参与其氧化还原反应过程的氧化态物质及其有关物质或还原态物质及其有关物质在水溶液中的浓度；n 是电极反应(氧化还原反应)中得失的电子数。

$E^{\ominus}$ 为标准电极电势；其物质的标准电极电势是指25 ℃时，该物质的氧化型或还原型以及其他有关离子或分子在水溶液中的浓度都为1 mol/L，并且所有气体的分压都是1 atm时，该物质的氧化型与其相应的还原型之间的电势值。比如，金属的标准电极电势，就是在25 ℃时，金属同该金属离子浓度为1 mol/L的溶液相接触时的电势值。

在 $M^{n+} + ne \rightleftharpoons M$ 电极反应中，M^{n+} 为物质的氧化态，M为物质的还原态。如 Zn^{2+}、Cu^{2+} 是氧化态，而Zn、Cu是对应的还原态。氧化型-还原型之间是互相依存的，常称为电对。如 Zn^{2+}/Zn 电对、Cu^{2+}/Cu 电对。标准电极电势的写法通常为 $E^{\ominus}$ 氧化态/还原态。此外，在氧化还原反应中，如果氧化态或还原态物质以及其他参与反应的有关物质前的系数不是1，则[氧化型]或[还原型]以及其他有关物质的浓度要乘以与系数相同的方次；如果反应中某一物质是固体或液体，则它们的浓度均为常数，常作为1；如果反应中某一物质是气体，它的浓度可用气体分压来表示，比如：

$$Cr_2O_7^{2-} + 14H^+ + 6e \rightleftharpoons 2Cr^{3+} + 7H_2O$$

$$E = E^{\ominus}_{Cr_2O_7^{2-}/Cr^{3+}} + \frac{0.059}{6}\lg\frac{[Cr_2O_7^{2-}][H^+]^{14}}{[Cr^{3+}]^2}$$

$$I_{2(固)}+2e \rightleftharpoons 2I^-$$

$$E=E^{\ominus}_{I_2/I^-}+\frac{0.059}{2}\lg\frac{1}{[I^-]^2}$$

$$2H^++2e \rightleftharpoons H_2$$

$$E=E^{\ominus}_{H^+/H_2}+\frac{0.059}{2}\lg\frac{[H^+]^2}{P_{H_2}}$$

对于 $aA+bB+ne \rightleftharpoons cC+dD$ 反应，能斯特方程式可用以下普遍关系式表达：

$$E=E^{\ominus}_{氧化型/还原型}+\frac{0.059}{n}\lg\frac{[A]^a[B]^b}{[C]^c[D]^d} \tag{3.22}$$

式中：[A]、[B]、[C]、[D]是各个浓度，是可以测知的值；只要确定标准电极电势 $E^{\ominus}_{氧化态/还原态}$ 的值，该物质电极电势 E 的值就可得知。同样，若能测知电极电势 E 值之大小，标准电极电势 $E^{\ominus}_{氧化态/还原态}$ 的值也就可以确定了。

3.5.3 原电池

必须指出，由氧化-还原反应释放出来的能量，通常只产生反应热，将热量散发给环境，而不能做有用的功。因此，必须设置一定的装置，使氧化-还原反应过程中，电子的传递变成有规则的定向运动，这样才能将反应释放出来的能量，通过变成电的运动(电流)而转化为有用功。

比如，氧化还原反应 $Zn+Cu^{2+}=Zn^{2+}+Cu\downarrow$ 中，如何使电子的传递变成有规则的定向运动呢？可以设置下述装置：在烧杯甲和乙中分别放入 $ZnSO_4$ 和 $CuSO_4$ 溶液，如图 3.5 所示。在盛 $ZnSO_4$ 溶液的烧杯中放入锌片，在盛 $CuSO_4$ 溶液的烧杯中放入铜片，把两个烧杯中的溶液用一个倒置的 U 形管连接起来，管中装满用饱和 KCl 溶液和琼胶作成的冻胶。装满冻胶的 U 形管叫做盐桥。这时，如果用一根导线将两片金属串联起来，锌片上所带的过多的电子将通过导线定向流动到带正电的铜片上去。如果在导线上串联一个灵敏电流计，可发现电流计的指针向一方偏转。还会观察到，锌片开始溶解($Zn\rightarrow Zn^{2+}+2e$)，铜片上有铜沉积上去($Cu^{2+}+2e\rightarrow Cu\downarrow$)。

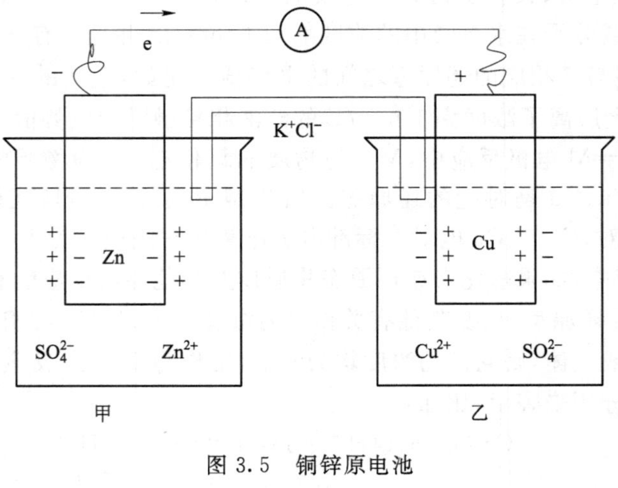

图 3.5　铜锌原电池

通过盐桥，阴离子 SO_4^{2-}、Cl^- 向锌盐溶液移动；阳离子 Zn^{2+}、K^+ 向铜盐溶液移动，使锌盐溶液和铜盐溶液一直保持电中性，这样，锌的溶解和铜的析出得以继续进行，电流得以继续流通。

这种以氧化-还原反应为根据，在氧化剂和还原剂互不接触（或由于其他办法）使氧化还原反应分别在两个电极上进行，将化学能转变为电能，可以产生电流的装置，就称为原电池。原电池包括两个电极，如上述装置中的锌极和铜极。上述由锌极和铜极组成的原电池叫做铜锌原电池。习惯上，根据外电路上两个电极之间电子流动的方向，将有过多的电子的电极（带负电，如上述原电池的锌极）称为负极；而将带正电的电极（如上述原电池的铜极）称为正极。在外电路，电子由负极流向正极，而电流方向是从正极流向负极。显然，原电池两个电极的反应为：

负极 $Zn \rightarrow Zn^{2+} + 2e$ 是发生氧化半反应，电极被氧化。

正极 $Cu^{2+} + 2e \rightarrow Cu\downarrow$ 是发生还原半反应，电极附近溶液中的 Cu^{2+} 被还原。

事实上，上述原电池的正极不一定非用铜片不可，改用其他不活泼金属（不易失去电子的金属）等导体，如铂（Pt）为电极同样可以使化学能变成电流。此时，正极（Pt 极）附近发生的反应仍是 $Cu^{2+} + 2e \rightarrow Cu\downarrow$ 还原半反应；Cu^{2+} 离子获得电子而成铜淀积于正极——铂金属片的表面上。

根据原电池中发生的氧化还原反应过程的电极电势，可以计算原电池的电动势 ε。原电池的电动势 ε 等于两个电极电势之差，即：$\varepsilon = E_{正} - E_{负}$，$E_{正}$ 与 $E_{负}$ 为正极与负极的电极电势，可分别由能斯特方程式表达出来。比如，上述铜锌原电池的电动势：

$$\varepsilon = E_{Cu^{2+}/Cu} - E_{Zn^{2+}/Zn} = E^{\ominus}_{Cu^{2+}/Cu} + \frac{0.059}{2}\lg[Cu^{2+}] - (E^{\ominus}_{Zn^{2+}/Zn} + \frac{0.059}{2}\lg[Zn^{2+}])$$

$$= E^{\ominus}_{Cu^{2+}/Cu} - E^{\ominus}_{Zn^{2+}/Zn} + \frac{0.059}{2}\lg\frac{[Cu^{2+}]}{[Zn^{2+}]}$$

原电池的电动势 ε，是可以通过实验测定的值。同样，若在 25 ℃下，原电池的氧化还原反应过程中，溶液中所有的离子或分子的浓度都为 1 mol/L、所有气体的分压都是 1 atm 时，测得的电动势值为该电池的标准电势 $E^{\ominus}$（确切地说，单位为活度时，才是标准电极电势，单位为浓度时，即浓度均为 1 mol/L 时，为摩尔还原电势值），其中 $\varepsilon^{\ominus} = E^{\ominus}_{正} - E^{\ominus}_{负}$。从而，通过测定标准状态（25 ℃，所有溶质均为 1 mol/L、气体分压均为 1 atm）时的电池电动势 $E^{\ominus}$，可以确定构成电池两个电极反应的某两种物质的标准电极电势之差。

3.5.4 标准电极电势

单个物质的标准电极电势之绝对值是无法测定的。但可以用比较的方法来测定单个物质标准电极电势的相对数值。因为测定单个电极的电势时，总是需要插入另一个导体到溶液中去，以便构成一个原电池装置的另一个电极，这样，测得的仍是两个电极电势之差，所以，直接测定的只能是两个电极电势之差。因此，选择某一电极为参比电极，并人为地规定该参比电极的标准电极电势值为零，然后，将所有电极与之比较，即可得到各个电极的标准电极电势的相对值。故某物质的标准电极电势实际上指其与参比电极的电极电势之差值。

选择标准氢电极的电势作为比较的标准。标准氢电极是这样做的，将镀有铂黑的铂片放到氢离子浓度为 1 mol/L 的硫酸溶液中，在 25 ℃时不断地通入压力为 1 atm 的纯氢气流，使铂黑电极上吸附氢气达到饱和，电极表面经常与氢和酸液接触而形成一个标准氢电极，电极附近发生的反应是：

$$H_2 \rightleftharpoons 2H^+ + 2e$$

产生在标准氢电极和硫酸溶液之间的电势就称为氢的标准电极电势。规定 $E^{\ominus}_{H^+/H}=0$。

当进行比较时，固定待测物质在溶液中的浓度为 1 mol/L、有气体参加时气体的分压力为 1 atm 和温度为 25 ℃；这样，组成一个原电池装置，测其电池的电动势 $E^{\ominus}$，即知待测物标准电极电势的相对值，$\varepsilon^{\ominus}=E^{\ominus}_{正}-E^{\ominus}_{H^+/H_2}$（氢电极为负极时），$E^{\ominus}_{正}=\varepsilon^{\ominus}$，或 $\varepsilon^{\ominus}=E^{\ominus}_{H^+/H_2}-E^{\ominus}$（氢电极为正极时），$E^{\ominus}_{负}=\varepsilon^{\ominus}$。

比如，测定锌的标准电极电势 $E^{\ominus}_{Zn^{2+}/Zn}$ 的方法如下：

先将待测的锌电极放在 1 mol/L $ZnSO_4$ 溶液中，把它和标准氢电极用盐桥连接起来组成一个原电池，如图 3.6 所示。并用直流电压表确定电池的正负极。发生氧化作用的电极叫做负极，发生还原作用的电极叫做正极；即氢电极为＋，锌电极为－。而一个原电池的电动势是在没有电流通过的情况下两个电极的电势差，因此只能用电位计来测量。

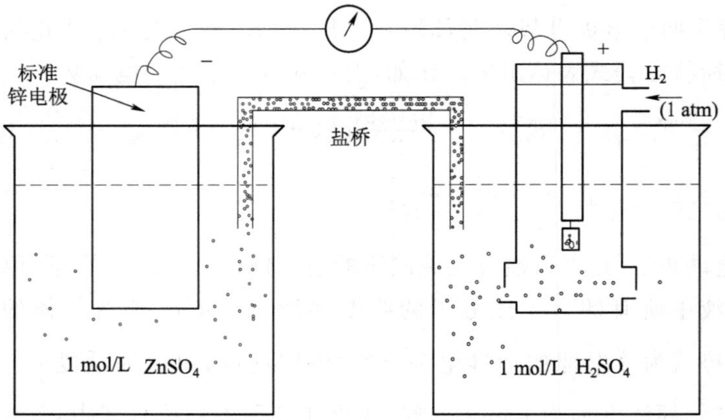

图 3.6 氢锌原电池

经测量氢锌电池的电动势是 0.763 V。电池的电极反应是：$Zn+2H^+ \rightleftharpoons Zn^{2+}+H_2$

$$E^{\ominus}_{正}-E^{\ominus}_{负}=E^{\ominus}_{H^+/H_2}-E^{\ominus}_{Zn^{2+}/Zn}=\varepsilon^{\theta}=0.763\ V$$

$$E^{\ominus}_{Zn^{2+}/Zn}=0-0.763=-0.763\ V$$

用同样办法，可测知各个待测物标准电极电势的相对值。

表 3.11 中列出了一些物质在水溶液中的标准电极电势 $E^{\ominus}$ 值，表 3.11 中所列标准电极电势值，都是给定电极在溶液中有关物质的浓度为 1 mol/L（对于 $Fe^{3+}+e \rightleftharpoons Fe^{2+}$ 来说，不一定要求 $[Fe^{3+}]=[Fe^{+2}]=1$，只要 $[Fe^{3+}]/[Fe^{2+}]=1$ 就可以了），温度为 25 ℃时测量的相对标准氢电极的电势（如有气体参加，气体的分压为 1 atm）。

表 3.11 25 ℃时，一些物质的电对之标准电极电势 $E^{\ominus}_{值}$

水溶液或酸性溶液中电极反应	$E^{\ominus}$/V
$Li^{+}+e \rightleftharpoons Li(s)$	−3.05
$K^{+}+e \rightleftharpoons K(s)$	−2.93
$Ba^{2+}+2e \rightleftharpoons Ba(s)$	−2.90
$Sr^{2+}+2e \rightleftharpoons Sr(s)$	−2.89
$Ca^{2+}+2e \rightleftharpoons Ca(s)$	−2.87
$Na^{+}+e \rightleftharpoons Na(s)$	−2.71
$Mg^{2+}+2e \rightleftharpoons Mg(s)$	−2.37
$Al^{3+}+3e \rightleftharpoons Al(s)$	−1.66
$Mn^{2+}+2e \rightleftharpoons Mn(s)$	−1.18
$Zn^{2+}+2e \rightleftharpoons Zn(s)$	−0.76
$Cr^{3+}+3e \rightleftharpoons Cr(s)$	−0.74
$Fe^{2+}+2e \rightleftharpoons Fe(s)$	−0.44
$Cd^{2+}+2e \rightleftharpoons Cd(s)$	−0.40
$PbSO_4(s)+2e \rightleftharpoons Pb(s)+SO_4^{2-}$	−0.36
$Tl^{+}+e \rightleftharpoons Tl(s)$	−0.34
$Co^{2+}+2e \rightleftharpoons Co(s)$	−0.28
$Ni^{2+}+2e \rightleftharpoons Ni(s)$	−0.25
$AgI(s)+e \rightleftharpoons Ag(s)+I^{-}$	−0.15
$Sn^{2+}+2e \rightleftharpoons Sn(s)$	−0.14
$Pb^{2+}+2e \rightleftharpoons Pb(s)$	−0.13
$Fe^{3+}+3e \rightleftharpoons Fe$	−0.036
$2H^{+}+2e \rightleftharpoons H_2(g)$	0.00
$AgBr(s)+e \rightleftharpoons Ag(s)+Br^{-}$	0.10
$S(s)+2H^{+}+2e \rightleftharpoons H_2S$	0.14
$Sn^{4+}+2e \rightleftharpoons Sn^{2+}$	0.15
$Cu^{2+}+e \rightleftharpoons Cu^{+}$	0.15
$PtCl_4^{2-}+2e \rightleftharpoons Pt(s)+4Cl^{-}$	0.2
$BiO^{+}+2H^{+}+3e \rightleftharpoons Bi+H_2O$	0.32
$Cu^{2+}+2e \rightleftharpoons Cu(s)$	0.34
$Fe(CN)_6^{3-}+e \rightleftharpoons Fe(CN)_6^{4-}$	0.36
$Cu^{+}+e \rightleftharpoons Cu(s)$	0.52
$I_2(s)+2e \rightleftharpoons 2I^{-}$	0.53
$I_2(aq)+2e \rightleftharpoons 2I^{-}$	0.62
$MnO_4^{-}+e \rightleftharpoons MnO_4^{2-}$	0.54
$H_3AsO_4+2H^{+}+2e \rightleftharpoons HAsO_2+2H_2O$	0.56
$PtCl_6^{2-}+2e \rightleftharpoons PtCl_4^{2-}+2Cl^{-}$	0.72

续表

水溶液或酸性溶液中电极反应	$E^{\ominus}/V$
$Po^{4+}+4e \rightleftharpoons Po(s)$	0.765
$Fe^{3+}+e \rightleftharpoons Fe^{2+}$	0.77
$Hg_2^{2+}+2e \rightleftharpoons 2Hg(l)$	0.79
$Ag^{+}+e \rightleftharpoons Ag(s)$	0.80
$Rh^{3+}+3e \rightleftharpoons Rh$	0.80
$2Hg^{2+}+2e \rightleftharpoons Hg_2^{2+}$	0.92
$AuCl_4^{-}+3e \rightleftharpoons Au(s)+4Cl^{-}$	1.00
$Br_2(l)+2e \rightleftharpoons 2Br^{-}$	1.07
$Pt^{2+}+2e \rightleftharpoons Pt(s)$	1.20
$O_2(g)+4H^{+}+e \rightleftharpoons 2H_2O$	1.23
$MnO_2(s)+4H^{+}+2e \rightleftharpoons Mn^{2+}+2H_2O$	1.23
$Cr_2O_7^{2-}+14H^{+}+6e \rightleftharpoons 2Cr^{3+}+7H_2O$	1.33
$Cl_2(g)+2e \rightleftharpoons 2Cl^{-}$	1.36
$Au^{3+}+3e \rightleftharpoons Au(s)$	1.50
$MnO_4^{-}+8H^{+}+5e \rightleftharpoons Mn^{2+}+4H_2O$	1.52
$MnO_4^{-}+4H^{+}+3e \rightleftharpoons MnO_2+2H_2O$	1.67
$PbO_2(s)+SO_4^{2-}+4H^{+}+2e \rightleftharpoons PbSO_4(s)+2H_2O$	1.68
$Ce^{4+}+e \rightleftharpoons Ce^{3+}$	1.70
$Ce^{3+}+e \rightleftharpoons Ce^{2+}$	1.82
$F_2(g)+2e \rightleftharpoons 2F^{-}$	2.87
碱性溶液中电极反应	
$H_2AlO_8^{-}+3e+H_2O \rightleftharpoons Al+4OH^{-}$	−2.35
$Zn(OH)_4^{2-}+2e \rightleftharpoons Zn(s)+4OH^{-}$	−1.22
$Fe(OH)_2(s)+2e \rightleftharpoons Fe(s)+2OH^{-}$	−0.88
$2H_2O+2e \rightleftharpoons H_2(g)+2OH^{-}$	−0.83
$AsO_4^{3-}+2e+2H_2O \rightleftharpoons AsO_2^{1-}+4OH^{-}$	−0.71
$AsO_2^{1-}+3e+2H_2O \rightleftharpoons As(s)+4OH^{-}$	−0.68
$Fe(OH)_3(s)+e \rightleftharpoons Fe(OH)_2(s)+OH^{-}$	−0.56
$HPbO_2^{-}+2e+H_2O \rightleftharpoons Pb+3OH^{-}$	−0.54
$S(s)+2e \rightleftharpoons S^{2-}$	−0.48
$Cu(OH)_2(s)+2e \rightleftharpoons Cu(s)+2OH^{-}$	−0.36
$CrO_4^{2-}+3e+4H_2O \rightleftharpoons Cr(OH)_3(s)+5OH^{-}$	−0.12
$NO_3^{-}+2e+H_2O \rightleftharpoons NO_2^{-}+2OH^{-}$	0.01
$IO_3^{-}+6e+3H_2O \rightleftharpoons I^{-}+6OH^{-}$	0.26
$Ag_2O(s)+2e+H_2O \rightleftharpoons 2Ag(s)+2OH^{-}$	0.34
$O_2(g)+4e+2H_2O \rightleftharpoons 4OH^{-}$	0.40
$MnO_4^{-}+3e+2H_2O \rightleftharpoons MnO_2(s)+4OH^{-}$	0.57

$E^{\ominus}$的大小表示物质的氧化型获得电子的本领。$E^{\ominus}$越大，物质的氧化型获得电子的能力越强，氧化能力越强，是较强的氧化剂；而相应的还原型物质，失去电子的能力越弱，还原能力越弱，是较弱的还原剂。如表3.11中F_2是最强的氧化剂，而相应的还原型物质F^-就是最弱的还原剂。$E^{\ominus}_{Cu^{2+}/Cu}=0.34\ V$，$E^{\ominus}_{Zn^{2+}/Zn}=-0.76\ V$；说明$Cu^{+2}$比$Zn^{+2}$易于获得电子，而相应的还原型物质Cu比Zn难于失去电子，所以，Zn比Cu"活泼"(易于失去电子)。

还必须指出，作为各个标准电极电势依据的各个特定的氧化还原反应必须在一定的条件下才能进行。

标准电极电势$E^{\ominus}$值，对于用来判断氧化-还原反应进行的方向和程度等应用方面，有重要意义。

将某个氧化还原反应分为两个电极反应，将两个电极构成原电池，计算原电池的标准电势$E^{\ominus}$，如果$E^{\ominus}>0$，电极反应可以按设想的方向自发进行；如果$E^{\ominus}<0$电极反应不能按设想的方向自发进行(而是按相反方向进行)。当然，通常参与反应的氧化型和还原型物质，其浓度或分压并不都是1 mol/L或1 atm。可是，大多数情况下，用标准电极电势来判断氧化-还原反应进行的方向时，结论还是符合实际的。因为经常遇到的大多数氧化-还原反应，如果构成原电池，电池的电动势都是比较大的，一般大于0.2 V。在这种情况下，浓度的变化虽然影响电极电势，但对电池的电动势影响并不大，不会因为浓度的变化而使电池的电动势E值变号。只有少数氧化-还原反应构成原电池后，其电动势相当小，这时判断反应方向必须考虑浓度对电极电势的影响。

比如：$Pb^{2+}+Sn \rightleftharpoons Pb+Sn^{2+}$

如果在标准状态($[Pb^{2+}]=[Sn^{2+}]=1\ mol/L$)下，那么：

$$E^{\ominus}_{Sn^{2+}/Sn}=-0.136\ V, E^{\ominus}_{Pb^{2+}/Pb}=-0.126\ V$$

$$E=E^{\ominus}_{正}-E^{\ominus}_{负}=-0.126-(-0.136)=0.010\ V(<0.2\ V), \varepsilon>0,$$

上述反应是可以自发地向右进行的。

如果$[Sn^{2+}]=1\ mol/L$，而$[Pb^{2+}]=0.1\ mol/L$，就不能用标准电极电势来判断反应方向。此时，

$$E_{Pb^{2+}/Pb}=E^{\ominus}_{Pb^{2+}/Pb}+\frac{0.059}{2}\lg\frac{0.1}{1}=-0.156\ V,$$

$$E=E_{正}-E_{负}=E_{Pb^{2+}/Pb}-E_{Sn^{2+}/Sn}=-0.156-E^{\ominus}_{Sn^{2+}/Sn}=-0.156-(-0.136)$$
$$=-0.020\ V, E<0,$$

上述反应不能自发向右进行，而恰相反，自发向左进行。

3.5.5 电解电池

电解质溶液中因通入电流而在电极上分别发生氧化与还原反应，从而在电极上淀积或析出氧化产物与还原产物的作用，称为电解。这种利用电流引起非自发性的氧化-还原反应。从而把电能转变为化学能的装置，叫做电解电池(或电解槽)。电解电池和原电池一样，包括两个电极。电解电池的两个电极分别和一个直流电源(直流发电机或干电池)的正负极相连，与直流电源的负极相连的电极称作电解电池的阴极，与直流电源的正极相连的电极称作电解电池的阳极。两个电极同在一个电解电池内，如图3.7所示。

通电后,电子从直流电源的负极到达电解电池的阴极,溶液中的阳离子或分子在阴极得到电子而发生还原反应;而溶液中的阴离子或分子在阳极失去电子发生氧化反应。直流电源起着一个“电子泵”的作用;将电子压入电解电池的阴极,又从其阳极将电子抽回直流电源。电池的电解过程中,阳离子向阴极迁移,阴离子则向阳极迁移。如果外加电压足够高,原则上,在电解电池中任何一个非自发的氧化-还原反应都可以发生。

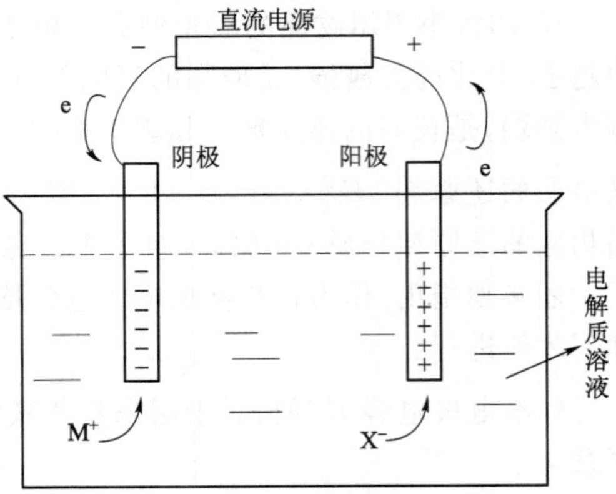

图 3.7 电解电池示意图

电解过程中尽管所有的阳离子都向阴极移动,所有的阴离子都向阳极移动;但是并不是所有的阳离子都能在阴极上获得电子发生还原反应,而在阳极上,并不是所有的阴离子都能失去电子发生氧化反应。电极上发生的反应及析出的产物,取决于溶液的条件和可能参加反应的物质的电极电势。因电极电势的大小代表着物质的氧化型或还原型的强弱。只有最强的氧化型物质在阴极上获得电子进行还原反应、最强的还原型物质在阳极失去电子进行氧化反应。比如,电解 NaCl 溶液时,在阴极上析出的不是 Na 而是 H_2($2H^+ + 2e \rightarrow H_2$),虽然$[Na^+]>[H^+]$,但 $E_{H^+/H_2} > E_{Na^+/Na}$($E^{\ominus}_{H^+/H_2}=0$,$E^{\ominus}_{Na^+/Na}=-2.71$ V),H^+ 较 Na^+ 的氧化能力强(易于夺得电子)。

以精制铜为例,可进一步说明电极电势与析出物的关系。精制铜时,纯铜作为阴极,粗铜作为阳极(粗铜含杂质锌、铁、铅、银、金、铂等),在一定的外加电压下,电解 $CuSO_4$ 溶液。显然,在阳极上发生氧化过程(失去电子)的能力,依次为锌($E^{\ominus}_{Zn^{2+}/Zn}=-0.76$ V)、铁($E^{\ominus}_{Fe^{2+}/Fe}=-0.44$ V)、铅($E^{\ominus}_{Pb^{2+}/Pb}=-0.13$ V)、铜($E^{\ominus}_{Cu^{2+}/Cu}=0.34$ V)、OH^-(当溶液呈碱性时,$4OH^- \rightarrow 2H_2O + O_2 + 4e$,($E^{\ominus}_{O_2/OH^-}=0.40$ V))、银($E^{\ominus}_{Ag^+/Ag}=0.80$ V)、铂($E^{\ominus}_{Pt^{2+}/Pt}=1.20$ V)、H_2O(当溶液呈酸性时,$2H_2O \rightarrow O_2 + 4H^+ + 4e$,($E^{\ominus}_{O_2/H_2O}=1.23$ V))、金($E^{\ominus}_{Au^{3+}/Au}=1.50$ V)等。当电解过程进行时,控制外加电压的大小(电压不高时,可不分解水或 OH^-,不产生 O_2),使在阳极上粗铜中的锌、铁、铅、铜依次从电极上溶解下来(失去电子),而使粗铜中的杂质银、铂、金不溶解(原子不失去电子),银、铂、金等杂质从阳极上落于电解槽底部,此称阳极泥。锌、铁、铅等金属杂质,虽然和铜一样溶解成 Zn^{2+}、Fe^{2+}、Pb^{2+} 等离子(浓度很低),并向阴极迁移,但到达阴极后,只有铜可以淀积上去。铜的电极电势 $E^{\ominus}$ 最大,最先淀积出来,其次是溶液中的 H^+、锌、铁、铅等电极电势低于氢($E^{\ominus}_{H^+/H_2}=0$)的电极电势,在水溶液中其离子几乎不可能夺得电子而淀积出来。

这样,电极电势高于铜的银、铂、金等杂质遗留在前的阳极泥中,而电极电势低于铜的锌、铁、铅等杂质以离子形式留在溶液中。只有铜从粗铜阳极上失去电子而成 Cu^{2+},在阴极上又获得电子而淀积出来,成为纯度很高的电解精制铜。

电解作用发生时,电解溶液中氧化型物质与其淀积在电解池阴极上的还原产物组成一个电对,还原型物质与其在阳极附近析出的氧化产物组成另一个电对,当这两电对分别构成的两电极连接后，就构成了一个原电池，此原电池发生的自发氧化还原反应的方向刚好与电解反应的方向相反，它形成的电动势称为反电压。显然，只有外加电压大于原电池的反电压（原电池的电动势）时才可发生其逆向反应——电解反应。如果定义使电解质开始电解所需外界加入的最低电压称为该电解质的分解电压，假如没有其他因素存在，分解电压在数值上应该等于由于电解过程自身构成的原电池的电动势（即反电压）。但事实并非如此。例如：

电解水时：若在碱性溶液中，设$[OH^-]=0.1$ mol/L，其他有关物质浓度为1 mol/L或1 atm，电解池阴极发生的电解反应为：$2H_2O+2e\rightarrow H_2+2OH^-$。

相应的原电池电极为负极，其自发反应为：$H_2+2OH^-\rightarrow 2H_2O+2e$ $E^{\ominus}_{H_2O/H_2}=0.83$ V。

电解池阳极发生的电解反应为：$4OH^-\rightarrow O_2+2H_2O+4e$。

相应的原电池电极为正极，其自发反应为：$O_2+2H_2O+4e\rightarrow 4OH^-$ $E^{\ominus}_{O_2/OH^-}=0.40$ V。

所以，其原电池的电动势：

$$\varepsilon=E_{正}-E_{负}=E^{\ominus}_{O_2/OH^-}+\frac{0.059}{4}\lg\frac{P_{O_2}}{[OH^-]^4}-\left(E^{\ominus}_{H_2O/H_2}+\frac{0.059}{2}\lg\frac{1}{[OH^-]^2\cdot P_{H_2}}\right),[OH^-]=$$

0.1，P_{O_2}，P_{H_2}均为1，$\varepsilon=1.23$ V。

若在酸性溶液中，如$[H^+]=0.1$ mol/L的硫酸溶液，其他有关物质浓度为1 mol/L或1 atm，同样，电解池阴极发生的电解反应为：$2H^++2e\rightarrow H_2$。

相应的原电池电极为负极，其自发反应为：$H_2\rightarrow 2H^++2e$ $E^{\ominus}_{H^+/H_2}=0$。

电解电池阳极发生的电解反应为：$2H_2O\rightarrow O_2+4H^++4e$。

相应的原电池电极为正极，其自发反应为$O_2+4H^++4e\rightarrow 2H_2O$，$E^{\ominus}_{O_2/H_2O}=1.23$ V。

其原电池的电势：

$$\varepsilon=E_{正}-E_{负}=E^{\ominus}_{O_2/H_2O}+\frac{0.059}{4}\lg(P_{O_2}\cdot[H^+]^4)-\left(E^{\ominus}_{H^-/H_2}+\frac{0.059}{2}\lg\frac{[H^+]^2}{P_{H_2}}\right),[H^+]=$$

0.1，P_{O_2}、P_{H_2}均为1，$\varepsilon=1.23$ V。

从反电压计算可知，电解水时的分解电压，理论上应该是1.23 V，只要外加电压大于1.23 V，电解反应就能顺利进行。但实际上，如用铂为电极，电解质浓度均为1 mol/L（或1 atm）时，分解电压是1.7 V；如改用铅为电极，分解电压是2.2 V。

同样，在电解质浓度均为1 mol/L（或1 atm）时，于1 mol/L酸性液中电解$CuSO_4$溶液时，电解池阴极发生的反应为：$Cu^{2+}+2e\rightarrow Cu$。

相应的原电池为负极，其自发反应为：$Cu\rightarrow Cu^{2+}+2e$，$E^{\ominus}_{Cu^{2+}/Cu}=0.34$ V。

电解池阳极发生的电解反应为：$2H_2O\rightarrow O_2+4H^++4e$。

相应的原电池为正极，其自发反应为：$O_2+4H^++4e\rightarrow 2H_2O$，$E^{\ominus}_{O_2/H_2O}=1.23$ V。

其原电池的电动势$\varepsilon=\varepsilon^{\ominus}=E^{\ominus}_{O_2/H_2O}-E^{\ominus}_{Cu^{2+}/cu}=0.89$ V，但实际上，当用铂为电极时，分解电压不是0.89 V，而是1.49 V。

这种比反电压（相应原电池的电动势）的需要额外加多的电压称为超电压。上述电解水时，用铂为电极，超电压是$1.7-1.23=0.47$ V；用铅为电极，超电压是0.97 V（2.2－1.23 V）。电解$CuSO_4$时，铂为电极，超电压是0.6 V（1.49－0.89 V）。

电解过程中的超电势的大小一般由下列因素决定：

1）电极材料与电极表面的情况。

2）被析出物质的物理性质：金属物质的超电势一般很小。但析出物若是气体时，则有较大的超电势。

3）电流密度越大，超电势越大。

4）电极附近溶液的浓度与溶液其他部分的浓度相差（即浓差）越大，超电势越大。

5）温度增加，超电势一般会降低。

各种电对具有各自不同的电极电势，各种电解质在电解时又有特定的超电势，因而不同的电解质也就具有不同的分解电压，这也就是应用电解法分离各种元素的理论基础。

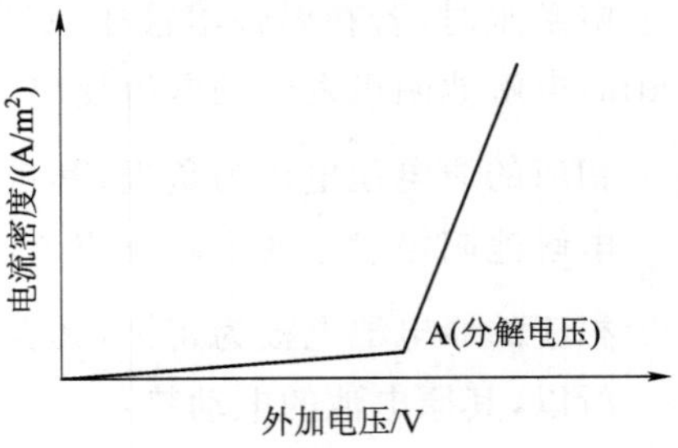

图 3.8 分解电压示意图

分解电压完全是从实验求得的。如图 3.8 所示，纵轴为电流密度（通过单位电极表面的电流），横轴为电压。当电压在 A 点以下时，电流密度很低（电解反应微弱），此称残余电流。电压到达 A 点后，电流密度突然增大（电解反应顺利进行），A 点的电压就是分解电压。

表 3.12 是一些电解质其浓度为 1 mol/L 时，用铂为电极电解时的分解电压值。

表 3.12 在 1 mol/L 溶液中用铂电极电解时的分解电压

电解质	$ZnSO_4$	$NiSO_4$	$Pb(NO_3)_2$	$CuSO_4$	$AgNO_3$	$Cd(NO_3)_2$	$CoSO_4$
分解电压/V	2.35	2.04	1.52	1.49	0.70	1.98	1.92

利用各种金属离子具有的不同的分解电压，可以进行电解分离。当外加电压超过某一金属离子的分解电压时，此金属离子即开始在电解电池的阴极上析出，而没有超过分解电压的其他金属离子则仍留在溶液中，因此只要这些金属离子的分解电压相差得足够大，就能利用电解法将它们分离。一般来说，若金属的超电势可忽略不计（在电流密度不太大的情况下），金属离子 A 和金属离子 B 要以电解法分离时，它们的分解电压必须有下列的差别：

1）两金属离子均为一价时，至少应相差 0.35 V。

2）二价的金属离子，至少应相差 0.2 V。

电镀也是电解原理的应用。电镀是在某些金属（待镀金属）表面镀上一薄层其他金属（镀层金属）的过程。电镀时，把待镀金属作阴极、镀层金属作阳极，用含有镀层金属的离子的溶液作电解液，在直流电的作用下，待镀金属表面就被覆盖上一层均匀光洁而致密的镀层。显然，电镀过程中，作为阳极的镀层金属失去电子而溶解（变为阳离子），镀层金属的离子在阴极得到电子而沉积出来。电镀时必须考虑到氢的超电势、外加电压、电流密度等因素。表 3.13 列出了若干电镀过程。

表 3.13 电镀过程

镀层金属	阳极	电解液组成
Cu	Cu	20% $CuSO_4$；3% H_2SO_4
Ag	Ag	4% AgCN；4% KCN；4% K_2CO_3
Au	Au、C、Ni-Cr	3% AuCN；19% KCN；Na_3PO_4 缓冲液

续表

镀层金属	阳极	电解液组成
Ni	Ni	30%$NiSO_4$;2%$NiCl_2$;1%H_3BO_3
Zn	Zn	6%$Zn(CN)_2$;5%NaCN;4%NaOH;1%Na_2CO_3;0.5%$Al_2(SO_4)_3$
Sn	Sn	8%H_2SO_4;3%Sn;10%甲酚-硫酸

3.5.6 微量放射性核素的电化学

前述的电化学规律,如能斯特方程等,是按照热力学的概念确立的,是建立在所研究的体系之各相具有均匀性特点和微观粒子的运动具有统计性特征的基础上的,这对常量物质是完全适合的。可是,研究的放射性核素经常处于微量的状态。因此,低浓状态下的放射性核素的电化学行为是有其独自特点的。

1) 在高度稀释的溶液中,有许多因素会改变放射性核素的存在状态,如放射性核素在容器壁和杂质上的吸附、放射性胶体的生成、络合物的生成等,使放射性核素出现反常的电化学行为。

2) 放射性元素处在低浓,微量条件时,溶液中其他杂质离子往往远远超过研究的对象——放射性元素本身的浓度;这样,对于氧化还原反应过程中产生的电子迁移的贡献,往往不是所研究的放射性元素本身而是其他杂质离子;也就是说,研究氧化还原过程的依据——反映在电极上的迁移电流不是主要由放射性元素的迁移电子决定,而是由其他杂质来决定。因此,这给放射性核素电化学研究造成特殊问题。

3) 研究某种物质的电极电势,常常需要将某物质做成的电极直接浸入本身离子的溶液中,可是,有些放射性核素太少,以至于不可能得到足够做一个电极的数量;有些虽可得到"可称量"的量,但因放射性比活度太大而不宜安全使用。

4) 微量放射性物质的量"屈指可数":以 1 mL 浓度为 10^{-6} mol/L 的溶液为例,其中包含的溶质粒子(离子、原子或分子)数是 10^{-9} mol;而在 1 cm^2 面积的 Pt 电极表面若形成一单分子层,需要有 2×10^{-9} mol 的分子数,而放射性物质溶液常常是不足 10^{-6} mol/L 的。微量放射性物质在电极表面不足以布满一个单分子层这一事实,造成微量放射性核素电化学的又一个特点。

因此,能斯特方程在高度稀释的溶液中不一定适用。事实正是这样,比如放射性核素 Ag 和 Zn,当它们的浓度低于 10^{-5} mol/L 时,能斯特方程式就不适用了;而 Fe 甚至在浓度相当大时(10^{-3} mol/L),能斯特方程式已不适用了。可是,对于另一些放射性核素,在浓度很低时,能斯特方程式仍然适用。如在 Ag 和 Au 电极上,^{210}Bi 的浓度为 $10^{-14}\sim10^{-16}$ mol/L 时,能斯特方程式仍能适用;在另一些体系中,Pa 的浓度为 10^{-11} mol/L,Po 的浓度为 10^{-14} mol/L,能斯特方程式均能适用。

如前所述,能斯特方程式反映了某物质的电极电势 E 与溶液中其溶质的氧化态和还原态的浓度(严格来说,是热力学活度)的关系:

$$E=E^{\ominus}+\frac{0.059}{n}\lg\frac{C_{\text{氧化态}}}{C_{\text{还原态}}}$$

对于金属离子在本身金属表面沉积时,$C_{\text{还原态}}$ 为不变的常数,且可视为 $C_{\text{还原态}}=1$,此时能斯特方程式就简化为：

$$E=E^{\ominus}+\frac{0.059}{n}\lg C_{氧化态}$$

可是，在高度稀释的放射性溶液中，其放射性离子或分子的存在状态因吸附或胶体形成等而发生异常变化，因而其氧化态或还原态在溶液中的浓度(确切说，就是热力学活度)也发生异常变化，所以，相应的电极电势 E 也就出现不正常的变化。

由于标准电极电势 $E^{\ominus}$ 是在标准状态下(1 mol/L，1 atm)确定的，并认为在标准状态下，金属的热力学活度为不变的常数，且定为 1；对于金属离子在本身金属表面沉积时，即为 $C_{还原态}=1$；可是，由于微量放射性核素不可能在本身物质做成的电极上发生沉积(即氧化一还原反应)而只能在其他“不活泼”物质做成的电极上沉积，但由于量少又往往不能布满电极表面一个单分子层；这样，能斯特方程式中认为金属的热力学活度为不变的常数这个结论不能成立了。也即 $C_{还原态}=1$。因为此时电极材料与其表面状态所造成的电极表面的不均匀性以及“屈指可数”的不能布满电极表面一个单分子层而影响了微观粒子运动的统计性。所以，标准电极电势 $E^{\ominus}$ 也将可能出现不正常的结果。

微量放射性物质的电化学还存在许多课题有待研究解决，比如，能斯特方程式对微量物质的适用性等的研究，尚未得到满意结果。

所以，在电解沉积过程中或原电池的自发氧化还原反应过程中，都可能出现异常情况。比如，电解过程中，放射性核素的临界沉积电势(即电解时的分解电压)可能会偏离其在常量浓度时的值。同时，由于放射性物质处在低浓范围内，杂质所产生的迁移电流有干扰，所以也不能用测定常量物质分解电压的方法来确定放射性核素的分解电压(即临界沉积电势)。

第4章　微量放射性物质的分离

无论是天然放射性核素，还是人工放射性核素，都常与其母体、子体以及其他放射性核素和稳定核素共存。因此，在对放射性物质的研究和应用中，如环境和生物样品中放射性核素的测定等，往往需要从分离工作开始，即首先必须将待测放射性核素从其他物质(放射性以及非放射性的杂质)中分离提取出来。而这些分离对象一般含量低微，如1 mCi的^{32}P，其重量仅3.5×10^{-9} g，与其共存的介质体系，成分又相当复杂；加上放射性衰变的不恒定性，还要求分离过程考虑时间因素。所以，决定了微量放射性物质分离的特殊性。

4.1　引言

微量放射性物质的分离，有其特殊过程及相应的指标。

载体与无载体：为了提高被分离物质的量，克服微量放射性物质易被吸附而丢失和不易被分离等困难，有时在分离过程中，加入可以载带和"保护"微量放射性核素的常量物质，称之为载体。载体是在化学性质上与被分离的放射性核素相同或相似的物质。载体分为两类：同位素载体——被分离的放射性核素的稳定同位素或长寿命同位素；非同位素载体——在化学性质上与被分离的放射性核素相似的另一种元素，如同族邻近的稳定元素。很明显，在分离过程中，同位素载体的化学行为与被分离的放射性核素的化学行为是完全一致的。没有载体的放射性核素就是无载体的放射源。也就是说，除了放射性核素本身所组成的化合物和衰变子体外，并不存在其他任何稳定核素。当然，无载体也不是绝对的，只是指放射性产品中稳定核素的量用现有分析方法检测不出来，或在所研究的范围内不产生影响而言的。

放射性纯度与放射化学纯度：放射性纯度，指所需核素的放射性活度占产品(或制剂)总放射性活度的比例。显然，放射性纯度只与其中放射性杂质的量有关，而与非放射性杂质的量无关。放射性纯度也称放射性核素纯度。放射化学纯度(放化纯度)，指处于特定化学状态的核素的放射性活度占该核素总放射性活度的比例。放化纯度首先要求放射性纯，除此还要对放射性核素所存在的化学状态有明确的要求。比如，医用$Na^{131}I$注射液中，若标明放化纯为98%，则表示有98%的^{131}I以NaI化学状态存在，另外2%的^{131}I不是以NaI形式存在，可能以I_2、IO_3^-或IO_4^-的形式存在。医用放射性核素，对其放射性纯度要求很高。比如，医用^{131}I-$Na^{131}I$溶液，要求放射性纯度大于99.9%。

4.2　共沉淀法

共沉淀法是放射化学中应用最早的一种分离方法。该法操作简单，浓集效率高，与其他分离方法配合，仍是微量放射性物质分离的一种方法。共沉淀法可分为无机共沉淀法与有机共沉淀法两大类型。无机共沉淀法中,使用无机化合物作为载体载带微量放射性物质,其共沉淀机理就是前述的共结晶共沉淀与吸附共沉淀。有机共沉淀法中,使用有机化合物作为载体载带微量放射性物质,原理大致是先把溶液中的无机离子转化为憎水性的离子或化合物,然后再选择适当的有机化合物将它们载带下来。

4.2.1 基本原理

共沉淀法就是利用微量放射性物质能随常量物质一起生成沉淀而与其他杂质实现分离的原理。通常在试样中,放射性物质的含量是极少的,难以形成沉淀物。但如果向样品溶液中加入某种常量物质作为载体,就可使欲分离的微量放射性物质和加入的常量物质生成共沉淀物质,从而将微量物质随同载体物质一起被分离出来。

如果在某一放射性核素的产品中,除了由它自身所组成的化合物和衰变子体外,还存在稳定核素,这种放射性产品为有载体的放射源。对于有载体的放射性产品,其中放射性核素的量与其载体和杂质的量之间的关系常用放射性比活度 S 来表示。放射性比活度也称放射性比度或比放射性。产品的放射性比活度是指放射性产品中放射性核素的放射性活度与其放射性产品总质量之比,即单位质量(通常用重量表示)产品中所含某种核素的放射性活度,即是某种核素的比活度。$S=A/(m_A+m)\approx A/m$;A 是产品中某种核素的放射性活度,单位有 Bq、Ci 等;m_A 是产品中某种放射性核素的质量,单位有 g、mg 或 mmol 等;m 是产品中其他各种稳定核素的质量(包括载体物与杂质),单位有 g、mg 或 mmol 等。对于液体放射性产品,用单位体积中所含某种核素的放射性活度来表示其放射性比活度,常称为放射性浓度,单位有 Bq/L、Bq/mL、Ci/L 等。

4.2.2 共沉淀分离过程

对于一个含微量放射性核素的溶液体系,由于其放射性浓度太低,若直接加入某种可生成沉淀物的盐类(常称沉淀剂),是不能生成该放射性核素的沉淀物的。必须先往溶液体系中加入一定量的该核素的同位素载体或非同位素载体(一般为该核素的可溶性的稳定同位素或化学类似物的盐类),再加入能与之生成沉淀物的沉淀剂,从而与载体生成沉淀物,同时也把该微量放射性核素载带下来。

有时,由于待分离体系中,还含有其他多种放射性杂质核素,为减少分离过程中杂质放射性核素对欲分离核素的污染,从而提高产品的放射性纯度,除了加入欲分离核素的载体外,还可加入这些放射性杂质核素的稳定同位素或化学类似物,以稀释放射性杂质,从而大大减少这些放射性杂质被吸附或夹带进来的可能,起着反载带的作用。这类稳定同位素或化学类似物称为反载体或抑制载体。

有时,在分离过程中,中入一种可将多种杂质从体系中除去,而让所需的放射性核素保留下来的物质,称净化载体,也叫清扫载体或净化剂。例如从铀的裂变产物中分离^{140}Ba 时,向试样中加入 Ba 载体,用盐酸-乙醚混合剂使 Ba 沉淀为 $BaCl_2H_2O$ 而与大部分杂质分离。然后将沉淀溶于水中,加入 $FeCl_3$,用氨水使 Fe^{3+} 沉淀为 $Fe(OH)_3$,以进一步除去 $BaCl_2$(载带着^{140}Ba)中夹带的杂质。此过程中的 $Fe(OH)_3$ 就是净化载体。

以$^{88}SrCO_3$-$^{90}SrCO_3$-H_2O 共沉淀体系为例,从一份含^{90}Sr 的放射性样液中,用共沉淀法沉淀分离^{90}Sr。假设样液中^{90}Sr 的放射性浓度为 740 Bq/L 左右(相当 1.57×10^{-12} mol/L

左右)，而且还含有放射性杂质核素^{137}Cs。欲通过加入碳酸钠，以便形成$^{90}SrCO_3$沉淀，而将^{90}Sr分离出来。但因^{90}Sr含量太少，直接加入Na_2CO_3，不可能形成$^{90}SrCO_3$沉淀物(碳酸锶的浓度积$K_{sp}=1.7\times10^{-10}$)。所以，必须先加入可溶性稳定锶的盐类(如^{88}Sr的盐类$Sr(NO_3)_2$)，还要加入稳定铯(如^{133}Cs)作反载体，然后加入沉淀剂Na_2CO_3，形成$^{88}SrCO_3$沉淀，同时也把^{90}Sr载带下来。$^{88}SrCO_3$也称载体化合物。由于加入了^{133}Cs反载体，^{137}Cs被大大稀释，这样大大减少了$^{88}SrCO_3$沉淀析出时吸附和夹带^{137}Cs的可能，以减少^{137}Cs对^{90}Sr产品的沾污。

4.2.3 分离效率指标

为衡量分离过程的效率及净化效果，可通过化学回收率与净化系数指标来判断。

(1) 化学回收率

化学回收率也称为化学产率或化学分离效率，是指某种欲分离核素经过分离过程后在产品中所含的总量占原试样中所含总量的比例(%)，即：

$$Y=\frac{A}{A_0}\times100\% \tag{4.1}$$

式中：Y是化学回收率，%；

A是产品中欲分离核素的放射性活度，Bq；

A_0是原试样中欲分离核素的放射性活度，Bq。

Y值越大，分离效率越高。但是，要测知A_0值常常是困难的。加入的载体是欲分离核素的同位素或化学类似物，在分离过程中，与被分离核素的化学行为是完全一致或类似的，只要欲分离核素与载体充分混匀，那么，加入载体以后，在整个分离过程中，欲分离核素对载体的放射性比活度始终恒定不变。即：

$A=S'm'$，与$A_0=S'm'_0$，其中，S'为欲分离核素对载体的放射性比活度(分离前后恒定不变)；m'与m'_0分别为分离后尚保留的载体质量与分离前加入的载体质量。则$A/A_0=S'm'/S'm'_0=m'/m'_0$，因此，$Y=\frac{m'}{m'_0}\times100\%$。

也就是说，载体的回收率也就是欲分离放射性核素的回收率，故可以根据载体的回收率校正分离过程中，放射性核素的损失，从而确定放射性核素的真正原始含量。这对于某些难以定量分离的核素具有重要意义，只要分离出一部分纯物质，即可从Y值来准确定其含量，因此可大大简化分离程序。

(2) 净化系数

净化系数DF也称去污系数或去污因子，净化系数表示分离过程对某种放射性杂质的去除程度。即：

$$DF=A'_0/A_0/A'/A \tag{4.2}$$

A'_0与A'分别为原试样中某种放射性杂质的总量(用放射性活度表示)与产品中某种放射性杂质的总量(用放射性活度表示)；A_0与A的意义同前。当欲分离核素在分离过程中的化学回收率很高，接近100%时，即$A_0\approx A$时，$DF\approx A'_0/A$。DF值越大，该分离过程对某种放射性杂质核素的去污效果越好。

4.2.4 共沉淀分离的条件控制

1）选择合适的载体与沉淀剂等，提高分离过程的效率。

应尽量选用稳定同位素作载体，并注意使载体的化学状态与被分离核素的化学状态完全一致，以便有效地载带放射性核素。同时，还必须选择合适的沉淀剂，使载体与沉淀剂生成难溶的载体化合物，使得沉淀能尽量完全地载带欲分离的放射性核素，沉淀性能要好，并有利于后续分离操作和制样测量等。载体的用量也要恰当。如分离环境和生物样品中的微量放射性核素时，载体不宜过多，否则会降低样品源的放射性比活度，增加自吸收。放射性核素以胶体状态存在将降低同位素交换速度，影响体系的均匀性，必要时须加入络合剂等，以破坏胶体形成。

2）减少放射性杂质沾污，提高放射性纯度。

通过加入反载体，使放射性杂质被大大稀释；提高溶液的酸度，可防止一些易水解的放射性杂质水解，避免这些杂质转变成胶体而被沉淀吸附；还可加入络合剂，使杂质以络合物的形式存在于溶液中，减少它们对沉淀的沾污。这种络合剂就是所谓掩蔽剂。还可以采用均相沉淀法。使沉淀剂离子在沉淀中逐渐形成，这样，沉淀也必然是缓慢生成，其晶体颗粒大，比表面小，对杂质的吸附量也少。其他还可以通过多次沉淀和选用合适的洗涤剂洗涤沉淀，以及在加热条件下进行共沉淀反应，加速重结晶过程，也可以使沉淀颗粒增大，比表面减小，从而减少对杂质放射性的含量。这样，使产品的放射性纯度得到保证。

4.2.5 共沉淀法的应用

1）对于放射性核素含量极少的环境和生物样品，由于采样量较大，共沉淀法提供了一种简单、廉价、有效的分离方法。

2）对于成分复杂，体积很大而放射性核素含量极微的工矿企业放射性废水，以及被微量放射性污染的饮水，共沉淀法也是一种有效简便的净化方法。

在某些核燃料生产环节和放射性核素的分离工艺中，也仍在采用共沉淀法。

4.3 萃取法

萃取法，又称液-液萃取法或溶剂萃取法。是分离微量放射性核素简便而又有效的一种方法。它广泛地应用于放射性核素的分离和提取之中，已成为放射性核素最常用的分离方法之一。

4.3.1 基本概念

萃取过程：两种互不相溶的液体相互接触，然后分层的过程。与沉淀法比较，萃取过程不产生固相沉淀物。

萃取方法：利用各种不同的物质在互不相溶的两种液体中具有各自不同的分配比例这一性质，以便用一种特殊的有机试剂，从含有待分离微量物质的液体中，将待分离微量物质转移到另一种液体中，从而达到物质的分离、提纯或浓缩等目的，这里所用的“特殊的有机试剂”称为萃取剂。一般地说，是将无机金属离子从水相（水溶液）中，转移到（也就是萃取到）有机相（有机溶剂）中这样一种过程。这里的有机相就是有机溶剂或简称溶剂，萃取有时也称液-液萃取或溶液萃取。而把已转移在有机相中的待分离微量物质从有机相再返回水相的过程称为反萃取，这里所用的水相溶液称为反萃取剂。为了提高萃取过程的分离效果，常用一定组成的水相溶液与萃取后的有机相（已含待分离微量物质，称为萃取液）混合振荡，使两相充分接触，以便将其中的杂质反萃到水相中来，而所需要的被萃取物仍留在有机相中，这个过程称为洗涤，所用的水相溶液即称为洗涤剂。

萃取过程的本质：一般无机盐类溶于水中，发生解离，形成极性较强的水合离子，所以它们对水的亲和力大，易溶于同样具有极性的溶剂——水中，而难溶于非极性的有机溶剂中，这种性质称为亲水性。有机化合物则大都是非极性分子，它们对有机溶剂的亲和力大，易溶于非极性的有机溶剂而难溶于水，这种性质称为疏水性。在萃取过程中，被萃取物在两相中的分配取决于有机相和水相对被萃取物亲和力的大小。显然，如果有机相对被萃取物的亲和力大于水相对被萃取物的亲和力，就有利于萃取；反之则不利于萃取。所以，萃取过程的发生，除少数是由于物质在两相中溶解度的不同来进行分离的物理分配过程外，大多数是将金属离子与某种特殊的有机试剂（萃取剂）结合成在化学结构上与有机溶剂相似的物质，以增加其在有机相中的“溶解”量，也就是将被萃取的物质由亲水性转化为疏水性的化学分配过程。

萃取平衡：在萃取过程中，物质在两相间的转移是一个可逆的过程。一方面，是被萃取物生成疏水性化学物质，从水相转入有机相；另一方面，是有机相中的被萃取物之疏水性化学物质分解，使被萃取物从有机相再返回转移到水相中。起初，被萃取物在单位时间内向有机相转移的量比向水相转移的量多，因此，有机相中的被萃取物浓度不断增加；但随着有机相被萃取物浓度的增高，被萃取物从有机相转入水相的量不断增加；经过一定时间后，单位时间内转入有机相和转入水相的被萃取物量相等，两相中被萃取物之浓度不再变化，这种状态称为萃取平衡。此时，被萃取物在两相中的浓度称为平衡浓度。很明显，萃取平衡是一种动态平衡。

4.3.2 萃取分离的全过程

以 Purex（Plutoniom-Uranium-returning extraction）流程为例，说明萃取分离的全过程。

Purex 流程，是利用溶于煤油中的有机试剂磷酸三丁酯（TBP）有机溶液，从含有铀与钚等放射性物质的硝酸水溶液中，萃取铀与钚并将它们分离开来的过程。

1）萃取。待萃取的样品水溶液，含有 $UO_2(NO_3)_2$、$Pu(NO_3)_4$ 及其他裂变产物，酸度为 3 mol/L HNO_3。有机相是含 30％磷酸三丁酯（TBP）的煤油溶液，这里的磷酸三丁酯，就是特殊的有机试剂，是萃取剂；煤油起有机溶剂的作用。

经过萃取平衡，水相中的 $UO_2(NO_3)_2$、$Pu(NO_3)_4$ 之大部分及少量裂变产物进入到有机相中。

这样，经过萃取平衡后，水相（也称萃余液）中留下裂变产物的大部分，有机相中，含有 $UO_2(NO_3)_2$、$Pu(NO_3)_4$ 及少量裂变产物。

2）洗涤。用水相为 1.5 mol/L HNO_3 的水溶液（此称洗涤液），洗涤上述经萃取后的有机相。经过两相充分接触后，即实现萃取平衡，此时有机相中的裂变产物基本上被“洗出”进入水相，而 $UO_2(NO_3)_2$、$Pu(NO_3)_4$仍留在有机相，可以说，“洗涤”这一过程是对上述萃取的加强和补充。

经过洗涤—萃取平衡后，有机相含有较纯的 $UO_2(NO_3)_2$、$Pu(NO_3)_4$；其水相(即洗涤液)含有裂变产物；这样，实现了钚-铀与裂变产物的分离。

3) 反萃取。此处反萃取分两步进行。首先，反萃取钚(Pu)。取上述洗涤后的有机相(含钚-铀)，用含有还原剂氨基磺酸亚铁($Fe(NH_2SO_3)_2$)的 0.5 mol/L 硝酸水溶液作为水相，使两相充分接触，实现反萃取，达到萃取平衡。在这个过程中，Pu^{4+}被 Fe^{2+} 还原为 Pu^{3+} 而变成 $Pu(NO_3)_3$(蓝色)进入水相中；$UO_2(NO_3)_2$仍留在有机相中。所以，萃取平衡后，有机相含 $UO_2(NO_3)_2$，水相含 $Pu(NO_3)_3$。这样，实现了钚(Pu)与铀(U)的分离。其次，反萃取铀(U)。取上述反萃取后含 $UO_2(NO_3)_2$的有机相，用 0.01 mol/L HNO_3水溶液作为水相，再次进行反萃取。萃取达到平衡后，$UO_2(NO_3)_2$从有机相转入水相，从而得到铀(水相中)。而有机相不含任何放射性物质，恢复到萃取进行之前的状态，可再次用于萃取，从而循环使用。

这就是萃取分离的全过程：萃取—洗涤—反萃取三大步。关键是利用不同的物质在两相之中有各自不同的分配比例这一性质。实验室中使用的萃取设备简单，通常用离心萃取管或分液漏斗即可。

4.3.3 萃取体系的符号

通常采用下面的符号，表征一个萃取过程，以便一目了然。

待萃取物质—杂质/水相组成/萃取剂—有机溶剂(惰性稀释剂)。比如，Purex 流程中，“萃取”这一步可用下述符号表示：

UO_2^{2+}，Pu^{4+}—裂变产物/3 mol/L 水溶液/30％TBP-煤油溶液。

4.3.4 萃取分离的效率指标

萃取分离的程度或效果，用分配系数、分离系数以及萃取率等指标来定量描述。

(1) 分配系数 *D*

某种待萃取的物质在互不相溶的两相(一般是有机相与水相)所组成的一定的萃取体系中，达到萃取平衡时，待萃取物在有机相的总浓度与在水相的总浓度的比值，就是某种物质在这种萃取体系中的分配系数。也称为分配比。

$$D_A=[A]_{有}/[A]_{水}；D_B=[B]_{有}/[B]_{水}。$$

式中：D_A是物质 A 的分配系数；

$[A]_{有}$是萃取平衡时，物质 A 在有机相的总浓度；

$[A]_{水}$是萃取平衡时，物质 A 在水相的总浓度；

D_B是物质 B 的分配系数；

$[B]_{有}$是萃取平衡时，物质 B 在有机相的总浓度；

$[B]_{水}$是萃取平衡时，物质 B 在水相的总浓度。

分配系数 D 值越大，说明某物质在有机相中的总浓度越高，也即越容易被萃取。对于分配系数(即分配比)D，还要说明如下：

1）一种物质在两相中的分配比（D 值）随着萃取体系状态的变化而产生变化；

2）一种萃取体系中，各种不同的物质，其各自的分配系数（D 值）可能不同；

3）在一个给定的萃取体系中，某种物质的分配系数 D 值可通过实验测得，但 D 值随体系温度、被萃取物质的浓度等因素的变化而变化；但当体系温度恒定、被萃取物质的浓度很低等条件下，分配比 D 可近似看成为一个常数。

(2) 萃取率 E

萃取分离过程的萃取率 E，类似于共沉淀法中化学回收率的含义。它是指一定的萃取条件下，经萃取分离过程后，产品中某物质的含量 m 占分离前原始试样中某物质含量 m_0 的比例，即 $E=m/m_0$；对于一次萃取来说，就是进入有机相的某种物质的量占两相中总量的比例。即：

$$E=\frac{m_{有}}{m_{有}+m_{水}}\times 100\% \tag{4.3}$$

式中：$m_{有}$、$m_{水}$ 表示达到萃取平衡时，被萃取物在有机相、水相的量。显然，

$$E=\frac{[M]_{有}V_{有}}{[M]_{有}V_{有}+[M]_{水}V_{水}}\times 100\%=\frac{[M]_{有}V_{有}/[M]_{水}V_{水}}{([M]_{有}V_{有}+[M]_{水}V_{水})/[M]_{水}V_{水}}\times 100\%$$

$$=\frac{D\cdot\frac{V_{有}}{V_{水}}}{D\cdot\frac{V_{有}}{V_{水}}+1}\times 100\%$$

其中，$V_{有}$、$V_{水}$ 是萃取时有机相和水相的体积。

令 $R=V_{有}/V_{水}$，称为相比，则

$$E=\frac{DR}{DR+1}\times 100\% \tag{4.4}$$

萃取率 E 的大小反映了萃取过程对被萃取物萃取的程度。

(3) 分离系数 α 与 β

1）萃取分离系数 $\alpha_{萃}$

一定的萃取体系中，需要分离的某两种物质经萃取分离后，分别在两相中的相对含量之比，即：

$$\alpha_{萃}=\frac{[A]_{有}/[B]_{有}}{[A]_{水}/[B]_{水}}=\frac{[A]_{有}/[A]_{水}}{[B]_{有}/[B]_{水}} \tag{4.5}$$

也就是某两种物质的分配系数之比值，即 $\alpha_{萃}=D_A/D_B$。某两种物质的萃取分离系数 $\alpha_{萃}$ 值，反映了在这种萃取体系的萃取过程中，某两种物质彼此被分离的程度。显然，两个分配系数的值相差越大，即其比值 α 远离 1，两种物质愈易分离开来。如果 $\alpha=1$，两种物质则不能分离。

通常规定：分配系数大的被萃取物的分配系数对于分配系数小的被萃取物的分配系数之比值为分离系数 $\alpha_{萃}$。对于 A、B 两种物质，若 $D_A>D_B$，则 $\alpha_{萃}=D_A/D_B$。$\alpha_{萃}$ 值越大，通过萃取过程，A、B 两种物质越易被分离。

2）分离系数 β

放化分离中，还常用分离系数 β 表示某种分离过程对两种不同物质的分离效果。分离系数 β 是指两种物质（A 与 B）在分离前，原始样品中含量的比值与分离后产品中含量的比值之比，即：

$$\beta_{B/A}=\frac{m_{B(0)}/m_{A(0)}}{m_{B(I)}/m_{A(I)}}=\frac{m_{A(I)}/m_{A(0)}}{m_{A(I)}/m_{B(I)}}=\frac{E_{A(I)}}{E_{B(I)}}$$
$$\text{或 }\beta_{B/A}=\frac{[B]_0V_0/[A]_0V_0}{[B]_IV_{有}/[A]_IV_{有}}=\frac{[B]_0/[A]_0}{[B]_I/[A]_I} \tag{4.6}$$

式中：$m_{B(0)}$、$m_{A(0)}$ 或$[B]_0$、$[A]_0$表示原始样液中有关物质的含量或浓度；

$m_{B(I)}$、$m_{A(I)}$ 或 $[B]_I$、$[A]_I$ 表示经过一次分离过程后产品中有关物质的含量或浓度；对于一次萃取分离过程来说，则可表示经过萃取平衡后，有机相（产品）中有关物质的含量或平衡浓度，$E_{A(I)}$、$E_{B(I)}$ 表示经过一次萃取分离过程后，A、B 两种物质的萃取率。

分离系数 β 值越大，则表示两种物质的分离效果越好。它与 α 有类似的效用，但其具体含义不同，因而求值方法也有差异。

为了提高分离效果，只进行一次分离过程，往往是不够的。对于萃取过程来说，若 A、B 两种物质由水相萃取到有机相的萃取率分别为 E_A，E_B，而由有机相反萃取到反萃取剂（通常为水相）中的效率若分别为 E'_A，E'_B，则对于一次完整的萃取—反萃取过程来说，A、B 两种物质的分离系数：

$$\beta_{B/A}=\frac{m_{A(I)}/m_{A(0)}}{m_{B(I)}/m_{B(0)}}=\frac{E_A\cdot E'_A}{E_B\cdot E'_B} \tag{4.7}$$

若进行几次萃取—反萃取分离过程，并使每次分离过程在完全相同的条件下进行，假设分配系数 D 近似不变，则其萃取效率也不变，不难推知：

$$\beta_{B/A(n)}=\frac{m_{A(n)}/m_{A(0)}}{m_{B(n)}/m_{B(0)}}=\frac{(E_A\cdot E'_A)^n}{(E_B\cdot E'_B)^n}=\beta^n_{B/A} \tag{4.8}$$

式中：$\beta_{B/A(n)}$ 为 n 次分离过程后，A，B 两种物质的分离系数；

$m_{A(n)}$、$m_{B(n)}$ 分别为 A、B 两种物质经 n 次分离过程后，在产品中的含量。

4.3.5 萃取条件的选择

影响萃取分离效果的因素很多。萃取剂（包括惰性稀释溶剂）与被萃取物的性质当然是决定萃取分离效果的关键，关于萃取反应的机理，此处不作讨论。以下仅就萃取体系基本确定后，影响萃取分离的几个重要因素进行讨论。

(1) 水相条件控制

1) 酸度

水相酸度对各类萃取剂分配系数的影响是很大的。但各不相同，各有其适宜的萃取酸度，具体问题具体分析，可通过实验求得。比如萃取体系 $\frac{UO_2^{2+}}{(xg/L)}\Big/\frac{HNO_3\text{-}H_2O}{(0.6\sim3)mol/L}\Big/$40% TBP-煤油中，分配系数 D 与水相酸度（硝酸平衡浓度 mol/L）的关系见表 4.1 和图 4.1。

表 4.1 分配系数 D 与水相酸度关系

水相 HNO_3 平衡浓度/(mol/L)	铀分配系数 D
0.6	3.3
1.5	4.3
2.0	5.7
3.0	7.2

因此，通过调节水相酸度，根据需要选择合适的分配系数 D 值。一般说来，在保证萃取率足够高和不发生异常化学反应等前提下，应尽可能在较低的酸度下进行萃取。

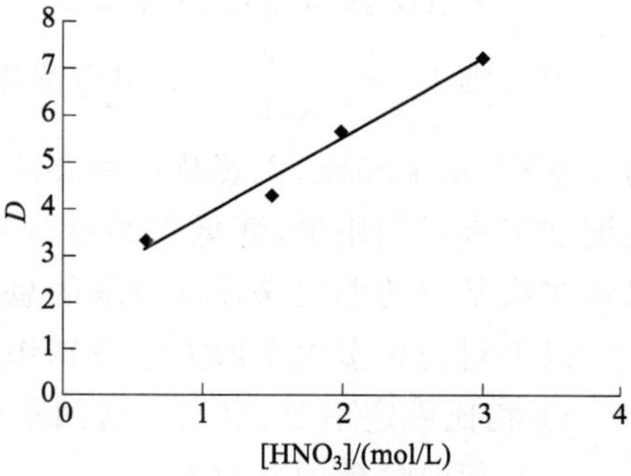

图 4.1　硝酸浓度与分配系数 D 的关系

2) 盐析作用

在萃取体系中，加入一种易溶于水相的盐类（通常是与被萃取物具有相同的阴离子的金属无机盐），这种盐类既不被萃取，又不与被萃取物发生化学结合作用，但它可改变分配系数，提高萃取率，这种作用就是盐析作用；加入的盐类称为盐析剂。比如，在萃取体系 UO_2^{2+} (NO_3)/0.5mol/L HNO_3，$Ca(NO_3)_2$/乙酸异戊酯-有机溶剂中，加入的 $Ca(NO_3)_2$ 就是盐析剂。它的含量影响着铀的萃取分配系数，$Ca(NO_3)_2$ 浓度—分配系数关系见表 4.2、图 4.2。

表 4.2　$Ca(NO_3)_2$ 浓度—分配系数关系

$Ca(NO_3)_2$/(mol/L)	铀的分配比 D_u
1.0	0.27
1.5	0.37
2.0	0.56
2.5	1.18
3.0	3.63

通过控制盐析剂加入量，选择合适的分配系数。

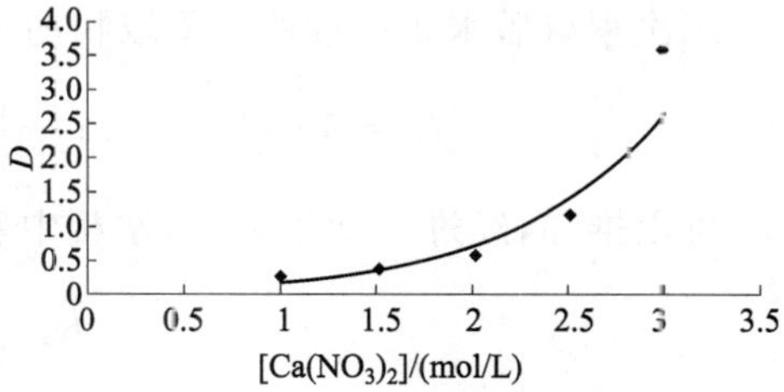

图 4.2　$Ca(NO_3)_2$ 浓度—分配系数 D 的关系

3) 掩蔽剂

为掩蔽水相中存在的某些杂质元素对萃取分离的干扰，加入一种适宜的掩蔽剂（通常是络合剂），使之与不希望被萃取的元素发生络合作用，以阻止它们进入有机相，从而提高欲萃取物的纯度。比如，用 TBP 萃取含有杂质 Zr 离子的 UO_2^{2+} 时，加入 EDTA 试剂，使之与锆等杂质离子络合，生成稳定的亲水性络合物而留在水相，同时又不影响 UO_2^{2+} 的萃取。

4) 被萃取物的价态

同一种被萃取物，在同一萃取体系中，所处的化合价态不同，其分配系数也不同。因此，可通过控制其价态来改变分配系数大小，以实现各种物质彼此之间的分离。比如 Purex 流程中，UO_2^{2+}，Pu^{4+} 一起被 TBP 萃取进入有机相，然后用含有还原剂氨基磺酸亚铁（$Fe(NH_2SO_3)_2$）的 0.5 mol/L HNO_3 溶液进行反萃取。在此过程中，Pu^{4+} 被 Fe^{2+} 还原成 Pu^{3+}，而铀的价态不变。Pu^{3+} 的分配系数很小，即不易被 TBP 萃取而返回水相，UO_2^{2+} 却仍留在有机相，达到了钚-铀分离之目的。

(2) 萃取次数与相比的选择

萃取率 $E=\frac{DR}{DR+1}$。如果分配系数较小,仅进行一次萃取,肯定是不完全的。为了提高萃取率,增加相比,无疑是一种办法。但增加相比,对提高萃取效率,效果不一定显著,而且增加了有机相用量,降低了被萃取物在有机相中的浓度,所以,在实际应用中意义不大。采用多次萃取的办法来提高萃取的总效率,是实际应用中经常采用的。

以下对两种多次萃取方法分别作介绍:

1) 相比固定不变,对水相增加萃取次数,以提高多次萃取的总萃取率。

一次萃取过程的萃取率

$$E_1=\frac{DR}{DR+1}=1-\frac{1}{DR+1}$$

则一次萃取后水相中残留被萃取物的比例 R_1 为:

$$R_1=1-E_1=1-\left(1-\frac{1}{DR+1}\right)=\frac{1}{DR+1}$$

假设在多次萃取过程中,分配系数 D 值近似不变,则第二次对水相进行萃取时,萃取率为:

$$E_2=R_1E=\frac{1}{DR+1}\left(1-\frac{1}{DR+1}\right)$$

两次萃取的总萃取率 $E_{2,总}$ 为:

$$E_{2,总}=E_1+E_2=\left(1-\frac{1}{DR+1}\right)+\frac{1}{DR+1}\left(1-\frac{1}{DR+1}\right)$$

$$=\left(1-\frac{1}{DR+1}\right)\left(1+\frac{1}{DR+1}\right)=1-\left(\frac{1}{DR+1}\right)^2$$

二次萃取后水相中残留被萃取物的比例 R_2 为:

$$R_2=1-E_{2,总}=1-\left[1-\left(\frac{1}{DR+1}\right)^2\right]=\left(\frac{1}{DR+1}\right)^2$$

可以推知,经过 x 次萃取后,水相中残留被萃取物的比例 R_x 为:

$$R_x=\left(\frac{1}{DR+1}\right)^x \tag{4.9}$$

那么,经过 x 次萃取后,被萃取物的总萃取率 $E_{x,总}$ 为:

$$R_{x,总}=1-\left(\frac{1}{DR+1}\right)^x \tag{4.10}$$

这样,在确定相比 R、已知萃取体系分配系数 D 的情况下,根据所需达到的萃取率,可计算出需要的萃取次数 x。

不过,这种多次萃取方法,势必增加有机相用量,降低了被萃取物在有机相中的浓度。而且,随着萃取次数的增加,杂质的萃取量也增加,萃取选择性会大大下降,这可通过计算来证明。

设 A 为欲萃取物,B 为萃入的杂质,相比 $R=1$ 时,A、B 经多次萃取后,其萃取率分别为:

$$E_{A,总}=1-\left(\frac{1}{D_A+1}\right)^x \tag{4.11}$$

$$E_{B,总} = 1 - \left(\frac{1}{D_B + 1}\right)^x \tag{4.12}$$

分离系数：$\beta_{B/A} = \dfrac{m_{B(O)}/m_{A(O)}}{m_{B(x)}/m_{A(x)}} = \dfrac{m_{A(x)}/m_{A(O)}}{m_{B(x)}/m_{B(O)}} = \dfrac{E_{A,总}}{E_{B,总}}$

表 4.3 中列出了相比 $R=1$ 时，萃取分离中 A 和 B 的总萃取率以及分离系数 $\beta_{B/A}$ 的计算值。

表 4.3　多次等容萃取($R=1$)时 A 和 B 的总萃取率及分离系数(计算值，设 D 恒定不变)

分配系数		A 的总萃取率%			B 的总萃取率%			分离系数($\beta_{B/A}$)		
		萃取次数								
D_A	D_B	1	2	3	1	2	3	1	2	3
10^4	1	99.99			50			1.999 8		
10^3	0.1	99.9	99.999		9.1	17.4		10.98	5.747	
10^2	0.01	99	99.99		1.0	2.0		99	49.995	
10	0.001	91	99.2	99.9	0.1	0.2	0.3	910	496	333

从表 4.3 中可以看出，随着萃取次数的增加，欲萃取物的总萃取率增加，但分离系数会由于萃入杂质量的增加而下降。

2) 固定有机相用量，通过改变相比，对水相增加萃取次数，即将一定量的有机相溶液分多次对水相进行萃取，以提高总的萃取率。这在实际应用中是有重要意义的。

假设有机相用量固定为 V_O，用有机相 V_O 对水相进行一次萃取时，其相比 $V_O/V_水 = R_O$。现在分 n 次对水相 $V_水$ 进行萃取，有机相每次用量 $V_有$ 平均为 $\frac{1}{n}V_O\left(V_有 = \frac{1}{n}V_O\right)$，若经过 n 次萃取后，被萃取物的总萃取率 $E_{n,总}$ 为

$$E_{n,总} = 1 - \left[\frac{1}{D \cdot \frac{V_有}{V_水} + 1}\right]^n = 1 - \left[\frac{1}{D \cdot \frac{\frac{1}{n}V_O}{V_水} + 1}\right]^n = 1 - \left[\frac{1}{D \cdot R_O \frac{1}{n} + 1}\right]^n$$

$$= 1 - \left[\frac{1}{\frac{DR_O + n}{n}}\right]^n = 1 - \left(\frac{n}{DR_O + n}\right)^n \text{，（}R_O\text{ 为一次萃取时相比）} \tag{4.13}$$

所以，有机相用量固定的条件下，根据所要达到的萃取率，可以计算出将有机相用量分开使用，对水相进行多次萃取的次数 n。

以上述例子，再次通过计算来观察萃取次数与萃取率及分离系数 β 的关系。

设 A 为欲萃取物，B 为萃入的杂质，固定有机相用量，其一次萃取时之相比 $R_O=1$，A、B 经多次萃取后，其萃取率分别为：

$$E_{A,总} = 1 - \left(\frac{n}{D_A R_O + n}\right)^n = 1 - \left(\frac{n}{D_A + n}\right)^n \tag{4.14}$$

$$E_{B,总} = 1 - \left(\frac{n}{D_B R_O + n}\right)^n = 1 - \left(\frac{n}{D_B + n}\right)^n \tag{4.15}$$

同样，分离系数 $\beta_{B/A} = E_{A,总}/E_{B,总}$。表 4.4 中列出了一次萃取相比 $R_O = 1$ 时，固定其有机相用量，改变相比，多次萃取分离中 A 和 B 的总萃取率以及分离系数(计算值) $\beta_{B/A}$。

表 4.4 固定有机相用量(当一次萃取时,相比 $R_O=1$),改变相比,多次萃取时,A 和 B 的总萃取率及分离系数(计算值),设 D 恒定不变

分配系数		A 的总萃取率%			B 的总萃取率%			分离系数($\beta_{B/A}$)		
		萃取次数								
D_A	D_B	1	2	3	1	2	3	1	2	3
10^4	1	99.99	99.999 9	99.999 9	50	55.56	57.81	1.999 8	1.799 9	1.730
10^3	0.1	99.9	99.996	99.999 9	9.1	9.297 1	9.385	10.98	10.756	10.655
10^2	0.01	99	99.96	99.997 8	0.99	0.992 5	0.993 4	100	100.72	100.66
10	0.001	91	97.22	98.77	0.099 9	0.099 92	0.099 93	910	972.98	988.39

从表 4.4 中可以看出,固定有机相用量改变相比,随着萃取次数的增加,欲萃取物的总萃取率增加,而分离系数 β 并未受重大影响,欲萃取物在产品(有机相)中的浓度也不会下降。

当然,在确定萃取次数和相比时,不仅要考虑萃取率和分离系数,还必须考虑操作上是否适宜。在实验室,相比一般选 0.2～2,萃取次数以不超过 3 次为宜。

还必须指出,由于分配系数 D 值是一个随萃取条件变化的值,所以,对具体萃取过程而言,难以利用已知 D 值数据直接精确计算萃取率等。此时,可通过在选定的条件下测定欲萃取核素的载体或已知的标准含量的化学回收率,也即求得了萃取率。

(3) 洗涤条件的控制

为了除去萃入有机相中的杂质,提高欲萃取物的纯度,加入洗涤液,将杂质洗入水相而使欲萃取物留在有机相。表 4.5 中列出了多次等容($V_{有}/V_{水}=1$)洗涤时欲萃取物 A 和杂质 B 的分配系数与它们在有机相的留存百分比以及分离系数 $\beta_{B/A}$ 三者之间的关系。

表 4.5 多次等容洗涤时 A 和 B 的分离系数和留存率(计算值)(D 为常数)

分配系数		A 在有机相中的留存率%				B 在有机相中的留存率%				分离系数($\beta_{B/A}$)			
		洗涤次数											
D_A	D_B	0	1	2	3	0	1	2	3	0	1	2	3
10^4	1	99.99	99.98	99.97	99.96	50	25	12.5	0.25	1.999 8	3.999 2	7.997 6	15.993 6
10^3	0.1	99.9	99.8	99.7	99.6	9.1	0.91	0.09	0.009	10.98	109.67	1 108	1.11×10^4
10^2	0.01	99	98	97	96	1	10^{-2}	10^{-4}	10^{-6}	99	9.8×10^3	9.7×10^5	9.6×10^7

从表 4.5 中可见,洗涤对去除杂质是十分有效的。洗涤次数越多,去除杂质效果越好,但欲萃取物的回收率有所下降。

反萃取剂的选择等,也是影响萃取效果的一个因素。自然,最常用、最方便的洗涤液或反萃取剂是某种水溶液。

4.3.6 萃取分离的应用

萃取分离方法简便,分离迅速,特别适用于短寿命放射性核素的分离;选择性和回收率高,分离效果好,可用于制备无载体放射性物质以及从大量杂质中有效地分离微量放射性核素,因而在环境和生物样品放射性核素的监测中,已成为有效的分离手段。而且,设备简单,操作方便。但是，萃取分离方法也存在一些缺点：对性质极为相似的元素（如镧系元素、锕系元素）以及亲水性特别强的碱金属和碱土金属的分离效果较差；有机溶剂大都是易挥发、易燃、有毒的试剂，使用时要注意安全。

4.4　离子交换法

离子交换法是分离和提纯物质的一种重要方法。特别是在微量放射性物质的分离过程中，有着广泛使用的重要意义。离子交换法是利用某些固体物质与溶液中的离子之间能发生交换反应来进行分离的一种方法，把具有这种交换能力的固体物质称为离子交换剂，把这种交换反应称为离子交换反应。

4.4.1　离子交换剂简介

离子交换剂分为：无机离子交换剂，它包括天然无机离子交换剂，如黏土矿（蒙脱土、高岭土）；多价金属的矿石（如锰矿石）等和合成无机离子交换剂，如人工沸石、磷酸盐等；有机离子交换剂，它包括天然有机离子交换剂，如煤、木炭等和合成有机离子交换剂——离子交换树脂。以下重点介绍人工合成的有机离子交换剂——离子交换树脂。

(1) 离子交换树脂的种类

阳离子交换树脂。这类离子交换树脂所具有的交换基因都是一些酸性基因，如磺酸基（$-SO_3H$）、磷酸基（$-PO_3H_2$）、羧基（$-COOH$）和酚基（$-OH$）等，它们在水溶液中都能不同程度地解离出 H^+，因此可以与溶液中的阳离子进行交换。例如，强酸性磺酸型阳离子交换树脂可与溶液中的阳离子发生如下离子交换反应：

$$R-SO_3^- H^+(固)+M^+(液) \rightleftharpoons R-SO_3^- M^+(固)+H^+(液)$$

这类树脂根据其交换基因酸性的强弱，又分为强酸性阳离子交换树脂（如 $R-SO_3H$ 型）、弱酸性阳离子交换树脂（如 $R-COOH$ 和 $R-OH$ 型）和混合型阳离子交换树脂（同时含有强酸性和弱酸性两种交换基因）。强酸性阳离子交换树脂中的交换基因在水溶液中很容易解离出 H^+，溶液的酸碱度对其离子交换反应影响不大，所以，这种树脂在碱性、中性和酸性溶液中都能使用。弱酸性阳离子交换树脂所含的交换基因都是弱有机酸，在水溶液中不易解离出 H^+，其离子交换反应受溶液酸碱度的影响很大。这类离子交换树脂只能在低酸及碱性条件下使用。

阴离子交换树脂。这类离子交换树脂所具有的交换基因通常是一些碱性基因，如伯胺基（$-CH_2NH_3OH$）、仲胺基（$-CH_2NH_2OH$）叔胺基（$-CH_2NHR_2OH$）等，它们在水溶液中都能不同程度地解离出阴离子，因此可与溶液中的阴离子进行交换。例如，强碱性季铵型阴离子交换树脂可与溶液中的阴离子发生如下离子交换反应：

$$R_4N^+Cl^-(固)+X^-(液) \rightleftharpoons R_4N^+X^-(固)+Cl^-(液)$$

这类树脂根据其交换基因碱性的强弱，分为强碱性阴离子交换树脂（如季铵型）和弱碱性阴离子交换树脂（如叔、仲、伯胺型）以及混合型阴离子交换树脂。强碱性阴离子交换树脂的交换基团在水溶液中很容易解离出阴离子，溶液中的酸碱度对其离子交换反应影响不大，这类树脂在酸性、中性和碱性溶液中均可使用；弱碱性阴离子交换树脂的交换基团在水溶液中不易解离，这类阴离子交换树脂一般在 pH 值为 6 以下使用（pH<6 条件下）；混合型阴离子交换树脂兼具上述两种阴离子交换树脂的交换基团。

特种离子交换树脂。这类离子交换树脂是为特殊应用目的而合成的，比如对某些离子具有特别高的选择性等。像螯合型离子交换树脂、选择性离子交换树脂，以及大孔离子交换树脂等。

(2) 离子交换树脂的主要性能

1）交换容量。直接反映了离子交换树脂交换离子量的大小，其单位是毫克当量/克干树脂或毫克当量/毫升湿树脂。交换容量有两种表示方法：

总交换容量：根据离子交换树脂中所含可交换离子的总数计算，可以达到的最高交换容量。树脂一定，总交换容量基本上是一个常数。通常，总交换容量为 3～10 毫克当量/克干树脂。

工作交换容量：这是离子交换树脂在一定的工作条件下的实际交换容量，其大小随工作条件不同而变化。

2）交联度。能将有机分子单位连接起来，形成离子交换树脂聚合物的物质称为交联剂。树脂中所含交联剂的质量分数称为树脂的交联度，一般以 4%～12%为宜，尤以 8%最常用。

为了提高离子交换速度和改善离子交换的性能，常聚合一种海绵状的大孔树脂，其孔径（200～100 Å）比一般树脂的孔径（20～40 Å）大几十倍。

3）粒度。树脂的粒度对其工作交换容量、离子交换速度等有很大影响。树脂粒度的大小常用筛孔目数或树脂颗粒直径（mm）表示，二者换算关系如表 4.6 所示。

表 4.6 筛孔目数与颗粒直径的关系

筛孔/目	10	20	30	40	50	60	100	200	400
颗粒直径/mm	2.00	0.84	0.59	0.42	0.30	0.25	0.149	0.074	0.038

4）溶胀性。干树脂浸入水中后吸收水分而引起的树脂体积的膨胀，称为溶胀。树脂的溶胀程度和树脂的交联度有关。交联度越大，树脂的溶胀程度越小。

其他的重要性能还有树脂的稳定性等，不过这不是微量放射性核素分离中的主要问题。

(3) 离子交换树脂的命名

离子交换树脂的分类名称和骨架名称（即基团名称）都规定分别用数字代号表示，其具体规定见表 4.7。

表 4.7 离子交换树脂的分类名称及骨架名称

数字代号	0	1	2	3	4	5	6
树脂分类名称	强酸性	弱酸性	强碱性	弱碱性	螯合性	两性	氧化还原性
树脂骨架名称	苯乙烯型	丙烯酸型	酚醛型	环氧型	乙烯吡啶型	脲醛型	氯乙烯型

离子交换树脂的全名是在其前面加上树脂分类名称和骨架名称排列而成。凡分类属酸性的，应在离子交换树脂名称前加一“阳”字；属碱性的，则加一“阴”字。凡大孔型树脂，在全名前面还要加上“大孔”二字（用 D 作代号）。用代号表示时，其次序为[分类代号 · 骨架代

号·顺序号·联接符号·交联度数值]，如：001×7 表示：强酸性苯乙烯型阳离子交换树脂（交联度为 7%）；或[大孔型代号·分类代号·骨架代号·顺序号]，如 D303 表示：大孔弱碱性苯乙烯型阴离子交换树脂。表 4.8 列出了一些国产离子交换树脂的规格和性能。

表 4.8　若干国产树脂的规格和性能

树脂类型	产品牌号	总交换容量/（毫克当量/克）	pH 范围	最高允许受热温度/℃
强酸性苯乙烯型阳离子交换树脂	001×7(732)	≥4.5	0～14	110
弱酸性丙烯酸型阳离子交换树脂	112×1(724)	≥9	6～14	120
强碱性苯乙烯型阴离子交换树脂	201×7(717)	≥3.5	0～14	60
弱碱性环氧型阴离子交换树脂	331(701)	≥9.0	0～12	80
弱碱性苯乙烯型阴离子交换树脂	303×2(704)	≥5.0	0～9	90

4.4.2　离子交换分离方法简介

离子交换作用通常是发生在固—液两相之间的一种特殊吸附过程，即被吸附的离子从液相进入固相离子交换剂中，而离子交换剂中的可交换离子则同时从固相进入液相。这种离子交换反应不仅在离子交换剂颗粒表面，而且在离子交换剂孔隙内部进行。

离子交换分离技术按待处理的样液与树脂的接触方式，可分为间歇式静态交换和柱式动态交换两种。间歇式静态交换是将树脂与被处理的样液放在一起混合搅拌，树脂中的可交换离子与待处理样液中欲分离离子进行交换，达到离子交换平衡后，用倾析法或离心法把两相分开，由于操作麻烦，不常用；柱式动态交换是将树脂装在圆柱形离子交换柱内，欲处理样液连续流过树脂床层进行离子交换吸附，然后进行淋洗解吸，这就是柱式离子交换法，即离子交换柱色层法。这是被普遍采用的。以下介绍柱式离子交换分离的过程。

(1) 树脂的预处理

树脂选定后，先进行筛分，取所需粒度部分进行预处理。

预处理的方法是，将树脂放在水中浸泡 12 h 以上，使其充分溶胀；用水反复漂洗，除去其中的色素、水溶性杂质、尘埃及漂浮在水上的细小树脂颗粒；用 95% 的乙醇溶液浸泡树脂 12 h 以上，除去醇溶性杂质，再用水洗至无醇味。然后，用酸、碱进行浸泡和洗涤。对于阴离子交换树脂，先用 2 mol/L HCl 溶液浸泡 2～3 h，水洗，再用 2 mol/L NaOH 溶液浸泡，最后用水洗至 pH＝9～10 备用；对于阳离子交换树脂则先用 2 mol/L NaOH 溶液浸泡 2～3 h，水洗，再用 2 mol/L HCl 溶液浸泡，最后用水洗至 pH＝3～4 备用。

(2) 装柱和转型

离子交换分离的设备很简单，就是离子交换柱。它是用玻璃管或塑料管制成，管子下端装有烧结玻璃片或少许玻璃纤维毛，借以支撑树脂。也可以利用一定规格的酸式滴定管作离子交换柱。分离极微量的放射性核素时，可采用内径很细的微型离子交换柱，其内径仅为 1.5 mm，整个柱子容积很小。可将淋洗液体积全部收集在测量盘内，这给制成放射性测量源带来极大的方便。

将处理好的树脂连同蒸馏水装入离子交换柱中后，就可对树脂进行转型，即将树脂中交换基因上的可交换离子转换成所需要的离子形式。阳离子交换树脂可转换成 H^+ 型、NH_4^+ 型、Na^+ 型、Cu^{2+} 型等，阴离子交换树脂可转换成 OH^- 型、NO_3^- 型、Cl^- 型、SO_4^{2-} 型等。例如，若需要将 H^+ 型阳离子交换树脂转换成 NH_4^+ 型，只要将一定浓度的醋酸铵溶液缓慢地通过树脂层即可。

(3) 分离阶段

离子交换法的分离有前沿法、淋洗法和排代法 3 种主要形式。

前沿法(又称迎头法、前流法)是将欲分离的样液连续地通过离子交换柱，交换能力弱的离子最先流出柱子，其次是弱的和较弱的离子混合物。由于得到的多为混合物，此法不常用。

淋洗法(又称洗脱法、洗提法)及其排代法，主要分为吸附、洗涤和淋洗三步。

1) 吸附。将欲分离的样液加入离子交换柱中，让样液中的被交换离子在流经树脂层时与树脂中的可交换离子充分地进行交换。

2) 洗涤。选择合适的洗涤剂，洗涤已吸附欲交换离子后的树脂床层。以置换滞留在交换柱树脂空隙中的样液和在吸附过程中被交换下来的可交换离子，同时还可将某些被吸附的杂质离子洗下来。

3) 淋洗。也称为洗脱或解吸。这是离子交换分离的关键步骤。选用合适的淋洗剂(又称淋洗液)，把吸附在树脂上的多种欲分离离子，按它们与树脂亲和力的不同，将其逐个解吸下来。显然，在淋洗过程中，与树脂亲和力小的或与淋洗剂结合能力强的离子，首先被淋洗下来，按亲和力的大小把树脂上的被吸附离子依次逐个地解吸下来，以实现分离、纯化和浓集的目的。

当分离性质相似的元素时，往往采用排代法(又称阻滞离子分离法)。就是把离子交换柱的淋洗流出液再流经一个被“阻滞离子”饱和了的阻滞离子交换柱(又称排代柱)。所谓阻滞离子，是具有这样一种能力的离子：它与淋洗剂的结合能力大于欲分离离子与淋洗剂的结合能力，但是，阻滞离子与树脂的亲和力却小于欲分离离子与树脂的亲和力。此时，欲分离离子不能无阻拦地流过交换柱，而是不断地与阻滞离子进行交换，反复地进行吸附和解吸的过程，从而扩大各相似离子在柱子上的距离，也就是将欲分离的各离子间存在的差异进一步扩大，以达到彼此分离的目的。例如，分离稀土元素时，常用 Cu^{2+} 或 Zn^{2+} 作阻滞离子，就是因为 Cu^{2+}、Zn^{2+} 与 EDTA 等淋洗剂的结合能力大于稀土元素与 EDTA 等淋洗剂的结合能力，而与树脂的亲和力却小于稀土元素与树脂的亲和力，因而可使稀土元素各个离子与树脂之间存在的不同亲和力，这一微小差别在阻滞离子交换柱上不断得到扩大，因而各个离子在交换柱上的距离也被逐渐拉开，再用淋洗剂淋洗，即可达到有效的分离。

(4) 树脂的再生

树脂经过多次使用后，交换能力会下降，必须按树脂预处理的方法，用酸、碱及蒸馏水分别进行洗涤，而后备用。

4.4.3 离子交换分离的原理及其分离效率指标

离子交换反应中，离子交换剂中的可交换离子与溶液中的被交换离子之间所发生的离子交换反应是典型的可逆反应。以一价阳离子 M^+ 与氢型阳离子交换树脂 RH 之间发生的交换反应为例：

$$RH(固)+M^{+}(液)\rightleftharpoons RM(固)+H^{+}(液)$$

如果 M 是多价离子，则反应为：

$$RH(固)+\frac{1}{n}M^{+}(液)\rightleftharpoons \frac{1}{n}R_{n}M(固)+H^{+}(液)$$

反应刚开始时，M^{n+} 从溶液被吸附到离子交换剂上的量多于从离子交换剂上解脱下来而重新进入溶液的量。经过一段时间后，被吸附到离子交换剂上的 M^{n+} 量与解脱下来的 M^{n+} 量相等，M^{n+} 在两相中的浓度不再发生变化，达到这种状态就是离子交换平衡。当溶液中的离子浓度非常低时（这在微量放射性物质的分离中是容易实现的），离子交换反应的平衡常数可近似为：

$$K_{H}^{M/n}=\frac{\overline{[M]}^{1/n}[H]}{\overline{[H]}[M]^{1/n}} \tag{4.16}$$

式中：$\overline{[M]}$、$[M]$是 M^{n+} 在离子交换剂和溶液中的平衡浓度；

$\overline{[H]}$、$[H]$是 H^{+} 在离子交换剂和溶液中的平衡浓度。

令 $Q_{H}^{M/n}=\frac{\overline{[M]}^{1/n}}{[M]^{1/n}}\Big/\frac{\overline{[H]}}{[H]}$，$Q_{H}^{M/n}$称为选择系数（又称浓度平衡常数）。所以，在溶液中的离子浓度非常低的条件下时，$Q_{H}^{M/n}=K_{H}^{M/n}$。

$Q_{H}^{M/n}$的大小表示了在一定条件下，离子交换剂对溶液中 M^{n+} 的亲和力大小，也就是选择性的大小。当 $Q_{H}^{M/n}>1$ 时，说明离子交换剂吸附 M^{n+} 比吸附 H^{+} 的能力强；若 $Q_{H}^{M/n}<1$，则表明离子交换剂吸附 H^{+} 比吸附 M^{n+} 的能力强。通常，选择系数 $Q_{H}^{M/n}$ 可由实验测得。表 4.9 列举了一些阳离子在阳离子交换树脂上的选择系数值。

表 4.9　一些阳离子在[Dowex50×4]（美国产）离子交换树脂上的选择系数

M^{+} $Q_{H}^{M/n}$	Li^{+} 0.76	H^{+} 1.00	Na^{+} 1.20	NH_4^{+} 1.44	K^{+} 1.72	Rb^{+} 1.86	Cs^{+} 2.02	Ag^{+} 3.58		
M^{2+} $Q_{H}^{M/n}$	UO_2^{2+} 0.79	Mg^{2+} 0.99	Zn^{2+} 1.05	Co^{2+} 1.08	Cu^{2+} 1.10	Cd^{2+} 1.13	Mn^{2+} 1.15	C_a^{2+} 1.39	S_r^{2+} 1.57	Pb^{2+} 2.20
M^{3+} $Q_{H}^{M/n}$	Cr^{3+} 1.6	Ce^{3+} 1.9	La^{3+} 1.9							

与萃取分离法一样，用分配系数和分离系数来定量描述离子交换分离过程的效果。

(1) 分配系数 *D*

在一定条件下，当离子交换反应达到平衡时，被交换离子在离子交换剂中的浓度与在溶液中的浓度的比值，就是分配系数 D。

$D=\overline{[M]}/[M]$，其中，$\overline{[M]}$为平衡时树脂中某离子 M^{n-} 的平衡浓度（以单位干树脂重量计）；$[M]$为平衡时溶液中某离子 M^{n+} 的平衡浓度。则

$$\overline{[M]}=\frac{(C_{O}-[M])V}{W} \tag{4.17}$$

式中：C_{O}是溶液中 M^{n+} 的起始浓度；

V 是溶液的体积，mL；

W 是干树脂的重量，g。所以，

$$D_M = \frac{(C_O - [M])V}{W[M]} \tag{4.18}$$

分配系数标志着离子交换剂对溶液中 M^{n+} 交换能力的大小。在一定条件下，D_M 值越大，表示平衡时 M^{n+} 被离子交换剂吸附的量就越多。通常情况下，D 值不是一个常数，它随体系温度等外界条件变化而变化。在一定的离子交换体系中，一定温度下分离微量放射性物质时，由于被交换离子的浓度很低，体系的物理化学性质完全由常量组分所决定，而常量组分在离子交换过程中基本不变，所以，D 值也近似为一个常数。

由于选择系数 $Q_H^{M/N} = \frac{[\overline{M}]^{1/n}}{[M]^{1/n}} \Big/ \frac{[\overline{H}]}{[H]}$，其 $\frac{[\overline{M}]^{1/n}}{[M]^{1/n}} = (D_M)^{1/n}$，$\frac{[\overline{H}]}{[H]} = D_H$，所以 $Q_H^{M/n} = (D_M)^{1/n}/D_H$，则 $D_M = (Q_H^{M/n})^n (D_H)^n$

如果离子交换树脂中的可交换离子不是 H^+，而是其他离子。如 Na^+，则 $D_M = (Q_{Na}^{M/n})^n \cdot (D_{Na})^n$。

(2) 分离系数 $\alpha_{交}$

一定的离子交换体系中，需要分离的某两种物质 A 与 B，经离子交换分离达到平衡后，分别在离子交换剂与溶液中的相对含量之比，就是分离系数 $\alpha_{交}$；即：

$\alpha_{交} = \frac{[\overline{A}]/[\overline{B}]}{[A]/[B]} = \frac{[\overline{A}]/[A]}{[\overline{B}]/[B]}$，其中，$[\overline{A}]$、$[\overline{B}]$ 为物质 A^{n_1+}、B^{n_2+} 在树脂相的平衡浓度；$[A]$、$[B]$ 为物质 A^{n_1+}、B^{n_2+} 在溶液中的平衡浓度。也就是某两种物质的分配系数之比值，即 $\alpha_{交} = D_A/D_B$ D_A、D_B 为 A^{n_1+}、B^{n_2+} 两种离子在该离子交换体系中的分配系数。分配系数 $\alpha_{交}$ 反映了该体系中离子交换剂对两种被交换离子 A^{n_1+} 和 B^{n_2+} 的分离程度。显然，两个分配系数的值相差越大，即其比值 $\alpha_{交}$ 远离 1，两种离子愈容易分离。如果 $\alpha_{交} = 1$，则 A^{n_1+}、B^{n_1+} 两种离子不能分离。

由于 $\alpha_{交} = D_A/D_B = (Q_H^{A/n_1})^{n_1} \cdot (D_H)^{n_1} / (Q_H^{B/n_2})^{n_2} (D_H)^{n_2}$，若 A 和 B 为同价离子，即 $n_1 = n_2 = n$，则：$\alpha_{交} = (Q_H^{A/n}/Q_H^{B/n})$。

必须指出，上述的分配系数 D_M 与 $\alpha_{交}$ 都是指离子交换分离的吸附过程中发生的分配系数。

4.4.4 离子交换分离的条件控制

选择合适的离子交换剂，比如选择合适的离子交换树脂(类型、粒度、交联度)，以获得较好的选择性和较快的交换速度，无疑是头等重要的事，此处不多讨论。以下就离子交换分离的体系基本确定之后，几个重要条件的控制讨论如下：

(1) 吸附条件的控制

吸附条件主要是指样液本身的调配和进样速度的控制。

1) 样液性质

样液中欲分离离子的浓度对离子交换分离效果有影响。通常，欲分离离子的浓度越低，离子交换速度越快，树脂上被吸附的离子量越少，分离效果越好。一般树脂层的吸附量最好不超过总交换容量的 10%。

样液中杂质离子的种类和含量是又一个影响因素。样液中那些与欲分离离子性质相近，选择系数差别不大的杂质离子，会严重影响对欲分离离子的分离；而样液中杂质离子的含量越高，对离子交换分离效果的影响也越大。样液中的常量元素也必须加以控制，有时也会影响微量核素的交换吸附。为了减少杂质离子对交换吸附的干扰，可预先加入络合剂，使杂质离子生成亲水性的稳定络合物而不被吸附。

样液的酸度影响离子交换树脂中交换基团的解离。各种不同的离子交换树脂所要求的工作状态之酸度不同，各种不同的离子交换体系要求的酸度也不同，具体分离过程的适宜酸度可用实验方法确定。

2）进样速度

一般说来，进样速度慢，可使样液与树脂充分接触，有利于离子交换吸附平衡，树脂利用率高，分离效果也好，但吸附操作时间长。进样速度过慢，会发生纵向扩散而使分离效果恶化。所以，进样速度要选择适当。不过，对于微量放射性物质的离子交换分离，由于树脂所受的负荷很小，样液的流速对吸附本身影响不大，所以，进样速度不是关键因素。

(2) 淋洗条件的控制

淋洗是离子交换分离的关键步骤。淋洗条件主要是指淋洗剂的选择与淋洗流速的控制。

淋洗剂的选择主要是确定淋洗剂的种类、浓度和酸度。最常用的淋洗剂是各种酸类以及羟基酸络合剂和氨羧络合剂。一般说来，络合剂的淋洗效果较好，比如 EDTA 就是一种用于淋洗的常用氨羧络合剂。

淋洗剂的淋洗流速太快，不利于解吸平衡的建立，分离效果差，太慢，时间不经济，甚至还会出现纵向扩散现象，从而降低分离效果。

淋洗流速对分离效果的影响可通过条件试验以及淋洗曲线进行分析。淋洗曲线的作法是将淋洗流出液体积（简称淋洗体积）与淋洗流出液中欲分离离子的浓度作图，所得到的曲线就称为淋洗曲线，如图 4.3 所示。图 4.3 为单个离子的淋洗曲线，其中只出现一个淋洗峰。当树脂吸附多种离子时，其淋洗曲线如图 4.4 所示，会出现几种离子各自的淋洗峰，而它们之间的分离程度主要反映在峰位体积 V_{max} 和峰底宽度 W 上。

影响淋洗曲线 V_{max} 和 $W(W_e)$ 值的主要因素是淋洗剂，因为淋洗剂与被解吸离子间的结合能力决定了解吸的速度和分离效果，其次是淋洗流速，一般说来，淋洗流速较慢时，被解吸离子的淋洗峰就陡，不同离子淋洗峰之间的距离也拉得比较开，分离效果比较好。

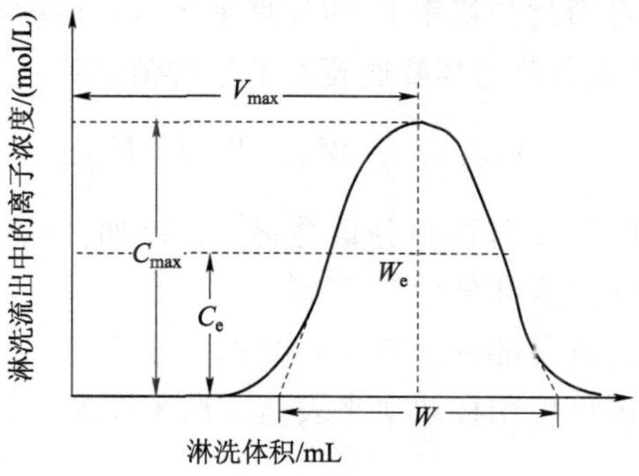

图 4.3　离子交换淋洗曲线

注：C_{max}—淋洗流出液中离子的最高浓度（峰值）；V_{max}—峰值处相应的淋洗体积（峰位体积）；C_e—峰值的 e 分之一（e 为自然对数的基底）；W—C_e 处曲线的两条切线在横坐标上的交点之间的距离（峰底宽度）；W_e—C_e 处峰的宽度（带宽）。

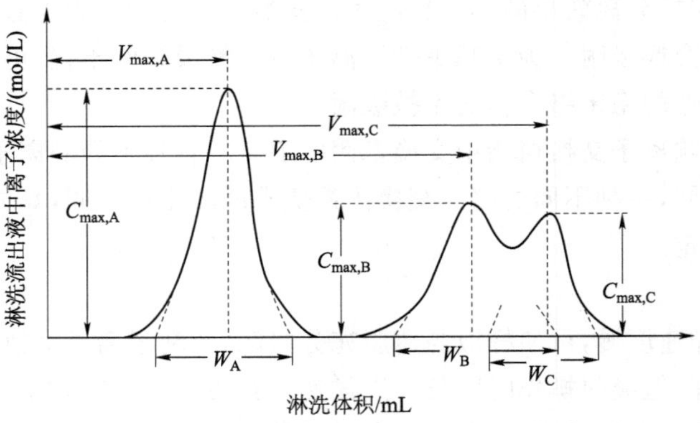

图 4.4 几种离子的淋洗曲线

注：$C_{max,A}$；$C_{max,B}$；$C_{max,C}$—A、B、C 离子的峰值；$V_{max,A}$；$V_{max,B}$；$V_{max,C}$—A、B、C 峰值处相应的淋洗体积（峰位体积）；W_A、W_B、W_C、—A、B、C 离子淋洗峰的底宽度。

淋洗过程中，峰位体积 V_{max} 与某种离子在交换柱上的分配系数 $D_{柱}$ 之间的关系，可在假定欲分离离子在淋洗液中的浓度随淋洗时间的分布曲线为一条接近于高斯分布的曲线的情况下推导出来。得到峰位体积方程：

$$V_{max} = V_i + QD_{柱}, D_{柱} = (V_{max} - V_i)/Q \tag{4.19}$$

式中：V_i 是树脂床的自由体积，即树脂颗粒之间空隙中的淋洗溶液体积，它表示与被解吸（被淋洗）离子不发生作用的淋洗剂溶液的体积；

Q 是树脂相干树脂的总重量。

则该离子交换体系对 A、B 两种不同离子的分离系数为：

$$\alpha_{交} = D_{柱,B}/D_{柱,A} = (V_{max,B} - V_i)/(V_{max,A} - V_i)$$

令 $\bar{V} = V_{max} - V_i$，$\bar{V}$ 称为滞留体积，即峰位体积与树脂床自由体积之差，则：$\alpha_{交} = \dfrac{\bar{V}_B}{\bar{V}_A}$。

这样，两种不同离子的滞留体积之大小，就反映了两种不同离子在该离子交换体系中的分离效果。当然，分离效果也反映在淋洗峰的宽度上。

淋洗过程的分离效果可通过分辨率 R_s 的计算来表示。两种离子 A、B 的分辨率 R_s 定义为两种离子 A、B 的峰位体积之差与其峰底宽度的平均值之比：

$$R_s = V_{max,B} - V_{max,A}\Big/\frac{1}{2}(W_A + W_B), (V_{max,B} > V_{max,A})$$

R_s 值越大，表示淋洗曲线 A、B 两组分重叠越少。比如，对于两个大小相同的淋洗峰：

当 R_s 为 1.0 时，其峰的重叠部分为 2.27%；

当 R_s 为 2.0 时，其峰的重叠部分只有 0.003 9%。

淋洗过程的分离效果还可以用柱效率来表达。离子交换法的柱效率采用理论塔板数和理论塔板高度来表示：

$$N = h/H \tag{4.20}$$

式中：N 是理论塔板数；

H 是理论塔板高度；

h 是离子交换柱床层高度。

每一个理论塔板高度 H，就相当于达到一次离子交换吸附—解吸平衡时溶液所移动的距离。显然，柱子床层高度 h 一定时，理论塔板高度 H 越小，理论塔板数 N 就越多。即在离子交换柱上发生的离子交换吸附—解吸平衡的次数就越多。因而，对欲分离物质的分离效果也就越好。与峰位体积方程一样，理论塔板数与淋洗曲线的峰位体积及带宽（或峰底宽度）的关系可推导出来：

$$N = h/H = 8\left(\frac{V_{\max}}{W_e}\right)^2 = 16\left(\frac{V_{\max}}{W}\right)^2 \tag{4.21}$$

同样，峰位体积越大，峰底宽度越小，则理论塔板数越多，也就是分离效果越好。

(3) 其他

离子交换柱的柱子中树脂床层的高度 h 与柱子的内径 d 之比值 h/d，称为离子交换柱的高径比；提高高径比，可以提高分离效果，但树脂床层不宜过高，否则阻力过大；树脂床产生的气泡也不易去除；高径比一般在 10～12 之间为宜。

温度也是影响离子交换分离的一个因素，实验室通常是在室温下进行离子交换分离的。

4.4.5 离子交换法的应用

离子交换分离方法，在微量放射性物质分离的应用中，具有特殊意义。该法选择性高，分离效果好，特别是对相似元素的分离，如超铀元素，放射性稀土元素的分离，比萃取法要优越得多。同时，该法回收率高，对浓集和提取稀有元素具有特别重要的意义，所以，对于组成复杂放射性核素含量极低的环境和生物样品，特别适宜于用离子交换法来进行分离。离子交换分离方法的应用范围广泛，适应性强，可对不同浓度的放射性核素进行浓集和分离，也可从大体积溶液中浓集和纯化微量物质。所以，对于含盐量少的低放废水，采用离子交换分离方法，净化效果好，浓集系数高，操作简便，是受到重视的好方法。

离子交换剂容易制得，种类很多，便于选用，而且，通过再生，重复使用。设备也简单，操作很方便，为考虑防护问题，还可以远距离操作。与萃取法比较，流速较慢，分离时间较长。离子交换剂的交换容量小，广泛使用的离子交换树脂热稳定性和辐照稳定性较差，所以，不宜用于分离大量的、强辐射的放射性物质，但这个弱点对于微量放射性核素的分离来说，没有实际影响。

4.5 色层法

分离复杂混合物，还有一类有效的方法，就是色层法，又称色谱法或层析法。色层法是利用混合物中各组分在不同的两相中亲和作用的差异，使各组分以不同的程度分配于两相之中进行彼此分离的。两相中一相是固定的，称为固定相；另一相是流动的，称为流动相。当两相做相对运动时，各组分在两相中反复多次分配，其亲和作用的差异不断扩大，从而使只有微小差异的各组分达到分离。

色层法有许多种类型，以下仅介绍对微量放射性核素分离很有实用意义的一种，柱色层法中的反相萃取柱色层法和吸附柱色层法。

4.5.1 反相萃取柱色层法

萃取柱色层法(柱色层法)又称分配柱色层法,是在柱上进行的一种萃取色层法。分为所谓正相萃取柱色层法和反相萃取柱色层法,正相萃取柱色层法是以水相为固定相,有机相为流动相的。反相萃取柱色层法是以有机萃取剂为固定相,水溶液为流动相的。

反相萃取柱色层法把溶液萃取法和色层法结合起来运用,使水相中欲分离物质在色层柱中进行多次分配,犹如进行多次萃取一样,因而具有很高的分离效率,所以,适宜于从水溶液中分离复杂的微量无机物,如放射性核素等。反相萃取色层法,通常,也就俗称为萃取色层法。

(1) 基本原理

反相萃取柱色层法是利用不同物质在固定相(有机萃取剂)和流动相(水溶液,如样液或淋洗剂)之间萃取分配系数的不同来达到彼此分离的目的。当样液中含有 A 和 B 两种物质,A 的分配系数小于 B,则 A、B 两种物质随样液流经固定相时,因为 A 不容易被萃取剂萃取而随流动相往下移动的速度较快,较先到达柱子的下部;相反,B 容易被萃取剂所萃取,因而随流动相往下移动的速度较慢,被滞留在柱子的上部。当用适当的淋洗剂对柱子进行淋洗时,就可以从淋洗流出液中分别收集到纯的 A 和 B 两种物质(先收集到 A,后收集到 B)。它们彼此之间分离的程度也可用淋洗曲线来进行分析,如图 4.5 所示。

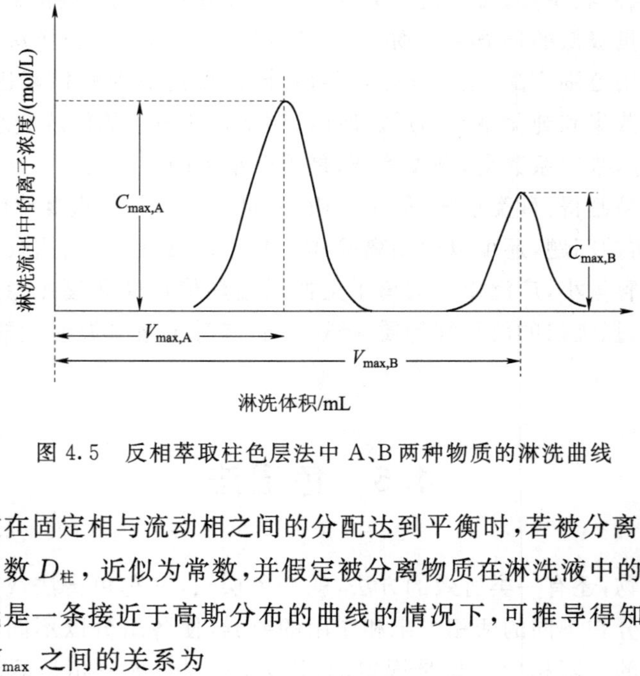

图 4.5 反相萃取柱色层法中 A、B 两种物质的淋洗曲线

当被分离物质在固定相与流动相之间的分配达到平衡时,若被分离物质在固定相和流动相之间的分配系数 $D_{柱}$,近似为常数,并假定被分离物质在淋洗液中的浓度随淋洗液流出的时间的分布曲线是一条接近于高斯分布的曲线的情况下,可推导得知分配系数 $D_{柱}$ 与淋洗峰的峰位体积 V_{max} 之间的关系为

$$D_{柱} = (V_{max} - V_i)/V_0 \tag{4.22}$$

式中:V_i 是色层柱的自由体积,又称空隙体积;

V_0 是固定相体积,即柱中的有机相的体积。

对于同一色层柱,V_i 和 V_O 是可测知的固定值。因而,分配系数 $D_{柱}$ 仅与 V_{max} 有关。$D_{柱}$ 值一定,则 V_{max} 即可确定;反之,利用淋洗曲线的 V_{max} 值又可确定 $D_{柱}$ 值。其结果与用液-液萃取法所测的分配系数 D 值吻合。

显然，$D_{柱}$ 值差别越大，V_{max} 差别也越大，淋洗峰相差越远，A、B两物质分离效果越好。与离子交换法一样，设 $V_{max}-V_i=\overline{V}$，$\overline{V}$ 为滞留体积，则A、B两种物质的分离系数为：

$$\alpha_{色}=D_{柱,B}/D_{柱,A}=(V_{max,B}-V_i)/(V_{max,A}-V_i)=V_B/\overline{V_A}\text{。}$$

(2) 方法简介

1）色层粉的准备——支持体与固定相

反相萃取柱色层法中，将有机萃取剂吸附在惰性固体物质的表面，而后装入柱中。这里的惰性固体物质起着支持(或承担)有机萃取剂的作用，称为支持体或担体；吸附于支持体上的有机萃取剂称为固定相；吸附了有机萃取剂的支持体称为色层粉。

为了使固定相与流动相有较大的接触面和对欲分离物质具有较好的分离效果，要求支持体具有多孔性结构，比表面大，孔径均匀，粒度适宜，能吸附足够多的固定相(有机萃取剂)及具有稳定性等。常用的支持体有：含硅无机化合物，如硅胶、玻璃粉等；含氟高分子化合物，如聚三氟氯乙烯粉；高分子聚合物，如聚乙烯粉；固定泡沫塑料以及活性炭等。支持体的粒度一般取60～300目为宜。作为固定相的有机萃取剂，原则上，凡是适用于溶剂萃取的有机萃取剂均可。

2）色层柱的制备

选定支持体和作为固定相的萃取剂之后，就可调制色层粉。通常先用易挥发、无毒(或低毒)并对所选用的萃取剂有较大溶解度的有机试剂作稀释剂，与萃取剂配制成有机溶液，然后在不断搅拌的条件下，将此有机溶液加到支持体中，再充分搅拌，使有机溶液在支持体中分布均匀，最后置于红外灯下或水浴上加热使稀释剂完全挥发掉，得到色层粉。按离子交换柱的装柱方法，将色层粉装入色层柱即可。

3）分离操作

反相萃取柱色层法的分离操作分3个步骤：样液上柱萃取、杂质的洗涤、被萃取物的淋洗。其具体操作方法与离子交换法大致相仿。色层分离的条件选择，也基本上类同于萃取分离与离子交换分离法。比如，流动相的样液、洗涤剂、淋洗剂等的条件控制——酸度、掩蔽剂、盐析剂等，与溶剂萃取法一样；流动相的流速选择又类似于离子交换分离法。

(3) 反相萃取柱色层分离的应用

该法选择性高、分离效果好、操作简便、快速，已成为分离微量放射性核素不可缺少的重要手段。

所以，常用于微量无载体放射性核素的分离，以及对化学性质极为相似的稀土或锕系元素的分离。比如，常用于对^{90}Sr-^{90}Y、^{99}MO-^{99m}TC等母-子体放射性核素的分离。特别对于样品成分复杂、放射性核素的量又极低微的环境和生物样品，反相萃取柱色层法是有效的分离手段。

4.5.2 吸附柱色层法

吸附柱色层法是在柱上进行的一种吸附色层法。柱子中的固定相是固体吸附剂，如硅胶、氧化铝、活性炭等。以下介绍在放射化学中应用较多的液—固吸附柱色层法。

(1) 基本原理

吸附柱色层法是利用溶液在通过固定相吸附剂时，各组分由于吸附能力的不同，在吸附剂上滞留的程度也不同,从而实现相互分离的。

今以含有A、B两种组分的料液进行吸附柱色层分离为例,说明其分离原理。当含有A、B两种组分的料液加入到装有吸附剂的色层柱上时,起初A和B都被吸附在柱子上端,形成原始谱带(色层)。当用淋洗剂进行解吸时,随着淋洗剂向下流动,A、B两种组分在吸附剂上不断进行吸附和解吸。由于对A、B吸附能力不同,它们在柱子上的移动速度也不同。所以,经过一段时间之后,在柱子上就出现了明显分离开来的A、B两个谱带。吸附能力小的组分容易被淋洗剂从吸附剂上解吸下来,其移动速度就较快而位于色层柱的下端,反之亦然。当继续用淋洗剂解吸时,A、B两组分之间在柱子上的距离就越来越大。最后,在色层柱的流出液中可分别收集到纯的A、B两种组分。

(2) 方法简介

吸附色层法的吸附剂有无机吸附剂(如氧化铝、硅胶、活性炭、分子筛等)和有机吸附剂(如蔗糖、淀粉等)两类。常用的吸附剂有硅胶、氧化铝、活性炭和分子筛。

硅胶、氧化铝的吸附能力都随着含水量的增加而下降,所以,使用前都需要加热活化,除去水分。活性炭在使用前也要加热活化。分子筛是一种孔径大小均匀的多孔性吸附剂,其孔径与一般分子的大小相当。常用的分子筛以沸石为代表,沸石的规格有A型与X型两种。

吸附柱色层法的具体操作,包括吸附剂的预处理、装柱、吸附和淋洗等步骤,类似于离子交换分离方法。应用方便,比如常用的核子发生器中,为分离放射性母-子体核素,使用的就是吸附柱色层法。

4.6 电化学分离法

如前所述,放射性核素的电化学的一些理论问题,仍然很不成熟。但是作为一种放射化学分离方法却早已应用。电化学分离法具有快速、简便、选择性高、分离效果好等优点,特别是用电化学分离方法,可以直接得到牢固、薄而均匀的无载体源,因而电化学分离法在放射性核素的分离、测定中正起着越来越重要的作用。

微量放射性物质的电化学原理和常量物质的基本相同。当然,如前所述,由于放射性物质的浓度极低而产生的特殊问题,导致常量物质电化学中的一些经典规律出现反常变化,这在微量放射性物质的电化学分离过程中要加以注意。

以下分“不使用外加电压时放射性物质的电化学析出法”(称电化学置换法)与“使用外加电压时放射性物质的电化学沉积法”(称电解沉积法)分别介绍电化学分离方法。

4.6.1 电化学置换法

电化学置换法是利用欲分离核素的离子在电极上自发发生氧化还原反应而实现分离的一种电化学分离法。

基本原理是基于:每种金属元素都有一定的标准电极电势值($E^{\ominus}$),在溶液中电极电势值(E)大的金属离子,可以将浸在溶液中其电极电势值(E)较小的金属原子置换下来,而自身沉积于金属的表面。所以,选择适当的金属作电极,该金属的标准电极电势($E^{\ominus}$)小于欲分离元素的标准电极电势($E^{\ominus}$),但大于溶液中其他杂质元素的电极电势($E^{\ominus}$),则欲分离元素就能自发地与该金属电极发生电化学置换反应而在金属电极表面上析出;即欲分离元素的离子抢夺金属电极的元素原子的电子,而变成原子沉积在电极表面,而金属电极的元素原子失去电子变成离子进入溶液中。在这个电化学置换过程中,并不需要外加电压,所以,也称为金属的自电镀法或自沉积法。比如,将一只铁钉放入硫酸铜溶液中,由于 $E^{\ominus}_{Fe^{2+}/Fe} < E^{\ominus}_{Cu^{2+}/Cu}$,$Cu^{2+}$ 将抢夺电子变成 Cu 而 Fe 将失去电子变成 Fe^{2+},铜与金属电极铁发生电化学置换反应,因此在铁钉上很快地被镀上一层铜。

实现置换分离的关键是选择一种适宜的金属作电极,使其标准电极电势恰好介于欲分离核素的标准电极电势和溶液中其他杂质元素的标准电极电势之间,使得只有欲分离核素才能自发地与金属电极发生电化学置换反应而在电极表面析出,达到与杂质元素分离的目的。例如,欲分离母-子体核素 ^{210}Bi-^{210}Po,可将铜片(电极材料)插入含有上述母-子体核素的溶液中,由于铜的标准电极电势大于铋而小于钋:

$$E^{\ominus}_{Bi^{3+}/Bi}=0.23\ V<E^{\ominus}_{Cu^{2+}/Cu}=0.34\ V<E^{\ominus}_{Po^{4+}/Po}=0.76\ V。$$

所以,Po 在铜表面析出,或称 Po 自镀在铜片上。而铋仍留在溶液中。又如,将一个悬在 Pt 丝上的紫铜片浸入含 Pu、U、Am、Mo 和 Po(Ⅳ)的 1 mol·L HCl 热溶液中,自沉积 30 min 后得到 Po 对杂质的分离系数:对 ^{239}Pu 的分离系数 $\geqslant$ 3 000;对 ^{235}U 的分离系数 $\geqslant$ 120;对 ^{241}Am 的分离系数 $\geqslant$ 500;对 ^{90}Mo 的分离系数约 300。

为了应用电化学置换法来分离、测定其标准电极电势($E^{\ominus}$)较小的放射性核素,由于难以找到比该核素标准电极电势更小的金属作电极,因此必须设法使标准电极电势值较小的放射性核素能在标准电极电势较大的金属上析出,为此可采取下述方法:

1) 降低溶液中作为电极材料的金属的离子浓度,使金属电极的实际电极电势(E)值小于欲分离核素离子的电极电势(E)值。

由能斯特方程式可知,金属离子浓度越低,其电极电势(E)值越小。因此,向溶液中加入能与电极金属离子生成难溶化合物的试剂,大大降低溶液中电极金属离子的浓度,从而使金属电极的电势(E)大大下降,当其电极电势值降低到比欲分离核素离子的电极电势低时,该核素的离子即可在标准电极电势($E^{\ominus}$)值较大的金属电极上析出。

例如,用电化学置换法使 ^{210}Po 从硝酸溶液中自动沉积在电极银片上。

$E^{\ominus}_{Ag}=0.80\ V$,$E^{\ominus}_{Po}=0.765\ V$。从 $E^{\ominus}$ 值看,钋不可能在银片上自发沉积,但实际上,当银片刚浸入溶液时,溶液中几乎不存在 Ag^{+},其浓度近乎为零,远比 Po^{4+} 浓度低。所以,这时银的电极电势(E)值要比它的标准电极电势($E^{\ominus}$)值低得多,并低于钋的电极电势(E)值,此时,^{210}Po 能自发在银片上析出。当溶液中 Ag^{+} 浓度较大,银的电极电势(E)值等于或超过钋的电极电势(E)值时,钋就不能继续在银片上自发析出了。这时,如果向溶液中加入含 CN^{-} 的络合剂,使 Ag^{+} 形成稳定的络合物 $[Ag(CN)_2]^{-}$,则溶液中 Ag^{+} 的浓度大大降低,或采用生成氯化银沉淀的方法来降低溶液中 Ag^{+} 的浓度,钋在银片上的自发析出又能继续下去,使电化学置换反应进行得较完全。

2) 用氢电极法来改变电极电势。此法是用标准电极电势值大的铂金属作电极,浸入含有欲分离放射性核素的溶液中,然后将纯氢气通入溶液,铂金属就会吸附氢,并被氢所饱和,成为氢电极。这样，通过降低溶液中的 H^+ 浓度即可控制降低氢电极的电极电势，从而使一些标准电极电势（$E^{\ominus}$）值较小的放射性核素在铂电极上析出（实质上，是在氢电极上析出）。

4.6.2 电解沉积法

电解沉积法简称电沉积法，它是利用欲分离核素离子在外加电压的作用下，在电极上发生氧化还原反应即电解来实现分离的电化学分离法。

基本原理。微量放射性核素各有不同的临界沉积电压，即电解时的分解电压，选择适宜的外加电压，使其等于或大于某一核素离子的临界沉积电压（分解电压，即开始电解时所需的外加最低电压），则该种核素离子可在阴极上析出。

应用电沉积法实现分离的关键是选择合适的外加电压，使其等于或大于欲分离核素离子的临界沉积电压而小于其他杂质离子的临界沉积电压，则欲分离核素离子可在电极上沉积出来而其他杂质离子仍留在溶液中，从而分离共同存在的离子，通过调节外加电压的方法使不同核素离子依次在电极上沉积出来。当然，实际应用中，只有当不同核素离子的临界沉积电压相差较大时，分离才能达到较为完全。电解时的电流密度（单位面积电极表面通过的电流）、电解液组成、电极材料和电解温度等，都是影响电沉积分离效果的因素。适宜的电解条件需通过实验来选择。

在电解过程中，标准电极电势（$E^{\ominus}$）值比氢小的核素离子，或分解电压（临界沉积电压）比氢的分解电压要高，电解的结果只能导致氢的析出。为了使这一类核素离子也能用电沉积法来分离，可选择适当的金属（如汞、铅）作阴极，因为氢在这类电极上析出时会产生很大的超电压，使氢的临界沉积电压（分解电压）升高，氢从而难以析出。这种方法通常称为汞阴极电解法。

电沉积法一般常用水溶液作为电解液。水溶液体系在电解过程中往往会腐蚀电极，近来发展了一种在非水溶液中在高电压下电解的方法，称分子电镀法。它用有机溶液（如异丙醇等）作电解液。例如，将 $UO_2(NO_3)_2 \cdot 6H_2O$ 溶于无水异丙醇中，制成浓度适宜的溶液，用铂丝作阳极、铝作阴极，在 800～1 200 V 高电压下电解 1 min，即可得到厚度约为 300 $\mu g/cm^2$ 的极其均匀致密的铀镀层。这种方法时间短、效率高、操作方便、镀层牢固。

4.7 其他分离方法

4.7.1 蒸馏法

物质从液态或固态转变到气态的过程称为挥发，它有汽化、升华、蒸馏、蒸发等多种形式，可用作放射性元素/核素的分离方法。蒸馏法是利用某些元素或化合物在相同温度下蒸气压的不同来进行分离的一种方法。该方法效果好，可获得放射性纯度和比活度都高的产品。用蒸馏法分离微量放射性核素时，为了使放射性核素能完全蒸馏出来，通常可加入载体；如果要制备无载体放射性核素，可通入惰性气体作为载体，将欲分离核素载带出来。

蒸馏法常用于分离碘、溴、钌、锇、铼、锝、砷、锑、锗和砹等易挥发性元素或可生成易挥发性化合物的元素。例如，从反应堆辐照过的碲靶中分离医用放射性核素^{131}I时，就可以采用蒸馏法。其分离步骤是：先用H_2SO_4将辐照过的碲靶溶解，然后用重铬酸钾将碲和碘分别氧化为高价的TeO_4^{2-}、IO_4^-、IO_3^-。再用草酸将IO_4^-、IO_3^-还原为单质碘(I_2)，碲仍为TeO_4^{2-}离子。利用蒸馏法将I_2蒸出，用NaOH溶液吸收I_2，生成碘化钠溶液，从而使碘和碲达到良好的分离。最后将NaI氧化为单质碘，再次进行蒸馏，即可获得高纯度的医用放射性^{131}I核素。

4.7.2　快化学分离法

快化学分离法是用于核反应生成的短寿命放射性核素的研究、鉴定以及快速标记的一种分离方法。它按操作方法的不同可分为在线分离和离线分离两种。它大体上由样品传递、化学分离和能谱测量等几部分组成，其中关键步骤是化学分离。为了达到快速分离的目的，必须选用反应速度快，相分离迅速的方法。经典的化学分离水法如吸附法、沉淀法、萃取法、色谱法等经过适当的设计改造，均可成为快化学分离手段。目前应用较多的有非均相同位素交换法、挥发法、高速离心萃取法、高效液相色谱法等。其中有的快速分离装置的分离过程仅需几秒钟。快化学分离法通常采用程序控制和用脑代替手工操作进行数据处理，如^{11}C、^{13}N、^{15}O、^{18}F等放射性核素分离过程中的化学盒，从溶液流动，阀门开、关，测量样品传送，到实验结果显示，全部实验了自动化，所研究的放射性核素的半衰期可短到仅1 s左右，也能很好地实现其分离与测量等工作。

除了以上的分离方法以外，有时还用到纸色谱法、薄层色谱法、纸上电泳法及同位素交换法等。为了达到研究、生产的要求，有时分离一种放射性核素，可能将两种甚至多种分离方法联合使用。具体选择哪一种方法或哪几种分离方法来分离某种放射性核素，这主要由该放射性核素的性质及工作条件等决定的。

第5章　核化学

核反应通常指的是原子核与基本粒子或其他原子核相互作用时发生的变化过程。放射性衰变中也包含核的转变，但这种转变是自发的，不受外界影响。

第一个人工核反应是卢瑟福于1919年观察到的^{214}Po衰变放出的α粒子与氮原子作用时，发生下述核反应：

$$\underset{\text{起始核或靶核}}{{}^{14}_{7}\mathrm{N}} + \underset{\text{轰击粒子}}{\alpha} \longrightarrow \underset{\text{最终产物}}{{}^{17}_{8}\mathrm{O}} + \underset{\text{出射粒子}}{\mathrm{p}}$$

此核反应可以用简式写出：

$$^{14}_{7}\mathrm{N}(\alpha,\mathrm{p})^{17}_{8}\mathrm{O}$$

大部分这类核反应经过一个中间阶段，形成过渡核，即复合核。复合核通过放出γ光子或n、p、α等粒子，得到激发能转变成基态的最终产物。

核反应在很多方面与化学反应类似。它们之间的重要区别是：

1）化学反应涉及可称量的物质的变化，而核反应涉及的是单个原子。因而核反应总是以原子来计量而化学反应以物质的质量来计量。与之相应，核反应能量变化以电子伏为单位，即MeV，而化学反应能量变化是以J/mol为单位。

2）化学反应元素保持不变，只是原子间的化学键发生了变化。核反应生成新的原子核，它和起始核不一定属于同一元素。

3）化学反应放出的能量通常远低于核反应放出的，在核反应中有显著的物质转变为能量。如1 g ^{235}U裂变放出8.4×10^{7} kJ，而1 g碳燃烧只放出33.9 kJ。

根据质量和能量的相应关系，知道了参加核反应各个粒子的准确质量，很容易算出核反应释放或吸收的能量。通式核反应如下：

$$\mathrm{A}(\mathrm{x},\mathrm{y})\mathrm{B}$$

其能量平衡式如下式：

$$\Delta E=(m_{\mathrm{A}}+m_{\mathrm{X}}-m_{\mathrm{B}}-m_{\mathrm{y}})c^{2} \tag{5.1}$$

或以能量单位MeV表示为

$$\Delta E=(m_{\mathrm{A}}+m_{\mathrm{X}}-m_{\mathrm{B}}-m_{\mathrm{y}})\times931.5\ \mathrm{MeV} \tag{5.2}$$

ΔE也被称为反应的Q值。如果ΔE是负值，反应所缺能量需由轰击粒子以动能形式带入。然而，并不是入射粒子的全部动能都能用作激发能，因为一部分($m_{\mathrm{X}}/m_{\mathrm{A}}+m_{\mathrm{X}}$)入射粒子动能给了过渡核称为其反冲能。核反应放出的能量则按照产物y和B的质量分配成为它们的动能。

核反应的轰击粒子可分成不带电粒子和带电粒子两类。如中子属于前者；而质子、氘核、α粒子和很重的核，如氙核、铀核等属于后者。

5.1　核反应的反应截面

核反应的反应截面σ可以和化学反应的速度常数k类比。对于化学反应

$$A+B \longrightarrow D$$

可得

$$\frac{dc_D}{dt} = kc_A c_B \tag{5.3}$$

式中：c_A、c_B 和 c_D 是 A、B、D 的浓度；

k 是反应速度常数。

核反应 A(x,y)B 类似表示式是：

$$\frac{dN_B}{dt} = \sigma\varphi_x N_A \tag{5.4}$$

式中：N_A、N_B是单位体积内 A 和 B 的原子数；

φ_x是入射粒子的通量密度，$cm^{-2} \cdot s^{-1}$；

σ 是反应截面，cm^2。

反应截面（见图 5.1）：一股 x 粒子流以通量密度 φ_x打在厚度为 s 的 A 原子薄层上，穿过厚度 ds 后，粒子通量密度的减小为：

$$-d\varphi_x = \sigma\varphi_x N_A ds$$

积分并以 $s=0$ 时 $\varphi_x = \varphi_{x,0}$ 代入，得：

$$\varphi_x = \varphi_{x,0} e^{-\sigma N_A \cdot s} \tag{5.5}$$

以此方式定义的反应截面与前面由核素 A 转变为核素 B 的方程定义是相同，如果靶中还发生除 A(x,y)B 外的其他核反应，则反应截面是总反应截面 σ_t，它等于各个反应截面之和：

$$\sigma_t = \sum_{i=1}^{n} \sigma_i \tag{5.6}$$

从式(5.5)可知，反应截面的量纲是面积。核反应截面的单位是靶恩(b)，1 b$=10^{-24}$ cm^2。反应截面是发生核反应概率的量度。

对给定的反应，反应截面与入射粒子的能量有关，反应的概率是入射粒子能量的函数。入射粒子以动能形式带入能量给予复合核作为激发能。反应截面对入射粒子能量的依赖关系叫做激发函数，^{63}Cu 中由质子引起的核反应的激发函数如图 5.2 所示。

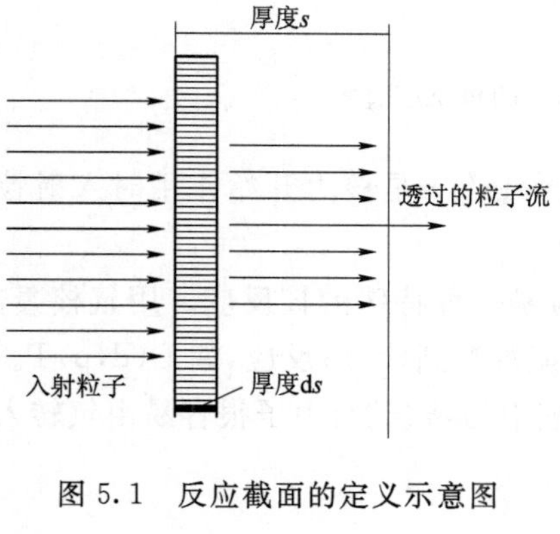

图 5.1　反应截面的定义示意图

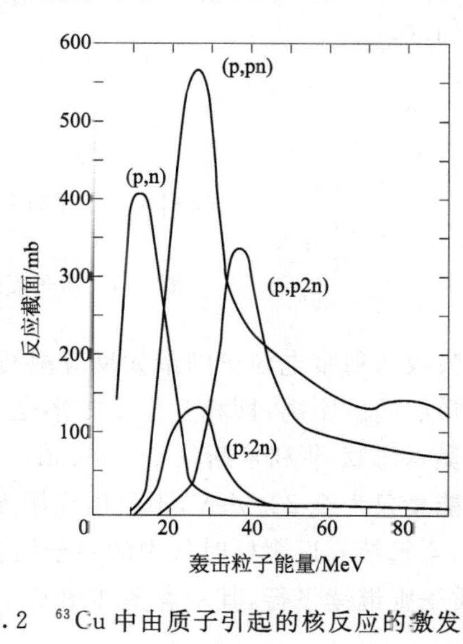

图 5.2　^{63}Cu 中由质子引起的核反应的激发函数

5.2 带电离子引起的核反应

带正电的粒子轰击相同电荷的核时必须克服核的势垒才能受到核力吸引。为了克服势垒，质子、氘核或 α 粒子等带正电粒子必须有足够高的动能。

势垒或库伦阈 E_C，其大小取决于靶核电荷数 Z_1 和入射粒子的核电荷数 Z_2。它可由下式计算：

$$E_C = \frac{1}{4\pi\varepsilon_0} \frac{Z_1 e Z_2 e}{r} \tag{5.7}$$

当 E_C 以 MeV 为单位，r 以 cm 为单位时可写成：

$$E_C = 1.44 \times 10^{-13} \times \frac{Z_1 Z_2}{r} \tag{5.8}$$

其中，r 是核力开始起作用的距离。一般可写成：

$$r = r_0 (A_1^{1/3} + A_2^{1/3}) \tag{5.9}$$

其中，$r_0 = 1.4 \times 10^{-13}$ cm 。

对于 $^{14}_{7}N(\alpha,p)^{17}_{8}O$ 反应，E_C 的计算值是约 3 MeV。对于 α 粒子与铀核的熔合反应，此值是 24 MeV，因而放射性核素放出的 α 粒子不可能引起与铀核的熔合反应。上述计算 E_C 的关系式仅仅适用于精确地计算球形核间的相互作用。最重的一些核并不是球形的，对它们来说式(5.7)只是近似的。如两个铀核熔合需克服约 1.5 GeV 的库仑阈，而用式(5.8)算出的值约为 0.75 GeV。

图 5.3 给出了质子轰击铜同位素 ^{63}Cu 的几个核反应的激发函数。反应的库伦阈 $E_C \approx$ 7 MeV。每个反应的激发函数都有一个最高点，超过此能量反应截面降低，此反应被其他反应核反应取代。随着入射粒子能量的增加，更多的反应同时发生，因为入射粒子能量增加使复合核 $[^{64}Zn]^*$ 的激发能增加，为了释放激发能要增加放出粒子的数目。放出一个中子或质子平均降低激发能 10 MeV 或 12 MeV(包括放出粒子的结合能和动能)，其核反应过程可表示如下：

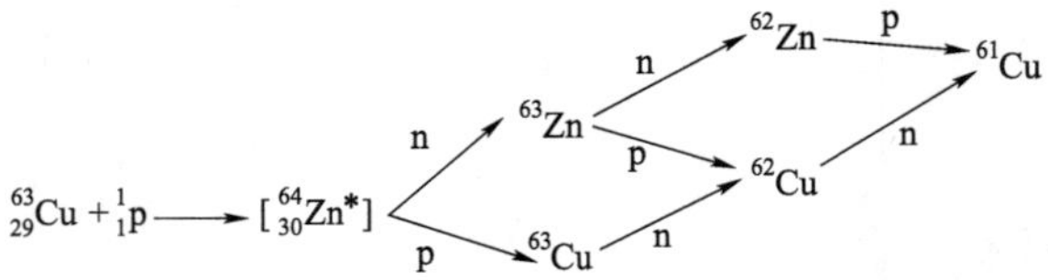

图 5.3 质子轰击铜同位素 ^{63}Cu 的核反应过程

吸收入射带电粒子的最大反应截面大约是 $\sigma_{吸收} \approx \pi r^2$，$r$ 是核力开始作用时入射粒子和靶核重心间的距离，即相互作用核半径。

奥本海默-菲利普斯(Oppenheimer-Philips)反应是一种特殊的核反应。用氘核轰击时，氘核能量仅为 2.23 MeV，不足以克服库伦阈，但也能观察到(d,p)反应，如 D(d,p)T。一般认为，当氘核靠近靶核时氘中的中子结合能低于重核中的结合能，中子很容易由氘转入重核中，质子则继续飞行，其示意图如图 5.4 所示。

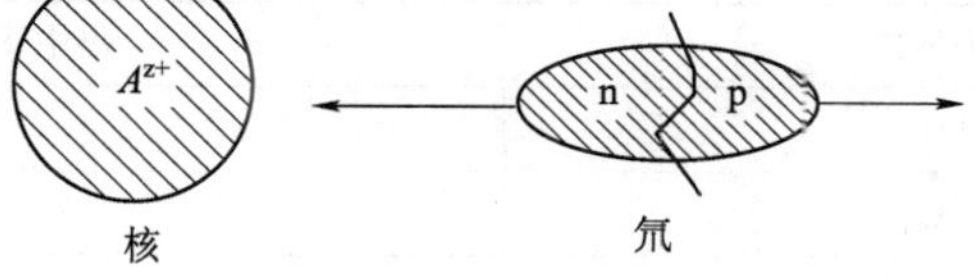

图 5.4　氘与核发生(d,p)反应示意图

这时没有复合核生成,反应可在低于库伦阈的能量下进行。

5.3　中子引起的核反应

中子不带电荷,接近核时不受排斥,较低能量的中子可以引起核反应。中子速度的降低使得在核附近出现中子的概率增加,因此中子俘获反应截面 σ_c 与中子速度成反比,即:$\sigma_c \sim 1/v \sim 1/(E)^{1/2}$。此关系式适用于低能中子和大多核。例外特别出现在 1～100 eV 能量区间,那里叠加上一系列的高峰值。图 5.5 为由天然同位素组成的银的中子俘获反应的激发函数图。

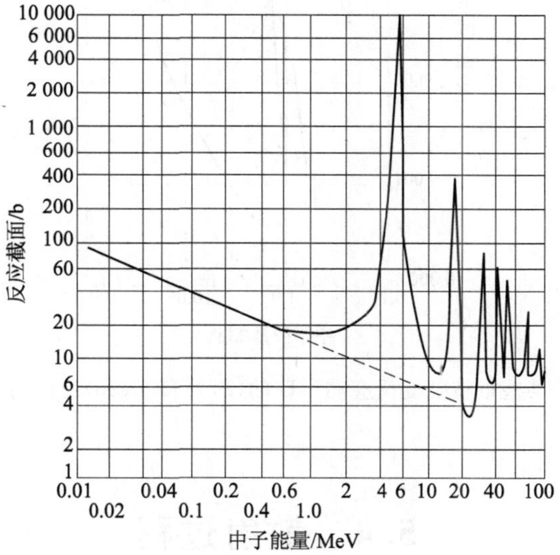

图 5.5　天然同位素组成的银的中子俘获反应的激发函数

最重要的热中子核反应是中子俘获反应,即(n,γ)反应,在这类反应中中间核以电磁辐射的形式释放出激发能。这类反应的概率与参加反应的核素有很大关系,反应截面值跨度很大,从 $\sigma_{n,\gamma}=2\times10^{-5}$ b(^{15}N)直到 $\sigma_{n,\gamma}=2.65\times10^{6}$ b(^{135}Xe),但大多数核素的反应截面在 0.1～10 b 之间。

俘获中子后放出带电粒子的中子反应,如(n,p)反应和(n,α)反应,是有阈反应,也就是说,要想发生这一类核反应,中子的能量必须大于某一个值。它们的激发函数与带电粒子引起的反应类似,只是没有库伦阈。某些较轻核发生(n,p)和(n,α)反应是例外,表 5.1 为一些轻核俘获中子反应。

表 5.1 轻核俘获中子反应

轻核俘获中子反应	热中子反应截面/b
$^{3}He(n,p)^{3}H$	5 327
$^{14}N(n,p)^{14}C$	1.81
$^{35}Cl(n,p)^{35}S$	0.50
$^{6}Li(n,\alpha)^{3}H$	940
$^{10}B(n,\alpha)^{7}Li$	3 836
$^{17}O(n,\alpha)^{14}C$	0.235

热中子可以引起 $Z>90$ 的偶奇核或奇奇核的核裂变反应。其他重核的中子裂变是阈反应,如图 5.6 是 ^{238}U 发生(n,γ)和$(n,2n)$反应的反应截面图,^{238}U 裂变的阈能是约 1 MeV。

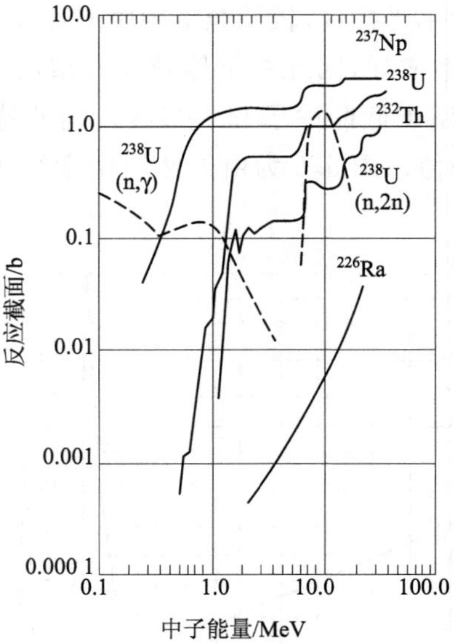

图 5.6 某些重核裂变反应和 ^{238}U 的(n,γ)和$(n,2n)$反应的反应截面

5.4 散射过程

散射过程也应该看成是一种核反应,在这种反应中某核素与入射粒子发生了相互作用但彼此都没有变化,它可以分成弹性散射和非弹性散射两类。弹性散射可写成:

$$A+x\rightarrow A+x,\text{或 } A(x,x)A;$$

非弹性散射可写成:

$$A+x\rightarrow A^{*}+x',\text{或 } A(x,x')A^{*}。$$

5.4.1 弹性散射

犹如单摆碰撞运动一样,入射粒子给予靶核的只有动能而没有激发能,碰撞双方的总动能保持不变。当碰撞角为 180°且碰撞双方质量相等时，入射粒子给予被碰撞粒子的能量最大。弹性散射在核反应堆技术中具有重要意义，平均能量为 1.5 MeV 的裂变快中子就是通过与慢化剂核的弹性碰撞慢化成热(0.025 eV)中子的。弹性碰撞的平均能量传递可按下式计算：

$$\ln \frac{E_{前}}{E_{后}} = 1 - \frac{(m'+1)^2}{2m'} \ln\left(\frac{m'+1}{m-1}\right) \tag{5.10}$$

式中：$m' = m_1/m_2$；m_1 和 m_2 分别是靶核和入射粒子的质量。

5.4.2 非弹性散射

在非弹性散射中，靶核接受入射粒子的部分动能作为激发能而跃入激发态，随后放出 γ 射线降回到基态。通过非弹性散射也可以得到以粒子形式衰变的亚稳态同质异能核，如：

$$^{113}Cd(\alpha,\alpha')^{113m}Cd \xrightarrow{\beta^-(99\%),14.6\ \varepsilon} {}^{113}In$$

测定入射粒子碰撞前后的动能可以建立起核的能级图。非弹性散射，常缩写为(x,x')，是阈反应，只有当入射粒子动能高于靶核第一激发态的能量时才能发生。

5.5 核裂变

重核分裂成两个重量大小相等碎片的反应称为核裂变，核裂变可分为两类：

1) 自发裂变：在没有外界影响，即不引入能量的情况下核本身裂变，如：

$$^{252}_{98}Cf \longrightarrow {}^{140}_{54}Xe + {}^{108}_{44}Ru + 4n + Q;$$

2) 诱发裂变，或通常所说的核裂变，它是处于能量激发态核的衰变，即在入射粒子轰击下发生裂变。从原则上讲还是激发态中间核给出能量的一种形式如：

$$^{235}U + {}^{1}n \longrightarrow {}^{95}Y + {}^{139}I + 2{}^{1}n - Q。$$

根据结合能曲线，所有含 130 个或更多核子的核都可能解体成两个碎片并放出能量。此范围内的轻核的裂变阈很高，只有当入射粒子能量很高时才能发生裂变。使一个核子数 A 在 130 左右的核裂变，需要约 100 MeV，使核子数 A 在 200 左右的核裂变需要的能量降至 30 MeV。而使核子数 $A>230$ 的核裂变的阈能低于 10 MeV。

用质子、α 粒子或其他带电粒子轰击重核都可以引起裂变。但中子引发的核裂变是最重要的，不带电荷的中子不受靶核排斥，因而常用低能中子来研究核裂变。

由表 5.2 可见，俘获热中子后形成偶偶复合核的裂变阈低于最后一个中子的结合能，因而^{233}U，^{235}U 和^{239}Pu 可利用俘获中子时释放的结合能来克服裂变阈。对其他的核来说，中子还要提供补充的能量来引起复合核的裂变。

表 5.2 重核"最后"一个中子结合能及裂变阈

核素^{A}Z	^{232}Th	^{233}U	^{234}U	^{235}U	^{238}U	^{239}Pu
复合核[^{A+1}Z]*	^{233}Th	^{234}U	^{235}U	^{236}U	^{239}U	^{240}Pu
核素^{A}Z俘获中子的结合能/MeV	5.4	7.0	5.0	6.8	5.2	6.6
核素^{A+1}Z的裂变阈/MeV	5.9	5.5	5.4	5.75	5.9	5.5
热中子能否引起裂变	−	+	−	+	−	+

5.5.1 核裂变机理

以^{235}U与热中子的作用为例可说明核裂变的过程。热中子击中^{235}U后被俘获，形成了高度激发的中间核：

$$^{235}U + n_{热} \rightarrow [^{236}U]^*$$

激发能等于俘获中子放出的结合能(热中子动能很小，0.025 eV，可以忽略)。复合核($T_{1/2} \approx 10^{-14}$ s)的激发能可通过发射 γ 射线或核裂变放出。这两个过程的概率可用各自的反应截面来表示：

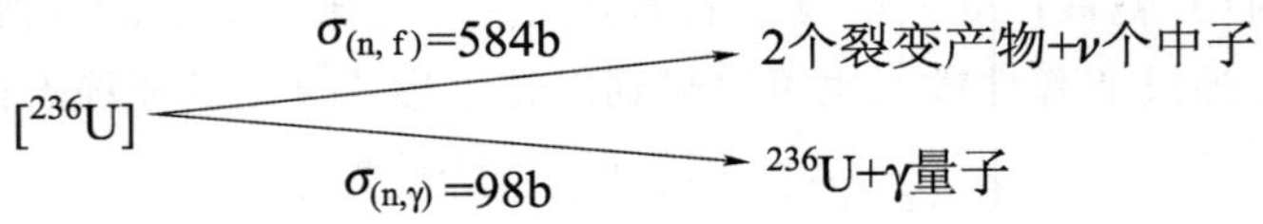

也就是说，俘获了热中子的^{235}U核，平均 7 个里面有 6 个发生裂变，另外一个以 γ 光子形式放出激发能转变成长寿命的基态^{236}U。因此，“中子轰击引发裂变”表达不十分准确，以热中子轰击^{235}U为例，当热中子与^{235}U发生核反应后，先得到$[^{236}U]^*$，约 85.6%的$[^{236}U]^*$发生裂变反应。即^{235}U并不直接裂变，而是形成中间核后部分通过裂变而衰变。

根据液滴模型，裂变的发生可用图 5.7 表示，铀核在基态时是椭圆形的(a)，俘获中子引入能量后开始振动并进一步变形(b)，当激发能使核进一步变形时，表面力朝相反方向作用(→a)。激发能足够高时，核的中间部分开始收缩变细(c)。两个凸出部分之间的库伦斥力使它们分得更开(d)，最终一分为二(e)发生裂变。当激发能不够时，变形可以复原，同时激发能以 γ 量子形式放出。

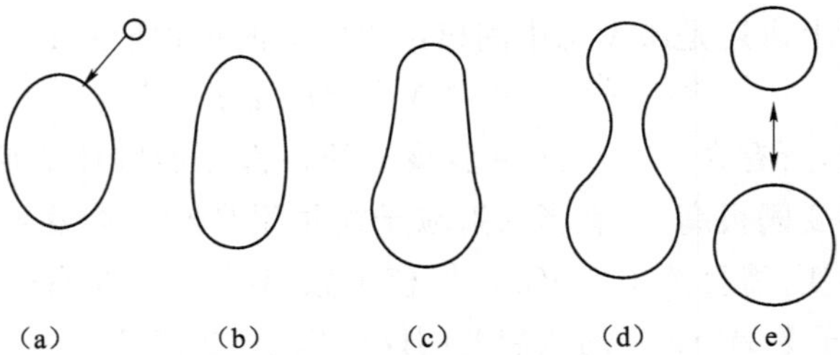

图 5.7 重原子核俘获中子后裂变的模型

5.5.2 核裂变产物

在^{235}U与热中子发生裂变反应得到的裂变产物中可以找到核子数在 72 到 116 之间的核素，或从镍($Z=28$)到铽($Z=65$)之间的元素。从不同核子数的裂变产物分布可知，生成$A_1 \approx 95$和$A_2 \approx 138$两块不同质量碎片的产额最高，达 6.6%。对称裂变生成两块相同质量碎片的产额最低，约10^{-2}%。与稳定同量异位素相比，裂变碎片拥有过量的中子，中子过剩可通过下面的途径释放：

1) 放出瞬发中子。较轻裂变碎片中子过剩较多，因而放出较多中子($v_{轻}/v_{重}=1.30$)。

2) β^-衰变。以$^{139}_{53}I$、$^{97}_{37}Rb$衰变系为例，

$$^{139}_{53}I \xrightarrow{2.3\ s} {}^{139}_{54}Xe \xrightarrow{9.3\ min} {}^{139}_{56}Ba \xrightarrow{83\ min} {}^{139}_{57}La(稳定)$$

$$^{97}_{37}Rb \xrightarrow{0.17\ s} {}^{97}_{38}Sr \xrightarrow{0.44\ s} {}^{97}_{40}Zr \xrightarrow{16.8\ h} {}^{97}_{41}Nb \xrightarrow{74\ min} {}^{97}_{42}Mo(稳定)$$

对上面的写法不应理解为^{235}U 裂变成 $A=139$ 和 $A=97$ 的碎片时，只生成$^{139}_{53}$I 和$^{97}_{37}$Rb 两种初级裂变产物。图 5.8 中的同量异位素裂变产额给出了每 100 次裂变生成一定 A 的核素的数目(因为每次裂变生成两个碎片，总的裂变产额为 200%)。在 $A=139$ 的同量异位素系列中，测出了如下的直接产额，即独立产额：^{139}Cs 为 17%，^{139}Ba 为 1.1%。测定独立产额是非常困难的，因而只有较少的独立产额数据。

随着裂变核的核子数增加，同量异位素产额也发生变化。驼峰状曲线右侧基本不变，但左侧向高核子数方向移动，因而谷部变小。提高入射粒子能量，谷进一步变浅。用 14 MeV 中子引发^{235}U 裂变时，最低处的产额约 1%。

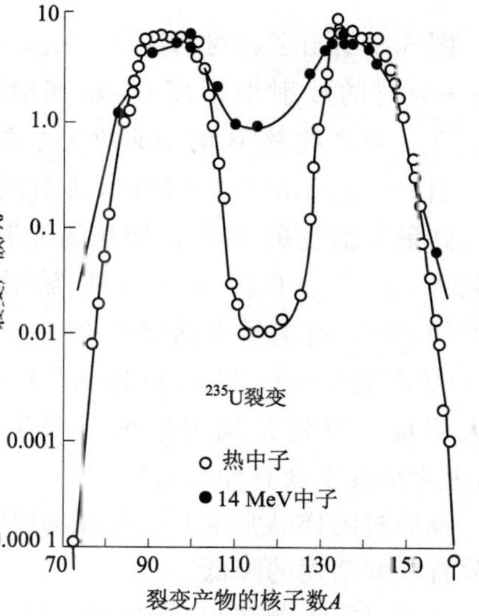

图 5.8 热中子和 14 MeV 中子引发的^{235}U 同量异位素裂变产额

5.5.3 核裂变产额计算

核反应：A＋x→y＋B

B 核的生成速度由 $\frac{dN_B}{dt}=\sigma\varphi N_A$ 给出，σ 是反应截面，ϕ 是粒子通量密度，N_A是被照射原子数 A 的数目。这里假设在被照射靶中入射粒子通量密度 ϕ 和能量 E 为常数。亦即靶相当薄。还假设 N_A为常数，即核反应中转变掉的原子可以忽略。在靶经短时间辐照的一般情况下，上述假设可以成立。另一个限制是反应截面不能非常大，否则靶的厚度不能忽略。例如在核反应堆中用中子照射镉或钆时，在最外层里中子的通量密度(常常不大确切地称之为中子通量)也明显降低。这种效应叫做自屏蔽。

如果核反应 A(x,y)B 生成的核是放射性的，它在辐照期间的衰变必须考虑：

$$\frac{dN_B}{dt} = \sigma\phi N_A - \lambda N_B \tag{5.11}$$

在 $t=0$ 和 $t=t$(辐照时间)区间积分，当 $t=0$ 时，$N_B=0$，则

$$dN_{B(t)} = \frac{\sigma\phi N_A}{\lambda}(1-e^{-\lambda t}) \tag{5.12}$$

一般辐照时生成量 N_B不用原子数表示而用放射性活度(N_B在单位时间内的衰变)表示。由于核反应中转变掉的原子数可以忽略，且

$$A = -\frac{dN_B}{dt} = \lambda N_B$$

因而

$$A(t) = \sigma\phi N_A(1-e^{-\lambda t}) \tag{5.13}$$

靶物质 A 的量一般不用原子数 N_A而用质量表示，而

$$N_A = \frac{L}{M}Hm \tag{5.14}$$

式中：M 是相对原子质量；

H 是 A 的同位素丰度；

L 是阿伏加德罗常数；

m 是被照射元素质量。由此得到

$$A(t) = \frac{mHL\sigma\phi}{M}(1 - \mathrm{e}^{-\lambda t}) \tag{5.15}$$

图 5.9 给出了相对活度 $A_t/A_{最大}$（$A_{最大}$ 是 $t \to \infty$ 时的放射性活度）与辐照时间 $t/T_{1/2}$（$T_{1/2}$ 是产物核 B 的半衰期）的关系曲线。当 $t = T_{1/2}$（$t/T_{1/2} = 1$）时，放射性活度已达到最大活度的 50%。加长辐照时间 1 倍到 $t = 2\ t/T_{1/2}$（$t/T_{1/2} = 2$）时，放射性活度增加 25%，达到最大活度的 75%。辐照 10 个半衰期（$t = 10\ T_{1/2}$）可达到 99.9% 的最大活度。再延长辐射时间是没有意义的，因为活度不会有什么增加。

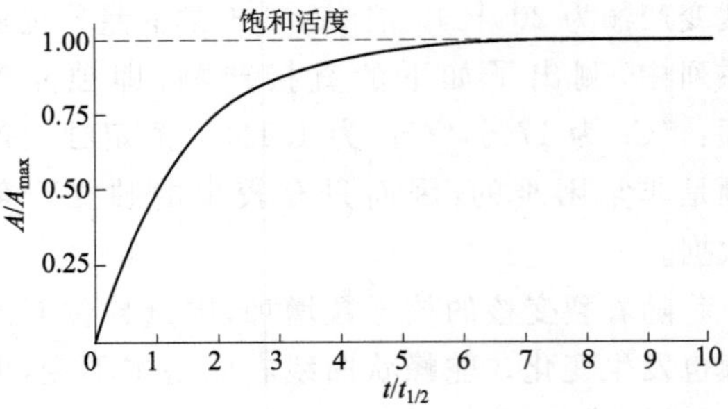

图 5.9　生产放射性核素时活度与辐照时间的关系

辐照过的样品常常并不是在辐照结束时立即进行加工，而要放置一段时间，因而要考虑到放置期间活度的降低。

辐照时间 t，辐照后放置时间 t' 的物质的放射性活度可以用下式表示：

$$A(t,t') = \frac{mHL\sigma\phi}{M}(1 - \mathrm{e}^{-\lambda t})\mathrm{e}^{-\lambda t'} \tag{5.16}$$

例 1：1 mol LiCl 在 10^{12} 中子/$\mathrm{cm}^2 \cdot \mathrm{s}$ 通量密度下辐照 5 h 产生氯和氚的放射性活度各多少？辐照结束（a）0.5 h 和（b）5 h 后，活度还有多少？

解：发生下列核反应：

$$^{6}\mathrm{Li}(\mathrm{n},\alpha)\mathrm{T} \xrightarrow[T_{1/2}=12.3\ \mathrm{a}]{\beta^-} \quad \sigma_{\mathrm{n},\alpha} = 940\ \mathrm{b}, H(^{6}\mathrm{Li}) = 7.50\%$$

$$^{35}\mathrm{Cl}(\mathrm{n},\gamma)^{36}\mathrm{Cl} \xrightarrow[T_{1/2}=3.0\times10^{5}\ \mathrm{a}]{\beta^-} \quad \sigma_{\mathrm{n},\gamma} = 43\ \mathrm{b}, H(^{35}\mathrm{Cl}) = 75.77\%$$

$$^{35}\mathrm{Cl}(\mathrm{n},\gamma)^{38}\mathrm{Cl} \xrightarrow[T_{1/2}=37.2\ \mathrm{min}]{\beta^-} \quad \sigma_{\mathrm{n},\gamma} = 0.43\ \mathrm{b}, H(^{37}\mathrm{Cl}) = 24.23\%$$

产生核素放射性活度是：

氚：$A(t) = \frac{mHL\sigma\phi}{M}(1 - \mathrm{e}^{-\lambda t})$

$$A_t = \frac{6.939 \times 0.075 \times 6.02 \times 10^{23} \times 940 \times 10^{-24} \times 10^{12}}{6.939} \times (1 - \mathrm{e}^{0.693 \times \frac{5}{12.3 \times 365 \times 24}})$$

$A_t = 1.365 \times 10^{9}$ Bq

得到氚约 3.82×10^{-6} g。

由此可见，生成氚量和转变掉的 ^{6}Li 量都是很少的，锂的质量减少可以忽略。由于 $T_{1/2} \geqslant t'$，辐照后放置 0.5 h、5 h，氚的放射性降低可以忽略。

氯-36：$A(t) = \frac{mHL\sigma\phi}{M}(1 - \mathrm{e}^{-\lambda t})$

$$A_t=\frac{35.453\times0.7577\times6.02\times10^{23}\times43\times10^{-24}\times10^{12}}{35.453}\times\left(1-e^{\left(-0.693\times\frac{5}{3.0\times10^5\times365\times24}\right)}\right)$$

$A_t=2.59\times10^4$ Bq。

辐照时^{35}Cl 的减少量及辐照后放置 0.5 h、5 h 的^{36}Cl 放射性活度降低量都很小，其减少量都可以忽略不计。

氯-38：辐照结束时的放射性活度：$A(t)=\frac{mHL\sigma\phi}{M}(1-e^{-\lambda t})$

$$A_t=\frac{35.453\times0.2423\times6.02\times10^{23}\times0.43\times10^{-24}\times10^{12}}{35.453}\times\left(1-e^{\left(-0.693\times\frac{5\times60}{37.2}\right)}\right)$$

$A_t=6.25\times10^{10}$ Bq。

辐照结束后 0.5 h 的放射性活度：$A'_t=A_te^{-\lambda t'}=6.25\times10^{10}\times e^{-\frac{0.693\times0.5\times60}{37.2}}=3.57\times10^{10}$ Bq。

辐照结束后 5 h 的放射性活度：$A''_t=A_te^{-\lambda t''}=6.25\times10^{10}\times e^{-\frac{0.693\times5\times60}{37.2}}=2.33\times10^{8}$ Bq。

例 2：在 10^{14} 中子/cm^2 · s 通量密度下辐照 1 个月、放置 6 个月的 10 g 天然铀中可以分出多少^{85}Kr？$A=85$ 的同量异位素裂变产额是 1.32%，^{235}U 在天然铀中的风度是 0.7%，^{235}U 的裂变截面是 582 b。

解：^{85}K 的半衰期为 10.76 a，^{235}U 辐照 1 个月，冷却 6 个月，^{85}K 的量为：

$$A(t,t')=\frac{mHL\sigma\phi}{M}(1-e^{-\lambda t})e^{-\lambda t'}$$

$$=\frac{10\times0.007\times6.02\times10^{23}\times1.32\times10^{-2}\times582\times10^{-24}\times10^{14}}{238.03}\times\left(1-e^{\frac{-0.693\times1}{12\times10.75}}\right)\times e^{\frac{-0.693\times0.5}{10.76}}$$

$$=7.05\times10^8\ \text{Bq}$$

例 3：为了测定样品中铜含量，1 g 样品在反应堆内 10^{12} 中子/cm^{2}s 通量密度下辐照 10 h。把铜分离出来，分离时间 2 h，收率 72%，在效率为 48%的探测器上测得计数率为 23 500 cpm，样品中铜含量（以 ppm 表示）是多少？（注：辐照结束后 2 h，^{66}Cu（$T_{1/2}=$ 5.1 min）实际上已衰变完，测量到的智商半衰期 12.7 的^{64}Cu。^{64}Cu 由同位素风度 69.09%的^{63}Cu 生成，$\sigma=4.51$ b）

^{63}Cu 的活度为：$A(t,t')=\frac{\text{dpm}}{60}=\frac{\text{cpm}}{60\times E\times Y}=\frac{23500\times100\times100}{60\times48\times72}$

$$A(t,t')=\frac{mHL\sigma\phi}{M}(1-e^{-\lambda t})e^{-\lambda t'}\ \frac{23500\times100\times100}{60\times48\times72}$$

$$=\frac{m\times0.6909\times6.02\times10^{23}\times4.51\times10^{-24}\times10^{12}}{63.55}\times\left(1-e^{\frac{-0.693\times10}{12.7}}\right)\times e^{\frac{-0.693\times2}{12.7}}$$

$m=1.02\times10^{-7}$ g

即铜的含量为 0.1 ppm 。

第 6 章　天然放射性元素化学

6.1　放射性核素概况

目前,已发现的放射性核素达 2 000 多种。元素周期表中,每一种元素都可以有或多或少的放射性同位素。放射性核素广泛分布在自然界中,存在于矿石、山岩、土壤、水域以及生物体的组织中。表 6.1 给出了一些放射性核素在人体内的含量。

表 6.1　人体中每 70 kg 质量所含放射性核素的量

放射性核素	原子数	放射性/Bq
^{3}H	2.0×10^{10}	37
^{14}C	7.5×10^{14}	3×10^{3}
^{40}K	2.4×10^{20}	4×10^{3}
^{226}Ra	2.0×10^{11}	2.8
^{228}Ra	5.5×10^{8}	1.9
^{210}Po	6.3×10^{9}	7.4
^{238}U	5.0×10^{16}	0.24
^{235}U	3.6×10^{14}	0.011

凡具有放射性的核素称为放射性核素,全部由放射性核素组成的元素称为放射性元素。放射性核素分为天然放射性核素和人工放射性核素两大类。天然放射性核素,从地球形成的时候起,就一直存在于自然界。显然,其半衰期应该很长,或者是由半衰期很长的放射性核素衰变而来,或者是由宇宙射线与地球上的某些核素发生核反应得来。人工放射性核素是由于通过核反应人工合成的。随着核技术的发展,很多天然放射性核素也可以通过核反应人工合成;而某些过去认为只有通过人工合成的核素,也可能发现存在于自然界,以及可能发现某些过去认为是稳定的核素,实际上是具有非常长半衰期的天然放射性核素。

6.1.1　放射系与非放射系

若干放射性核素彼此按特定的衰变关系相关联,最终衰变成为一种稳定的核素,这些核素所组成的系列称为放射系。天然放射性核素分属两种情况:从原子序数 92(铀)到 80(汞)共达 50 个核素分属 3 个天然放射系,其余的放射性核素属于非放射系,核素彼此之间不存在特定的衰变关系,而是各自独立地存在于自然界。如 ^{3}H、^{14}C 以及 ^{40}K、^{87}Rb 等。

自然界存在的 3 个天然放射系是铀系、锕系和钍系，3 个系的共同点是：

1）各具有一个长寿命的“祖先”核素。它们的寿命大于或接近于地球的年龄。因此，至今仍能存在于地球上。

2）最终产物都是稳定的铅同位素。

3）中间有气体元素氡的同位素产生，因此铀、钍矿物暴露在大气中很容易造成大区域的污染。

4）氡衰变后生成的产物都是一些金属元素的放射性同位素，它们容易沉积在与氡相接触的物体表面，称为放射性淀质。

3 个放射系中的衰变顺序大致相同。3 个天然放射系中，铀系的起始核素是 ^{238}U(UI)、最终的稳定核素是 ^{206}Pb(RaG)，锕系的起始核素是 ^{235}U(AcU)，最终的稳定产物是 ^{207}Pb(AcD)；钍系的起始核素是 ^{232}Th，最终的稳定产物是 ^{208}Pb(ThD)。3 个天然放射系示意图如图 6.1、图 6.2、图 6.3 所示。

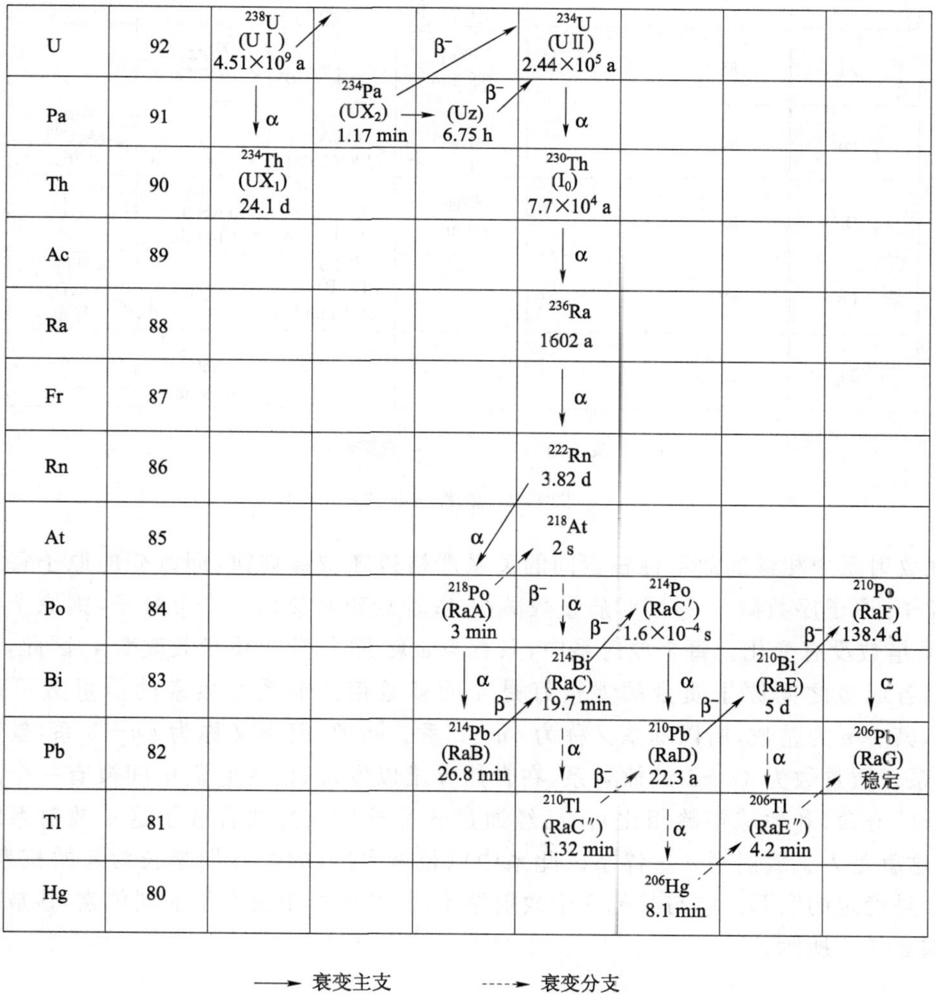

图 6.1　铀系(4n+2)

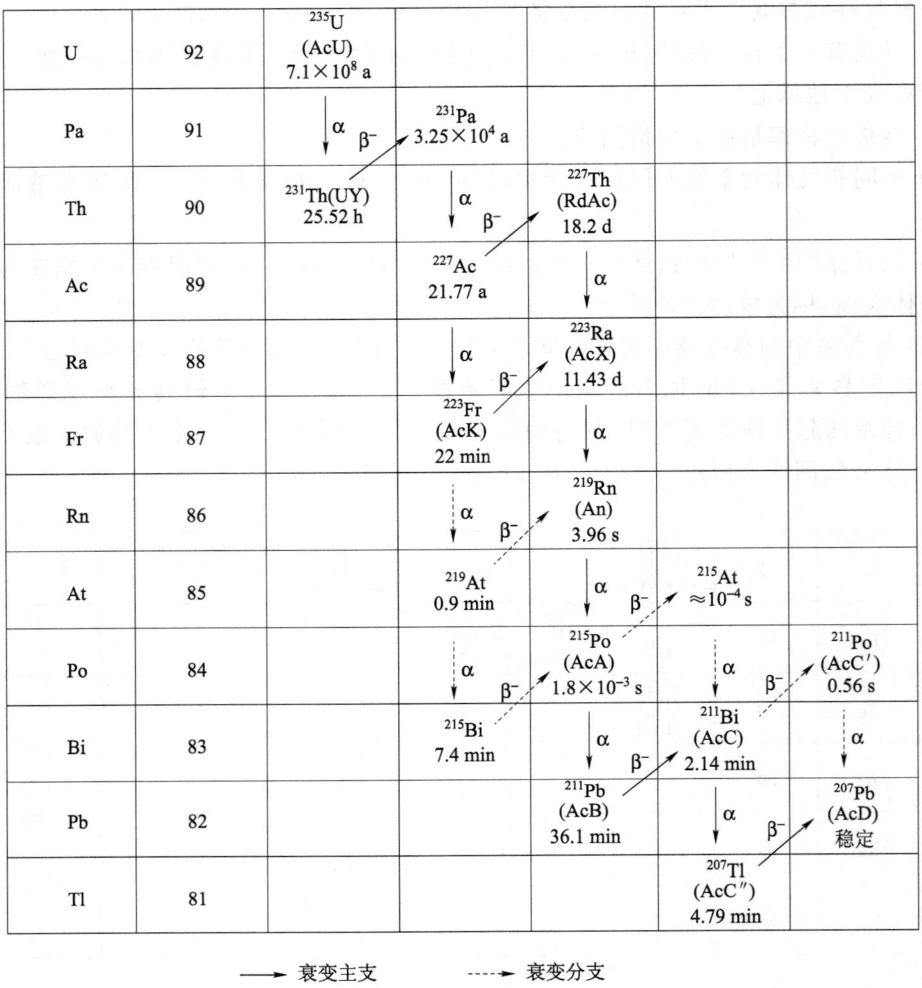

图 6.2 锕系(4n+3)

在放射系中相继的放射性核素间的关系严格遵守位移规律，即衰变的原子每放出一个 α 粒子，原子序数减少 2，同时质量数减少 4；若衰变时放出一个 β 粒子，则原子序数增加 1，质量数没有变化。每个放射系中，只有当 α 衰变时，原子质量数改变 4，因此，同一放射系中各成员之间原子质量的差恰好是 4 的整数倍。铀系各核素的质量数可表示为 $4n+2$，其中 n 为整数，所以铀系又称为 $4n+2$ 系。同理，锕系又称为 $4n+3$ 系，钍系又称为 $4n$ 系。质量数为 $4n+1$ 的放射系，在自然界难以发现，因为它们中间没有一个成员有足够长的寿命(和地球年龄相比)。已经通过各种核反应方法合成了这一放射系的全部成员，这就是人工放射系——镎系。此系中以核素 ^{237}Np 的半衰期最长为起始核素，最终的核素是稳定的 ^{205}Tl。它与其他 3 个放射系不同，其成员中没有氡的同位素，该放射系示意图如图 6.4 所示。

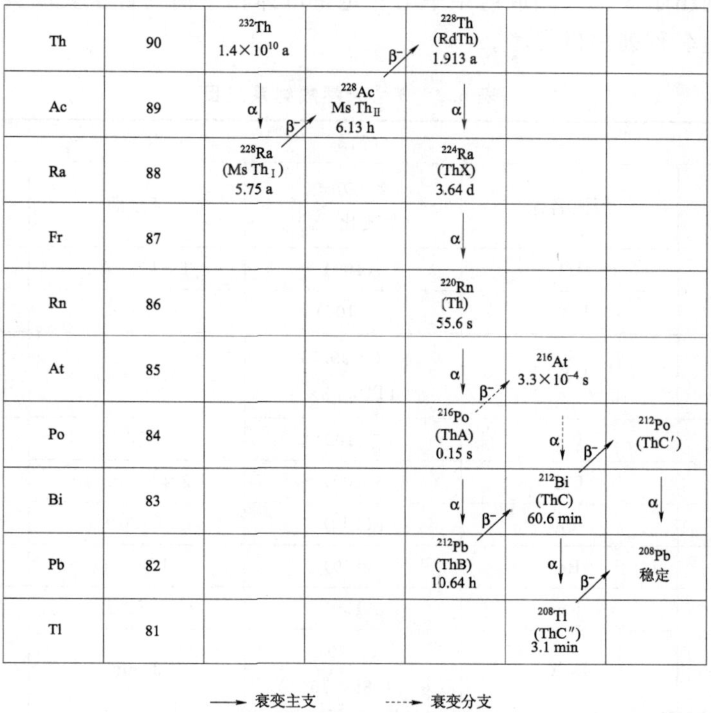

图 6.3　钍系(4n)

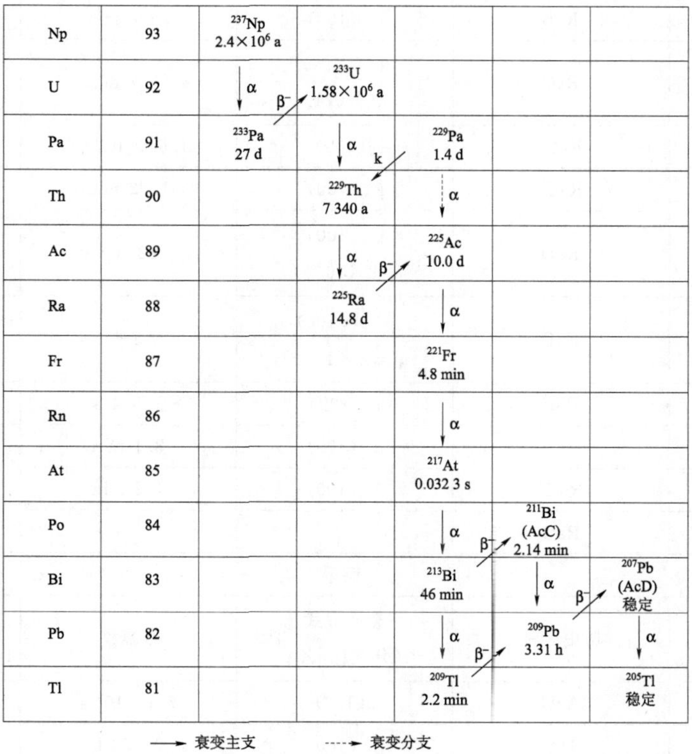

图 6.4　镎系(4n+3)

表 6.2 中列出了 3 个天然放射系中与一定量母体相平衡的各主要成员的质量。并将放射系成员的历史名称列出供参考。

表 6.2　3 个天然放射系成员

铀系				
核素	历史名称	衰变方式（分支比/%）	半衰期	与 1 t^{238}U 相平衡的质量/g
^{238}U	U1	α(100)	4.51×10^{9} a	10^{6}
^{234}Th	UX_1	β^-(100)	24.1 d	1.44×10^{-5}
^{234m}Pa	UX_2	β^-(≈99.7) IT(0.33)	1.17 min	4.85×10^{-10}
^{234}Pa	UZ	β^-(100)	6.75 h	2.19×10^{-10}
^{234}U	UII	α(100)	2.44×10^{5} a	53.2
^{230}Th	Io	α(100)	7.7×10^{4} a	16.5
^{226}Ra	Ra	α(100)	1 602 a	0.337
^{222}Rn	Rn	α(100)	3.82 d	2.16×10^{-6}
^{218}Po	RaA	α(>99) β^-(1.85×10^{-2})	3 min	1.16×10^{-9}
^{218}At		α(>99) β^-(0.1)	2 s	2×10^{-15}
^{214}Pb	RaB	β^-(100)	26.8 min	1.02×10^{-8}
^{214}Bi	RaC	β^-(>99) α(0.021)	19.7 min	7.47×10^{-9}
^{214}Po	RaC′	α(100)	1.64×10^{-4} s	1.04×10^{-15}
^{210}Tl	RaC″	β^-(100)	1.32 min	1.03×10^{-13}
^{210}Pb	RaD	β^-(100) α(2×10^{-6})	22.3 a	4.36×10^{-3}
^{210}Bi	RaE	β^-(≈100) α(1.3×10^{-4})	5 d	2.7×10^{-6}
^{210}Po	RaF	α(>99)	138.4 a	7.46×10^{-5}
^{206}Hg		β^-(100)	8.1 min	5.9×10^{-17}
^{206}Tl	RaE″	β^-(100)	4.2 min	1.99×10^{-15}
^{206}Pb	RaG			
锕系				
核素	历史名称	衰变方式（分支比/%）	半衰期	按标准天然丰度与 1 t^{238}U 相平衡的质量/g
^{235}U	AcU	α(100)	7.1×10^{8} a	7 100
^{231}Th	UY	β^-(100)	25.52 h	2.86×10^{-8}
^{231}Pa	Pa	α(100)	3.25×10^{4} a	0.318

续表

核素	历史名称	衰变方式（分支比/%）	半衰期	按标准天然丰度与1 t^{238}U相平衡的质量/g
^{227}Ac	Ac	β^-(98.6) α(1.4)	21.8 a	2.11×10^{4}
^{227}Th	RdAc	α(100)	18.2 d	4.81×10^{-7}
^{223}Fr	AcK	β^-(>99) α(5×10^{-3})	22 min	5.5×10^{-12}
^{223}Ra	AcX	α(100)	11.4 d	2.96×10^{-7}
^{219}Rn	An	α(100)	3.96 s	1.16×10^{-12}
^{219}At		α(≈97) β(≈3)	54 s	7.98×10^{-16}
^{215}Po	AcA	α(>99)	1.8×10^{-3} s	5.22×10^{-16}
^{215}Bi		β^-(100)	7.4 min	6.4×10^{-15}
^{211}Pb	AcB	β^-(100)	36.1 min	6.17×10^{-10}
^{211}Bi	AcC	α(99.7) β^-(0.28)	2.14 min	3.65×10^{-11}
^{211}Po	AcC′	α(100)	0.56 s	4.46×10^{-16}
^{207}Tl	AcC″	β^-(100)	4.79 min	8.00×10^{-11}
^{207}Pb	AcD			

钍系

核素	历史名称	衰变方式（分支比/%）	半衰期	与1 t^{232}Th相平衡的质量/g
^{232}Th	Th	α(100)	1.4×10^{10} a	10^{6}
^{228}Ra	MsTh$_1$	β^-(100)	5.75 a	4.04×10^{-4}
^{228}Ac	MsTh$_2$	β^-(100)	6.13 h	4.91×10^{-8}
^{228}Th	RdTh	α(100)	1.913 a	1.34×10^{-4}
^{224}Ra	ThX	α(100)	3.64 d	6.88×10^{-7}
^{220}Rn	Tn	α(100)	55.6 s	1.19×10^{-10}
^{216}Po	ThA	α(100)	0.150 s	3.16×10^{-13}
^{212}Pb	ThB	β^-(100)	10.64 h	7.92×10^{-8}
^{212}Bi	ThC	α(36) β^-(64)	60.6 min	7.53×10^{-9}
^{212}Po	ThC′	α(100)	3.05×10^{-7} s	4.07×10^{-19}
^{208}Tl	ThC″	β^-(100)	3.1 min	1.36×10^{-10}
^{208}Pb	ThD			

非放射系的核素，自然界存在两种类型。一类是残存的长寿命的放射性物质，它们在元

素形成的时候(4.5×10^9 a 以前)就已存在，由于它们的半衰期长，现在还有一部分残存下来，其放射性核素在经过一段时间衰变后，剩余的分数 f 可用下式表示：

$$f=2^{-2}\approx10^{-0.3n} \tag{6.1}$$

式中：n 是经过的半衰期数。现代的实验技术能够发现 $f=10^{-6}$ 的残存放射性核素，这相当于经过 20 个半衰期。因此在现有条件下，对残存的天然放射性核素的探测下限约为 2×10^8 a(22.5 个半衰期)。

另一类是自然界核反应过程产生的，其半衰期不长，称为短寿命放射性核素，如^3H、^{14}C等。表 6.3 列出了非放射系的天然放射性核素。

表 6.3 非放射系的天然放射性核素

核素	天然元素中核素含量/%	半衰期/a	衰变种类	核素	天然元素中核素含量/%	半衰期/a	衰变种类
^3_1H		12.46	β^-	$^{130}_{52}Te$	34.11	1.4×10^{21}	β^-
$^{14}_6C$		5 570	β^-	$^{138}_{57}La$	0.089	7×10^{10}	α
$^{40}_{19}K$	0.011 9	1.31×10^9	β^-	$^{142}_{58}Ce$	11.7	5.1×10^{15}	α
$^{48}_{20}Ca$	0.179	2×10^{16}	β^-	$^{144}_{60}Nd$	23.87	5×10^{15}	β^-或 α
$^{50}_{23}V$	0.24	6×10^{15}	EC,β^-	$^{150}_{60}Nd$	5.60	5×10^{10}	β^-
$^{87}_{37}Rb$	27.85	4.8×10^{10}	β^-	$^{147}_{62}Sm$	15.07	1.06×10^{11}	α
$^{96}_{40}Zr$	2.80	6.2×10^{16}	β^-	$^{148}_{62}Sm$	11.3	8×10^{15}	α
				$^{152}_{64}Gd$	0.20	1.1×10^{14}	α
$^{113}_{48}Cd$	12.30	$\approx2\times10^{17}$	β^-	$^{176}_{71}Lu$	2.60	3.6×10^{10}	β^-
				$^{174}_{72}Hf$	0.16	2×10^{15}	α
$^{113}_{49}In$	4.23	$>10^{15}$	β^-	$^{180}_{73}Ta$	0.012	1×10^{12}	β^-或 EC
				$^{180}_{74}W$	0.13	2.2×10^{17}	α
$^{115}_{49}In$	95.77	6×10^{14}	β^-	$^{187}_{75}e$	62.60	4×10^{10}	β^-
$^{124}_{50}Sn$	6.11	1.5×10^{17}	β^-	$^{190}_{78}Pt$	0.013	6×10^{11}	α
$^{123}_{51}Sb$	42.75	$>10^{14}$	EC	$^{192}_{78}Pt$	0.78	$\approx10^{15}$	?
$^{123}_{52}Te$	0.88	$>10^{13}$	EC	$^{192}_{79}Au$	0.78	$\approx10^{15}$	?

注：半衰期来自不同资料，有差异。

6.1.2 放射性元素/核素的来源

1) 在自然界中，存在许多天然放射性核素，大多数属于天然放射系(铀系、锕系和钍系)，少数不成系列的天然放射性核素，如^{40}K、^{87}Rb 等；它们的半衰期都很长，它们在元素形成的时候(4.5×10^9 a 以前)就已存在，即从地球形成时起，就一直存在于地壳中。

2）自然界核反应过程产生。在自然界中存在许多短寿命的放射性核素，它们是由自然界的核反应过程不断产生的。比如自然界中重要放射性核素^{14}C和^{3}H是宇宙射线与大气作用的产物。地壳中铀核自发裂变和α粒子的(α,n)反应会产生天然中子，中子实际上可与所有化学元素作用，并生成放射性核素。如^{3}H、^{239}Pu、^{237}Np和^{233}U等。

3）核爆炸产生。20 世纪 40 年代以来，爆炸过大量的原子弹和氢弹装置，核爆炸产物遍布地球表面。在核爆炸中，^{235}U或^{239}Pu分裂时放出大量中子，中子作用于周围物质，生成放射性核素；裂变本身产生大量裂片放射性核素，如^{85}Kr、^{90}Sr、^{137}Cs。同时，热核闪爆过程中，还可合成超铀元素，如^{245}Pu、^{246}Cm、^{252}Cf、^{253}Es、$^{253,225}Fm$等。

4）人工合成。人类利用核反应堆，加速器等装置实现各种人工核反应如(n,α)、(n,p)、(n,f)和(n,γ)反应以及(p,n)、(d,n)、(d,α)、(α,n)反应生产各种放射性核素。同时，还从辐照过的核燃料中，提取裂片放射性核素。用中子源照射生产放射性核素也是一个重要来源，如医用放射性同位素发生器的使用。

6.1.3　放射性应用

随着原子能科学技术的发展，放射性核素的应用已越来越广泛。随着放射性物质生产规模的不断扩大，放射性核素在国民经济各个领域的应用必将越来越多。例如人工反应堆生产的超铀元素，早已达到商用规模，比如，全世界钚的储量已有数百吨之多；仅以欧洲共同体而言，目前总积累量就已达到：90 t ^{239}Pu、1 t ^{238}Pu、3 t ^{241}Am和 100 kg ^{242}Cm等。所以，放射性核素应用的前景是极为广阔的。除了作为核燃料的铀、钍和钚外，目前，已有上百种放射性核素在工业、农业、国防和医药卫生等领域应用。放射性核素的应用大致可分为以下几个方面：

1）核武器与核电站的燃料元件。军事上的需要，是原子能事业最先发展的领域，^{235}U、^{239}Pu、^{238}U是生产原子弹的原材料，接着大量需要的应用领域是核电站，核燃料是人类继煤、石油之后，最现实，最有希望的一种能量资源。

2）科学研究领域的特殊能源。将放射性核素的衰变能转变成电能的放射性核素电池，已经在人造卫星、宇宙飞船、高山或海底考察站得到应用。如^{90}Sr、^{242}Cm、^{238}Pu、^{147}Pm等核素电池的使用。

3）工业领域的应用。放射性核素作为一种重要的辐射源，而在工业技术领域广泛使用。利用辐射源制成的各种仪表，在工业上用于测试、报警、探伤等；利用放射性核素的辐射化学在化学催化、化学合成和聚合方面早已应用；利用放射性核素作为示踪剂，在分析、测试与理论研究方面早已广泛应用，合成的放射性标记化合物超过 1 000 种。

4）农业方面的应用。利用放射性核素的辐射作用进行育种，对农产品的保鲜以及防治病虫害，具有特殊的应用价值，是农业现代化的一个重要课题，同时，在农业生产的其他研究领域，如作物的营养代谢、农药在作物体内的运行等，也应用放射性核素。

5）放射性核素在诊断、治疗和医学研究等 3 个方面广泛应用于医学领域。目前，世界上生产的各种放射性核素约 80%～90%用于医学。为医学提供了一种灵敏、快速的测试手段和特殊的治疗方法，为临床诊断和治疗开辟了新了途径，是医学现代化的一个重要标志。

考虑到医用放射性核素的特殊要求，如高纯度、合适的比度、适宜的半衰期以及对机体基本无害等，除了通过反应堆和加速器生产，供应产地附近使用外，目前广泛使用的是放射性同位素发生器(俗称“母牛”),以满足远离反应堆和加速器的地区使用短寿命的放射性核素。以下对医用放射性同位素发生器(母牛)做较多介绍。

6) 医用放射性同位素发生器

放射性同位素发生器,也称核子发生器,是由一对母、子体放射性核素组成的装置,其中母体核素的半衰期较长,子体核素的半衰期较短,子体与母体处入放射平衡(暂时平衡)。这样,母体核素就成为不断提供子体核素的方便来源。把子体从母体分离出来后,母体仍然不断产生子体,并重新恢复放射性平衡。这样,就可反复地从该装置中分离出一定量的子体核素供临床使用。这与母牛挤奶相似,故俗称“母牛”。

根据母体和子体核素分离技术的不同,核子发生器主要有3种类型:柱色层发生器、溶剂萃取发生器和升华发生器。溶剂萃取发生器是根据母体和子体核素在萃取体系中具有不同的分配系数而制成的;升华发生器是根据母体和子体具有不同的升华温度而制成的;它们都能产生高浓度的子体核素,但设备较复杂,使用不够普遍。目前常用的是柱色层发生器。它是以色层柱的形式制成的核子发生器,如图6.5所示。它是根据母体和子体核素在某些吸附剂上吸附能力的不同来分离出子体核素的。例如,常用的^{99}Mo-^{99m}Tc核子发生器,就是利用母体^{99}Mo的化学物能被发生器中的吸附剂吸附,而其子体^{99m}Tc的化学物不被吸附的原理,在使用时选用适当的淋洗剂(如生理盐水)就可将子体核素淋洗出来,供直接使用。

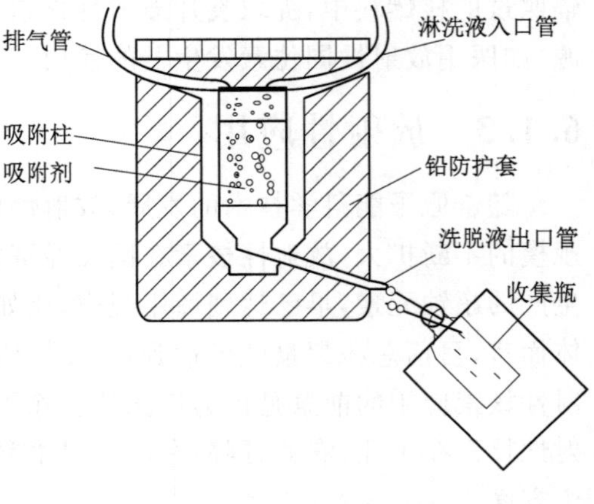

图6.5 ^{99m}Tc发生器装置示意图

通常,核子发生器洗脱液中子体核素的放射性活度可通过相对测量来求得。例如,洗脱液中^{99m}Tc的放射性活度就可通过与^{141}Ce等参考源在井型闪烁计数器中进行相对测量后求得。

其计算式如下:

$$A_{Tc}=\frac{0.48A_{Ce}}{N_{Ce}}\cdot\frac{N_{Tc}P}{0.90} \tag{6.2}$$

式中:A_{Tc}是洗脱液中^{99m}Tc的放射性活度,Bq;

A_{Ce}是经衰变校正后的^{141}Ce参考源的放射性活度,Bq;

N_{Ce}是井型闪烁探头测得的^{141}Ce参考源的计数率,pps;

N_{Tc}是在与^{141}Ce相同条件下用井型闪烁探头测得的^{99m}Tc放射源的计数率,pps;

P是供测量用的^{99m}Tc放射源的稀释倍数;

0.9是^{99m}Tc在闪烁探头上测量时的内转换系数;

0.48是^{141}Ce衰变时0.145 4 MeVγ射线所占的分支比。

若闪烁探头是大于3英寸×3英寸的井型晶体,测量效率为100%,即$0.48A_{Ce}/N_{Ce}\approx 1$。则上式简化为$A_{Tc}=N_{Tc}P/0.9$。

柱色层发生器的设备简单,运输方便,也容易操作,易于普遍使用。

核子发生器有如下特点:

1）从核子发生器中得到的子体核素，大多数是短寿命的，且无载体，放出能量适宜（几十到几百 keV）的纯 γ 射线，使用安全，还可在较短时间内重复使用。废物处理简单，环境污染轻微。

2）化学分离简便、快速。

3）得到的子体核素均为高纯度的无载体产品，避免了有害化学杂质的掺杂。

4）可提供反应堆和加速器难以生产的重要核素，如医用的放射性核素^{99m}Tc、^{113m}In 等。并可从核子发生器中反复多次提取子体核素。

医用放射性核素发生器的种类很多，常用的医用核素发生器见表 6.4。目前，应用得最多的是^{99}Mo-^{99m}Tc“母牛”和^{113}Sn-^{113m}In“母牛”。

表 6.4 几种医用核子发生器

序号	母体核素 子体核素 衰变产物	子体核素的粒子能量/MeV
1	$^{47}Ca \xrightarrow{\beta^-,4.55\ d} {}^{47}Sc \xrightarrow{\beta^-,3.41\ d} {}^{47}Ti$	0.159 4
2	$^{68}Ge \xrightarrow{EC,287\ d} {}^{68}Ga \xrightarrow{EC,\beta^+,68.3\ min} {}^{68}Zn$	0.511 1.077 5
3	$^{81}Rb \xrightarrow{EC,\beta^+,4.58\ h} {}^{81m}Kr \xrightarrow{\gamma,13.3\ s} {}^{81}Kr$	0.190
4	$^{82}Sr \xrightarrow{EC,25\ d} {}^{82}Rb \xrightarrow{EC,\beta^+,1.25\ min} {}^{82}Kr$	0.511 0.776 6
5	$^{87}Y \xrightarrow{EC,\beta^+,80.3\ h} {}^{87m}Sr \xrightarrow{\gamma,2.80\ h} {}^{87}Sr$	0.388 4
6	$^{99}Mo \xrightarrow{\beta^-,66.02\ h} {}^{99m}Tc \xrightarrow{\gamma,6.02\ h} {}^{99}Tc$	0.140 51
7	$^{113}Sn \xrightarrow{EC,115.2\ d} {}^{113m}In \xrightarrow{\gamma,1.658\ h} {}^{113}In$	0.391 7
8	$^{132}Tc \xrightarrow{\beta^-,78\ h} {}^{132}I \xrightarrow{\beta^-,2.28\ h} {}^{132}Xe$	0.522 6 0.667 7
9	$^{137}Cs \xrightarrow{\beta^-,30.17\ a} {}^{137m}Ba \xrightarrow{\gamma,2.55\ min} {}^{137}Ba$	0.661 64
10	$^{191}Os \xrightarrow{\beta^-,15.4\ d} {}^{191m}Ir \xrightarrow{\gamma,4.88\ s} {}^{191}Ir$	0.129 40
11	$^{90}Sr \xrightarrow{\beta^-,28.8\ a} {}^{90}Y \xrightarrow{\beta^-,64.2\ h} {}^{90}Zr$	2.270

6.2 铀化学

早在 1789 年，M. H. 克拉普罗特(Klaproth)就发现了铀，但直到 1939 年 Hahn 等发现了铀的核裂变现象后，铀及其化合物才引起人们的重视，从此铀化学得到迅速发展。已知铀的核素有 16 种，即^{226}U-^{240}U 和一种同质异能素。天然存在的铀是^{234}U、^{235}U 和^{238}U 3 种核素的混合物，它们的情况列于表 6.5，^{234}U 和^{238}U 同属一个天然放射系（$4n+2$ 系），^{238}U 经 α 和 β 衰变生成^{234}U。在自然界，这两种核素的原子数比为常数值，即等于他们的半衰期之比。^{235}U 则属于另一个天然放射系（$4n+3$ 系）。其余均为人工放射性核素。

表 6.5 铀的天然放射性核素

核素	丰度/%	半衰期/a	衰变方式（分支比/%）	粒子主要能量/MeV	放射性比活度/(Bq/mg)
^{234}U	0.005 5	2.44×10^5	α(≈100),SF(≈10^{-9})	4.773(72.5%) 4.723(27.5%)	2.3×10^5
^{235}U	0.714	7.1×10^8	α(≈100)	4.401(56%) 4.365(12%)	79.4
^{238}U	99.27	4.51×10^9	α(>99),SF (≈4.55×10^{-5})	4.196(77%) 4.149(23%)	12.4

具有重要意义的人工铀核素是^{239}U和^{233}U。^{239}U是制备^{239}Pu的中间产物。^{233}U是很有前途的人工核燃料。

6.2.1 铀的来源

铀在自然界分布得相当广泛。铀在地壳中的平均含量为 3～4 ppm(1 ppm＝10^{-6})，大约相当于地壳内铜的浓度。大部分铀位于火山岩中，土壤内的含量为 0.12～0.93 ppm。仅有极少的铀聚集在矿石中。由于风化过程中铀转为可溶性状态，故在河水中含有 0.05～0.000 8 ppm 的铀。在海水中铀的含量约为 3～4 mg/L。海洋中铀的总储量达 40 亿吨。

铀以化合物状态存在于自然界中。目前已知的铀矿物和含铀矿物约有 200 多种，其中二三十种具有实际开采价值，沥青铀矿、晶质铀矿、钒酸钾铀矿等是现在铀矿中最主要的矿。

铀的人工核素是通过人工核反应产生的。如^{233}U是由^{232}Th俘获中子后经衰变而来的。

6.2.2 金属铀

铀是一种有银白色光泽的金属，比铜稍软。比重为 19.02 g/cm^3，熔点为 1 132.3 ℃，沸点为 3 818 ℃。早期，铀仅用作玻璃、陶瓷和珐琅的着色剂。后来，由于核裂变现象的发现，铀成为一种重要的核燃料，其中，^{235}U为易裂变核素，即它可在反应堆的中子照射下发生链式裂变反应，同时放出大量的能量成为人们可利用的能源；^{238}U为可转换核素，即它在反应堆的中子照射下可转变为易裂变核素^{239}Pu：

$$^{238}U(n,\gamma)^{239}U \xrightarrow{\beta^-,23.5\ min} {}^{239}Np \xrightarrow{\beta^-,2.35\ d} {}^{239}Pu$$

^{233}U也是一种易裂变核素，它是由^{232}Th通过反应堆中子照射生成的。此处，还可用作钢及其他金属冶炼的配料，有机合成中的触媒，橡胶工业中的防老剂和增硬剂等。少量金属铀在电子管制造中可作为氢、氧等的除气剂，用于纯化电子管中的稀有气体。

铀的化学性质极其活泼，它能与除惰性元素以外的所有元素反应。

块状铀在空气中缓慢地氧化，表面迅速变成黄色，最后转变为黑色的非保护膜(这种膜不能防止铀进一步被氧化)。粉末状的铀在空气中能自燃。铀氧化时形成 UO_2 和 U_3O_8。

铀块与沸腾的水(或水蒸气)作用，反应剧烈，分解水产生出氢气，氢又与铀作用形成 UH_3；而粉末状的铀在 25 ℃时，就能分解水。铀与水作用的反应如下：

$$7U + 6H_2O \longrightarrow 3UO_2 + 4UH_3$$

由于 UH_3 的生成，使铀块容易破碎，加快了水对铀侵蚀。在反应堆中，为避免铀与水起反应，燃烧元件通常采用铝、锆、或不锈钢包壳。

铀在酸中溶解时生成+3、+4 或+6 价铀的盐类。

金属铀可溶于硝酸，致密的铀与硝酸反应很慢，而粉末状的铀与硝酸反应导致爆炸。生成 $UO_2(NO_3)_2$。

铀易溶于盐酸，并生成 UCl_3 和 UCl_4 的混合物。盐酸浓度升高，比如在 12 mol/L HCl 中，只生成 UCl_4。当铀溶于 HCl(HBr)时，有黑色的残渣沉淀物，这可能是铀的羟基氢化物 HO-UH-OH。

铀与 H_2SO_4、$HClO_4$、H_3PO_4 不起作用，但当有氧化剂 H_2O_2 或 HNO_3 存在下发生反应。

铀与碱不发生作用，但能与含 H_2O_2 或 Na_2O_2 的碱溶液作用，生成可溶性的过铀酸盐。

6.2.3 铀的重要化合物

(1) 氧化物

铀-氧体系是很复杂的二元体系，存在着多种氧化物，主要有二氧化铀(UO_2)、八氧化三铀(U_3O_8)、三氧化铀(UO_3)和过氧化铀(UO_4)几种，其中最稳定的是 U_3O_8，其次是 UO_2。

二氧化铀：UO_2 是一种暗红色粉末，比重为 10.87 g/cm³，熔点为 2 865 ℃。在氧气中，粉末状的 UO_2 会着火，生成 U_3O_8。当不存在氧气时，二氧化铀在强酸中溶解，生成四价铀盐的绿色溶液。UO_2 溶于 HNO_3 中可制得亮黄色的硝酸铀酰溶液：

$$3UO_2+8HNO_3 \longrightarrow 3UO_2(NO_3)_2+2NO\uparrow+4H_2O$$

UO_2 不溶于水和碱，在含有 H_2O_2 的碱或碳酸盐溶液中，UO_2 能迅速溶解，生成过氧铀酸盐：

$$UO_2+4H_2O_2+4NaOH \longrightarrow Na_4UO_8+6H_2O$$

UO_2 是动力反应堆中广泛使用的燃料，动力反应堆多将 ^{235}U 丰度较高的 UO_2 粉末压制成型(如短圆柱或片状)，烧结后装在精密加工的锆管中，即成为反应堆用的燃料元件。UO_2 也是制备 UF_4 的原料。

八氧化三铀：在自然界存在于沥青铀矿中，U_3O_8 是铀最稳定的一种氧化物，其颜色随制备条件的不同而呈现橄榄绿、墨绿色或黑色。

U_3O_8 不溶于水和各种稀酸，仅溶于浓的强酸中。在盐酸和硫酸中生成四价铀盐和铀酰盐的混合溶液，如：

$$U_3O_8+4H_2SO_4 \longrightarrow 2UO_2SO_4+U(SO_4)_2+4H_2O$$

而在硝酸中仅生成酰离子：

$$U_3O_8+8HNO_3(浓) \longrightarrow 3UO_2(NO_3)_2+2NO_2\uparrow+4H_2O$$

U_3O_8 是唯一能在 500 ℃以上的空气中稳定存在的铀的氧化物，其组成固定，通常作为重量法测定铀的基准物质。

三氧化铀：UO_3 随制备方法的不同，可从红色到橙黄色。在水中的溶解度很小，仅为 1.2×10^{-3} g/100 g 水。UO_3 易于潮解，在潮湿的环境中迅速变成水合物。

UO_3 为两性氧化物，与酸作用生成铀酰盐如 $UO_2(NO_3)_2$，与碱作用生成难溶的铀酸盐

如 Na_2UO_4 或重铀酸盐如 $(NH_4)_2U_2O_7$，因此 UO_3 又称为铀酸酐。UO_3 与 $NaHCO_3$ 反应如下：

$$UO_3 + 4NaHCO_3 \longrightarrow Na_4[UO_2(CO_3)_3] + CO_2\uparrow + 2H_2O$$

过氧化铀（$UO_4 \cdot xH_2O$），过氧化铀难溶于水，但能溶于无机酸而转化为铀酰盐。如：$UO_4 \cdot 2H_2O + H_2SO_4 \longrightarrow UO_2SO_4 + H_2O_2 + 2H_2O$，也可溶于碱性溶液，形成深黄色的过氧铀酸盐溶液。

(2) 卤化物

铀的卤化物的稳定性随卤素原子序数增加而递降，如六价铀卤化物中，UF_6 最稳定，其挥发性则随它的氧化态增高而显著提高，如三卤化物难挥发，而六卤化物（UF_6 和 UCl_6）挥发性很强，铀的卤化物以氟化物（UF_4 和 UF_6 为代表）为最重要。

四氟化铀：UF_4 是绿色晶状物质，工业上称为绿盐。它是制备 UF_6 和金属铀的原料。UF_4 的熔点为 1 036 ℃，化学性质相当稳定，UF_4 不溶于硝酸和盐酸，在水中的溶解度仅为 1×10^{-4} mol/L（25 ℃）。但它能溶于草酸、草酸铵或碳酸铵中。四氟化铀吸湿性小，但在沸水中容易发生水解，水解产物在空气中可产生出有毒物 UO_2F_2。

六氟化铀：UF_6 是一种白色晶体，易挥发的化合物，在常温下能升华，在常压下其升华点为 56.5 ℃。此特性被用于气体扩散法浓集天然铀中的同位素 ^{235}U，所以 UF_6 是扩散分离铀同位素的适宜原料。UF_6 的化学性质很活泼，是一种强氧化剂和氟化剂。UF_6 与 H_2、N_2、HCl、烃等都能起氧化反应，而自身被还原。UF_6 在干燥空气中较稳定，但在潮湿空气中立即水解。若遇水发生强烈反应，生成具有强腐蚀性的极毒性气体中 HF 和 UO_2F_2，并释放出大量的热。

$$UF_6 + 2H_2O \longrightarrow UO_2F_2 + 4HF + \triangle$$

若在 NaOH 溶液中水解，生成重铀酸钠沉淀。

$$2UF_6 + 14NaOH \longrightarrow Na_2U_2O_7 + 12NaF + 7H_2O$$

六氟化铀对一般金属及有机物具有强烈的腐蚀作用。但在室温下，由于铜、铝和镍等金属材料被腐蚀后，其表面会形成一层氟化物的薄膜，因而具抗腐蚀作用。在高温下，镍和高镍合金是较好的耐 UF_6 腐蚀的材料。由于全氟化的有机物对 UF_6 是稳定的，所以聚四氟乙烯、聚三氟氯乙烯等含氟塑料对 UF_6 也很稳定，常用做衬填材料。由于 UF_6 遇水潮解产生 HF，若与玻璃作用：

$$6HF + SiO_2 \longrightarrow H_2SiF_6 + 2H_2O$$

反应一直进行到 UF_6 完全分解为止，因此不能用玻璃器皿装 UF_6。UF_6 与 KF、NaF 能生成复盐（$3NaF \cdot UF_6$、$3KF \cdot UF_6$），这些复盐在低于 100 ℃时是稳定的，高于 100 ℃时即分解，并重新转变为 UF_6。这一特性可用于六氟化铀的储存与精制。因为冷凝 UF_6 需花很长时间，而且耗能大，用生成 $3NaF \cdot UF_6$ 等以保存 UF_6，需用时再使 $3NaF \cdot UF_6$ 分解即可得 UF_6。

(3) 铀的盐类

四价铀盐：大多数的四价铀盐不溶于水，少数的四价铀盐如 $U(SO_4)_2 \cdot xH_2O$（x=2、4、8、9）和 UCl_4 等能溶解于酸性介质中，并能较稳定地存在；四价铀在中性或弱碱性介质中，易于水解，生成较难溶的氢氧化铀 $U(OH)_4$ 胶体。

氧化态为+6 的铀化合物是最稳定的，主要是以绿黄色并具有荧光的铀酰基 UO_2^{2+} 形式存在，也可以生成黄色的重铀酸根 $U_2O_7^{2-}$。

铀酰盐：铀酰离子 UO_2^{2+} 与酸根结合，形成铀酰盐。绝大多数铀酰盐是稳定的，而且易溶于水，在通常情况下，铀酰盐能生成复盐或络合物。只有少数的铀酰盐难溶于水，如亚铁氰化铀酰 $(UO_2)_2[Fe(CN)_6]$。所有固体铀酰盐受热都会分解，温度大于 700 ℃时则转变成八氧化三铀。铀酰盐具有两性性质，它在酸性介质中以 UO_2^{2+} 等离子形式存在，而在pH>5的介质中，则以难溶性重铀酸盐沉淀的形式析出，此性质常用来浓集铀或从含铀废水中除去铀：

$$2UO_2SO_4+6NaOH \longrightarrow Na_2U_2O_7+2Na_2SO_4+3H_2O$$

$$2UO_2SO_4+3CaO \longrightarrow CaU_2O_7\downarrow+2CaSO_4\downarrow$$

常见的有硝酸铀酰 $UO_2(NO_3)_2$、硫酸铀酰 UO_2SO_4、醋酸铀酰、草酸铀酰、三碳酸铀酰铵等。

硝酸铀酰 $[UO_2(NO_3)_2]$。极易溶于水，也溶于多种有机溶剂，与 TBP 形成中性溶剂络合物而被萃取，它在铀的溶剂萃取分离中具有重要意义。常见的是 $UO_2(NO_3)_2\cdot 6H_2O$，它是黄绿色透明结晶物。

硫酸铀酰 $[UO_2SO_4]$。在核燃料前处理工艺中，常以 H_2SO_4 浸取铀矿石，从而铀以硫酸根络阴离子形式进入溶液。UO_2SO_4 的重水溶液可以作为均相反应堆的燃料。$UO_2SO_4\cdot 3H_2O$ 是常见的一种柠檬黄的菱形晶体水合物，15 ℃时的溶解度为 17.4 g /100 g 水。

三碳酸铀酰铵 $[(NH_4)_4[UO_2(CO_3)_3]]$。它是淡黄色结晶，能溶于水，其水中溶解度随温度上升而增加，酸和碱都能使三碳酸铀酰铵破坏，与酸作用可得到铀酰离子，与碱作用则得到重铀酸盐沉淀。水溶液受热会发生分解反应：

$$(NH_4)_4[UO_2(CO_3)_3] \xrightarrow{100\ ℃} UO_2CO_3+4NH_3+2CO_2+2H_2O$$

在铀矿石浸取、铀的化学浓缩物的净化以及从有机相中反萃铀的过程中都会用到三碳酸铀酰盐。

铀酸盐类 UO_4^{2-} 为铀酸根、$U_2O_4^{2-}$ 为重铀酸根、$U_3O_{10}^{2-}$ 为三铀酸根。其中重铀酸盐是最重要的，常用的有重铀酸钠 $[Na_2U_2O_7]$、重铀酸铵 $[(NH_4)_2U_2O_7]$ 等都难溶于水，但极易溶于无机酸而重新转变为铀酰盐。黄色的重铀酸钠 $Na_2U_2O_7\cdot 6H_2O$ 加热脱水，得无水盐，叫做“铀黄”，应用在玻璃及瓷釉中作为宝贵的黄色颜料。向铀酰盐的溶液中加入氨水，便可得到亮黄色的 $(NH_4)_2U_2O_7$ 沉淀：

$$2UO_2SO_4+6NH_3+3H_2O \longrightarrow (NH_4)_2U_2O_7\downarrow+2(NH_4)_2SO_4$$

重铀酸铵 $[(NH_4)_2U_2O_7]$ 是水冶法生产铀的重要中间产品，称为化学浓缩物或“黄饼”。当它与碳酸铵作用时，则生成易溶性的三碳酸铀酰铵：

$$(NH_4)_2U_2O_7+6(NH_4)_2CO_3+3H_2O \longrightarrow 2(NH_4)_4[UO_2(CO_3)_3]+6NH_4OH$$

重铀酸铵是重量法测定铀时常用的沉淀形式，它经灼烧转变为 U_3O_8。

$$9(NH_4)_2U_2O_7 \xrightarrow{800\ ℃} 6U_3O_8+14NH_3+15H_2O+2N_2$$

6.2.4 铀的水溶液化学

在水溶液中铀生成 U^{3+}、U^{4+}、UO_2^{+}、UO_2^{2+} 4 种价态的离子。U(Ⅵ)价态是最稳定的状态，其次是 U(Ⅳ)价态。

U(Ⅲ)在溶液中U^{3+}形式存在。U^{3+}的水溶液呈玫瑰红色，在浓盐酸中呈深红色，较低的酸性溶液呈灰绿色。U^{3+}最易被氧化，所以它是一种强还原剂。U^{3+}不稳定，可与H_2O进行反应：

$$2U^{3+}+2H_2O \longrightarrow 2U^{4+}+H_2\uparrow+2OH^-$$

只有在惰性气体气氛下的酸溶液中U^{3+}离子才相当稳定。

U(Ⅳ)在溶液中以U^{4+}离子形式存在。U^{4+}的溶液显绿色，在空气中U^{4+}不稳定，可被溶液中的氧氧化：

$$2U^{4+}+O_2+2H_2O \longrightarrow 2UO_2^{2+}+4H^+$$

为了稳定溶液中U^{4+}的状态，可以加入与U^{4+}能形成络合物的酸，如硫酸、磷酸作为稳定剂。

U(Ⅴ)在溶液中以UO_2^+形式存在。它在水溶液中很不稳定，难以确定颜色，只在pH＝2～2.5狭窄范围内，UO_2^+较稳定。当pH值较大时发生水解，而酸度较大时，则发生歧化反应：

$$2UO_2^+ +4H^+ \longrightarrow UO_2^{2+}+U^{4+}+2H_2O$$

U(Ⅵ)是水溶液中最稳定的价态，呈亮黄色或黄绿色。在酸性或中性介质中，以UO_2^{2+}形式存在，在碱性介质中，以阴离子形式：UO_4^{2-}或$U_2O_7^{2-}$存在。

(1) 水解反应

水溶液中各种铀离子的水解能力取决于离子电荷的多少及离子半径的大小，按下列顺序递减：$U^{4+}>UO_2^{2+}>U^{3+}>UO_2^+$，$U^{3+}$和$UO_2^+$不稳定，水解行为被研究得甚少。

由于U^{4+}的电荷多，半径小，因而最容易发生水解，在pH＝2的溶液中即开始水解：

$$U^{4+}+H_2O \rightleftharpoons U(OH)^{3+}+H^+$$

随着溶液pH值的升高，可水解成多核离子$U[U(OH)_3]_n^{(n+4)+}$及聚合物$[U(OH)_4]_n$。这些高分子量的水解产物具有胶体性质，一旦形成，加酸也难以溶解，但可溶解于过量的碱中。U^{4+}的水解度随温度升高而增大。

UO_2^{2+}的水解能力低于U^{4+}。在水溶液中的状态随pH值变化而变化，pH＜2.5时，UO_2^{2+}是稳定的，pH＞2.5时，UO_2^{2+}开始水解，水解过程同时伴随聚合，最后生成复杂的氢氧化物沉淀。它是一种亮黄色物质，一般认为是一种具有两性性质的水合物$UO_3\cdot 2H_2O$或$UO_2(OH)\cdot H_2O$。UO_2^{2+}的水解程度随温度的升高而增加或随UO_2^{2+}浓度的降低而增加。

(2) 络合反应

各种价态铀的络合能力顺序与其水解次序一致，即：$U^{4+}>UO_2^{2+}>U^{3+}>UO_2^+$，$U^{4+}$的络合能力虽然比$UO_2^{2+}$强，但具有实际意义的都是$UO_2^{2+}$所形成的络合物。$UO_2^{2+}$和$U^{4+}$能与许多无机酸根和有机试剂形成络合物，广泛应用于铀的去污及生产工艺过程中。

UO_2^{2+}与SO_4^{2-}、CO_3^{2-}、$C_2O_4^{2-}$、Cl^-等阴离子形成络合物。UO_2^{2+}与SO_4^{2-}络合形成中性分子UO_2SO_4和络合离子$[UO_2(SO_4)_2]^{2-}$、$[UO_2(SO_4)_2]^{4-}$。UO_2^{2+}与SO_4^{2-}等形成的络阴离子容易被胺类萃取剂萃取或被阴离子交换树脂所吸附。比如在废水处理和监测中，常利用强碱性阴离子交换树脂来吸附$[UO_2(SO_4)_2]^{4-}$、$[UO_2Cl_4]^{2-}$等铀的络阴离子来回收铀或监测其含量。

UO_2^{2+} 与 CO_3^{2-} 形成的络合产物为 UO_2CO_3 和 $UO_2(CO_3)_2^{2-}$、$UO_2(CO_3)_3^{4-}$。其络合物的组成和稳定性随 pH 值有所变化。其中，UO_2^{2+} 与碱金属的碳酸盐生成的三碳酸铀酰络阴离子是较稳定的。

UO_2^{2+} 与 $C_2O_4^{2-}$ 络合生成 $UO_2C_2O_4$ 和 $UO_2(C_2O_4)_2^{2-}$、$UO_2(C_2O_4)_3^{4-}$。

在卫生防护上，常采用 $NaHCO_3$ 或 $NaHCO_3+H_2O_2$（1∶1）的混合液对棉布等沾污的铀进行去污。

U^{4+} 和 UO_2^{2+} 能与许多有机试剂（如柠檬酸、酒石酸、EDTA 和 DTPA 等）形成相当稳定而易溶于水的络合物。还能与酯类、醚类和酮类等有机试剂形成易溶于有机溶剂的络合物。

6.2.5 铀的应用与测定

早期，铀仅用作玻璃、陶瓷和珐琅的着色剂。现在，铀可作为钢及其他金属冶炼用的配料、有机合成中的触媒、橡胶工业中的防老剂和增硬剂等。还用于电子工业等领域。当然，主要的应用领域还是在核工业领域。核反应堆和核武器都用铀作为能源。^{233}U 与 ^{235}U 是裂变材料，^{238}U 是制备核燃料 ^{239}Pu 的原料。核能发电是人类继煤、石油之后，又一个三要的常规能源。同时，核裂变产物提供着大量有价值的放射性核素，如 ^{137}Cs、^{90}Sr 和 ^{147}Pm 等，是同位素应用的一个重要原料来源。

铀既是放射性毒物，又是化学毒物。铀属高毒性元素。U(IV)主要蓄积在肝脏中，U(VI)主要蓄积在肾脏、骨骼中，肾脏最易受到铀的损伤。

铀的定量分析方法很多，其灵敏度和应用范围各不相同，常用的铀定量分析方法见表 6.6。

表 6.6 常用分析铀方法及检出限

分析方法	重量法	容量法	极谱法	分光光度法	荧光法		活化分析
					固体荧光	激光荧光	
检出限/g	$10^{-2}\sim10^{-1}$	$5\times10^{-4}\sim10^{-3}$	$10^{-8}\sim10^{-6}$	10^{-7}	10^{-10}	5×10^{-11}	10^{-11}

铀的常量分析测定一般有重量法和容量法。重量法测定铀通常是灼烧分离纯化后的某些铀的沉淀物，最后以 U_3O_8 形式进行称重和计算。容量法测定铀是利用某些能与铀发生沉淀、络合或氧化还原等反应的试剂来进行直接或间接滴定。

在矿石、土壤、天然水、废水、食物和空气等环境样品中，铀的含量很低，且干扰测定的杂质很多，故在分析测定前，需要预先进行浓集和分离。常用的浓集分离方法有吸附共沉淀法、萃取法、离子交换法和萃取柱色谱法等。将样品中的铀浓集、分离后，再利用相应的方法进行测量。随着现代核仪器及分析技术的发展，原来一些低浓度的样品需要进行浓集的，现在也可以不必进行浓集，就可以进行测量。微量铀的测定常用分光光度法、荧光法、放射性分析法、活化分析法和径迹蚀刻法等。

6.3 钍化学

1828 年，J. J. 伯齐利厄斯(Berzelius)在矿物中首先发现了钍。已知钍的核素有 23 种，即^{213}Th-^{218}Th和^{220}Th-^{236}Th。其中6种天然放射性核素的情况列于表6.7。

表6.7 钍的天然放射性核素

核　素	习用名称	半衰期	衰变方式	粒子能量/MeV	所属放射系
^{227}Th	射锕(RdAc)	18.2 d	α	6.038(25%) 5.978(23%) 5.757(20%)	锕系
^{228}Th	射钍(RdTh)	1.913 a	α	5.424(71%) 5.342(28%)	钍系
^{230}Th	锾(Io)	7.7×10^{4} a	α (SF:6×10^{-14})	4.684(76%) 4.621(23.4%)	铀系
^{231}Th	铀Y(UY)	25.52 h	β	0.303(85%) 0.203(11%)	锕系
^{232}Th	钍	1.40×10^{10} a	α (SF:$<10^{-9}$)	4.012(77%) 3.953(23%)	钍系
^{234}Th	铀X_1(UX_1)	24.1 d	β	0.193(67%) 0.101(21%) 0.100(12%)	铀系

注:SF为自发裂变。

在天然钍的核素中,^{232}Th最重要,是天然放射系——钍系的母体,半衰期长达1.40×10^{10} a,因此放射性比活度很低,仅为4.1 Bq/mg。

6.3.1 钍的来源

虽然很少存在含钍很丰富的矿,其矿物品种比铀少很多,但钍广泛分布于地壳表面,它是一种分散性元素。钍在地壳中的含量约为8 ppm,大致为铀的两倍多。钍的主要矿物是独居石,其次是方钍石,钍石和铀钍矿。独居石是钍的主要工业来源,其成分是(Ce、La、Th)[$PO_4\cdot SO_4$](称磷铈镧矿)。氧化钍的平均含量为5%~7%,稀土含量为50%~60%,另外可能还含有少量的U(0.1%~0.3%U_3O_8)。由于岩石风化时钍仍保留在钍矿石晶格内,所以钍在江、河、湖、海的水体内以及动植物体内含量比铀低得多,只有0.000 8 ppm。

除天然存在的钍核素外,其余均为人工合成的。

6.3.2 金属钍

钍是银白色金属,有延展性。比重为11.7 g/cm^3,熔点为1 750 ℃,沸点约为4 790 ℃。块状金属钍在常温下是稳定的,不被空气中的氧所氧化。但温度高于450 ℃时,它与氧反应很快,生成粉末状的二氧化钍。粉末状的钍可在空气中燃烧。钍与水的作用在100 ℃以下是微弱的,但在850 ℃时可与过热蒸汽作用生成氧化物。钍在沸水中被一层二氧化物膜覆盖。加热时金属钍能与H_2、Cl_2、Br_2、N_2和H_2S反应。

金属钍在600 ℃时易溶于金属Ga中,在1 000 ℃时可熔在Bi和Pb中。但Li、Na、K在600 ℃时仍与金属钍无作用。利用这一性质可以建造以液体金属为冷却剂的金属钍反应堆。金属钍易溶于 HCl,但总残留一些不溶残渣,是一个近似于 $ThO_{1.3}Cl_{0.7}H_{1.3}$ 的复杂氢化物。稀 HF、HNO_3、H_2SO_4 或浓 H_3PO_4 与金属钍作用很慢。浓 HNO_3 能使金属钍钝化,加入少量氟化物后,可完全溶解。

6.3.3 钍的重要化合物

(1) 氧化物

ThO_2 是钍的唯一稳定氧化物。它是白色粉末,熔点为 3 390 ℃,不溶于水,也不溶于碱溶液,可作反应堆的元件。由于二氧化钍的化学组成固定,不吸水,因此可作为重量法测定钍的基准化合物。

ThO_2 与酸作用能生成相应的盐。它在酸中的溶解情况与制备时的燃烧温度有关。低于 600 ℃所制备的二氧化钍易溶于硝酸、盐酸等强酸中。而高于 600 ℃所制备的 ThO_2,很难用酸溶解,但大于 600 ℃能溶于含有少量 F^-(0.03 mol/L)的热硝酸中。

ThO_2 与 $KHSO_4$ 或焦硫酸钾共溶,转变为可溶性钍化合物,反应如下:

$$ThO_2 + 4KHSO_4 \rightleftharpoons Th(SO_4)_2 + 2K_2SO_4 + 2H_2O$$

ThO_2 和 Th^{4+} 或 Fe^{3+} 或稀酸共热容易胶溶,形成纤维状形胶团,当稀释时能完全溶解。将 H_2O_2 加到 Th^{4+} 盐溶液中,得到一种除过氧化物外还含有过剩阴离子,组成易变的白色难溶沉淀物。

(2) 氢氧化物

用碱或氨水作用于 Th 盐的水溶液,即生成胶冻状的白色无定形 $Th(OH)_4$ 沉淀。它呈碱性,易溶于酸而不溶于碱。但放置时间较长或经烤干后的 $Th(OH)_4$,结构致密,不易与酸作用。$Th(OH)_4$ 加热脱水,可转变为 ThO_2。在碱金属碳酸盐、草酸盐、柠檬酸盐溶液中,$Th(OH)_4$ 能形成络盐而溶解。

(3) 卤化物

钍的重要的卤化物有 ThF_4、$ThCl_4$、$ThBr_4$、ThI_4、ThI_3 和 ThI_2。ThF_4 是制备金属钍的原料。它是一种白色晶体,不溶于水,难溶于酸,但易溶于碳酸铵的热溶液中,也能溶于硝酸铝和硼酸溶液中。ThF_4 还能与热的硫酸作用而生成硫酸钍,与碱金属的氢氧化物作用而转化为氧化钍。ThF_4 与碱金属氟化物形成多种络合物,其中重要的有 $MThF_5$ 和 M_2ThF_6,均不溶于水。

$ThCl_4$、$ThBr_4$ 和 ThI_4 都溶于水;有显著的挥发性,这与 $AcCl_3$ 不同。在 500~600 ℃时能升华。

(4) 氢化物、碳化物和氮化物

钍和 H_2 在 450~500 ℃下反应可生成 ThH_2 和 ThH_4。氢化钍反应能力很强,可作为合成各种钍化物的原料。

Th 和 C 能形成 ThC 和 ThC_2;$(U+Th)C_2$ 的固溶体可用在高温气冷反应堆中作核燃料,钍和 N_2 加热至 800~1 000 ℃可生成 ThN 和 Th_2N_3。

(5) 钍盐

$Th(NO_3)_4$、$Th(SO_4)_2$、$Th(ClO_4)_4$、$ThCl_4$ 都是可溶性盐。$Th(NO_3)_4$ 形成含不同数目水分子的结晶,最稳定的是 $Th(NO_3)_4 \cdot 6H_2O$ 和 $Th(NO_3)_4 \cdot 4H_2O$。常见的 $Th(NO_3)_4 \cdot 4H_2O$,既溶于水又能溶于大多数含氧有机溶剂中(醇、酮、醚、酶),因此常从硝酸钍的水溶液

中萃取分离钍。$Th(SO_4)_2$ 是一种白色粉末状物质，易溶于冷水，温度升高，溶解度反而降低。硫酸钍也可形成含有若干结晶水的水合物 $Th(SO_4)_2 \cdot xH_2O(x=2\sim9)$。氯化钍是一种易挥发的白色固体物质，易溶于水和乙醇。在水溶液中与碱金属的氯化物作用可生成 $[ThCl_6]^{2-}$ 络离子。

钍很容易形成复盐，例如 $NaNO_3 \cdot Th(NO_3)_4 \cdot 9H_2O$、$Na_2[Th(NO_3)_6]$、$Mg[Th(NO_3)_6] \cdot 8H_2O$、$2(NH_4)C_2O_4 \cdot Th(C_2O_4)_2 \cdot 4H_2O$ 和 $2K_2SO_4 \cdot Th(SO_4)_2 \cdot 9H_2O$ 等。

钍的难溶盐有草酸钍 $Th(C_2O_4)_2$、磷酸钍 $Th_3(PO_4)_4$、碘酸钍 $Th(IO_3)_4$ 和四氟化钍 ThF_4 等，借助于这些难溶盐可使 Th 和杂质分离。例如，碘酸钍在强酸性溶液中亦不溶解，借此可使钍与镧系元素分离，但四价元素如 Zr^{4+}、U^{4+} 等有干扰。可是，钍和稀土元素形成的草酸盐沉淀，能从酸性溶液中析出，这一性质可使钍能与除稀土外的大多数元素分离。这样，把碘酸盐法和草酸盐法结合使用，就能将 Th 和几乎所有的阳离子分离。

草酸钍$[Th(C_2O_4)_2 \cdot 6H_2O]$是不溶的，但在过量的草酸盐溶液中，又能形成可溶性的络阴离子$[Th(C_2O_4)_4]^{4-}$，如向此溶液中又加入浓盐酸时，络合物重新转变为草酸钍沉淀。

在任何含有 Th^{4+} 的溶液中加入磷酸钠或焦磷酸钠，可生成磷酸钍$[Th_3(PO_4)_4 \cdot 4H_2O]$或焦磷酸钍$[Th(P_2O_7)_4 \cdot 2H_2O]$，均不溶于水，但溶于强酸中，而碘酸钍甚至不溶于浓硝酸。

6.3.4 钍的水溶液化学

钍在水溶液中只有 Th^{4+} 一种价态，所以其水溶液化学比较简单。由于 Th^{4+} 的电荷较多，离子半径小，因此有很强的络合和水解倾向。Th^{4+} 能与一些无机酸根离子(如 F^-、SO_4^{2-} 和 CO_3^{2-} 等)生成易溶于水的无机络合物，如$[Th(CO_3)_5]^{6-}$络阴离子，除了前面已经提到过的钍与碱金属，碱土金属的硝酸钍以及碱金属的氯化物所形成的络合物外，常见的络合物还有 K_2ThF_6、$K_4[Th(SO_4)_4] \cdot 2H_2O$ 和$(NH_4)_2[Th(CO_3)_3]$等。有些难溶性的钍盐与某些无机酸根离子能生成易溶性的钍的络合物。如难溶性的沉淀 $Th_3(PO_4)_4 4H_2O$，当加入碱金属的碳酸盐或碳酸铵时，能生成可溶性的络合物(形成络阴离子$[Th(CO_3)_5]^{6-}$)。

$$\underset{(不溶)}{Th_3(PO_4)_4} + 9(NH_4)_2CO_3 \longrightarrow 3(NH_4)_2\underset{可溶}{[Th(CO_3)_3]} + 4(NH_4)_3PO_4$$

草酸钍能与过量草酸作用，形成难溶的络合物$[Th(C_2O_4)_4]^{4-}$。因此，可利用这些性质来防止钍形成难溶性化合物。但是，钍在任何浓度的盐酸中都不能直接与 Cl^- 形成络阴离子，而铀则能。据此可用阴离子交换法进行铀和钍的分离。钍还能与许多一价阴离子形成 ThA^{3+}、ThA_2^{2+}、ThA_3^+ 络阳离子。

Th^{4+} 能与许多有机试剂形成水溶性络合物。如 TTA、钍试剂、铀试剂、铜铁试剂，8-羟基喹啉、草酸、乳酸、柠檬酸、EDTA、DTPA、磺基苯酚和三聚二甲基亚氨基二乙酸四氮异喹啉等有机试剂与钍均能形成络合物，这些有机络合剂常作为钍的掩蔽剂。钍还能与丙酮、TBP 等有机试剂生成疏水性的中性络合物。

在水溶液中，当 pH>3 时，钍即发生显著水解：

$$Th^{4+} + 4H_2O \longrightarrow Th(OH)_2^{2+} + 2H_3O^+$$

$$2Th^{4+} + 4H_2O \longrightarrow Th_2(OH)_2^{6+} + 2H_3O^+$$

pH>3.5 时，析出胶状的 $Th(OH)_4$ 沉淀。

6.3.5 钍的应用与监测

早期钍主要用作煤气灯灯蕊吸着物，含1% CeO_2 的 ThO_2 在灼烧时会发出耀眼的光芒。因为 ThO_2 是稳定的氧化物，适合于制备电子管的阳极和耐火材料。含8% ThO_2 的氧化钴是在水煤气合成汽油时所用的接触催化剂。金属钍可做电子管的吸气剂，若用它制X光管的靶子可以产生穿透能力很强的X射线。$^{234}Th(UX_1)$是实验室常用的示踪剂。

由于^{232}Th吸收中子后经过两次 β^- 衰变可得到^{233}U。

$$^{232}Th+{}_0^1n \longrightarrow {}^{233}Th \xrightarrow{\beta^-,22.2\ min} {}^{233}Pa \xrightarrow{\beta^-,27.0\ d} {}^{233}U$$

^{233}U和^{235}U在慢中子作用下，能引起链锁裂变反应，所以，钍是一种潜在的核燃料。目前尚在研究阶段。

钍的定量分析测定方法主要有重量法、容量法、分光光度法和中子活化分法等。常量钍的测定可以用重量法和容量法。重量法通常是钧烧分离纯化后的难溶性盐，最后以 ThO_2 的形式称重。由于钍具有不变的+4价，因此，在容量法测定钍时，不能直接氧化还原滴定法，但可采用EDTA络合滴定法和硫代酸钠间接氧化还原滴定法。

在环境和生物样品中，天然钍的含量是极少的，一般在 $10^{-9}\sim10^{-5}$ g/kg(L)范围内，因此必须采用灵敏度高，准确性好的分析方法。目前应用最广泛的是分光光度法，最低检测值可达 10^{-7} g。对于钍含量低于 10^{-7} g的样品，可采用灵敏度更高的中子活化分析法。

6.4 镭、氡的化学

6.4.1 镭化学

居里夫妇在1898年从沥青铀矿中发现的第二个天然放射性元素“镭”，本意即“放射的”意思。镭的研究和生产促进了放射化学的发展，当时它是唯一具有强放射性而被应用的天然放射性元素。从1902年获得100 mg镭盐，到1975年世界镭的总产量约为4 kg。镭在放射化学发展过程中，曾占有独特的地位，但随着反应堆的建立，许多性能更为优良，价格低廉的人工放射性核素的大量生产和广泛使用，镭的重要性逐渐下降。但镭在放射化学中仍占有一定的地位。

现在已知镭有25种核素，即^{206}Ra-^{230}Ra，均是放射性核素，其中^{223}Ra、^{224}Ra、^{226}Ra和^{228}Ra是天然放射性核素。在镭的核素中，最重要的是^{226}Ra，其次是^{228}Ra。习惯上所说的镭常指镭的最重要的核素^{226}Ra。

(1) 镭的来源

镭是3个天然放射系的成员，在自然界中，凡是有铀、钍矿的地方都会有镭。当矿石中可溶性的镭盐受地下水浸蚀时，其流失量可达85%，因此铀、钍矿区的环境水中，镭含量较高，某些地方的矿泉水中，镭含量高达 $10^{-9}\sim10^{-8}$ g/L。

^{226}Ra是铀系的成员，分布在所有铀矿石中，是镭在自然界中存在的丰度最大的一种核素，在铀矿石中的含量约为铀含量的三百万分之一，即与一克铀达到平衡的^{226}Ra量为3.4×

10^{-7} g；^{228}Ra 和 ^{224}Ra 是钍系的成员，分布在钍矿石中，^{228}Ra 在钍中含量为 4.8×10^{-8}%；^{223}Ra 是锕系的成员，当然也是分布在铀矿石中。

由于铀矿石中的镭不断被浸取，镭以可溶状态含在水中，从而进入铅盐、钙盐和钡盐的组分中。所以，所有岩石中均含有镭，其含量从 2×10^{-11} 到 2×10^{-12} g/t，而在某些花岗岩中，镭的含量约为 4.5×10^{-12} g/t。海洋表面的含镭量为 $(4\sim6)\times10^{-14}$ g/t。随着海洋深度的增加，镭的含量增加 2～3 倍。但是，由于母体钍与氢氧化铁发生共沉淀，镭在海洋中的含量总比与铀处于平衡状态的少。在海底沉淀中，情况相反，镭的含量高于其平衡含量，为 5×10^{-11} g/t。其他人工放射性核素是通过人工核反应制得。

(2) 镭的性质

镭的 4 种天然放射性核素的主要辐射特性列于表 6.8。

表 6.8　镭的天然放射性核素

核素	半衰期	衰变方式	粒子能量/MeV
^{223}Ra(锕 X-AcX)	11.43 d	α，γ	5.717(54%) 5.608(26%) 5.748(9%) 0.031 2，0.122(γ)
^{224}Ra(钍 X-ThX)	3.64 d	α，γ	5.686(95%) 5.449(5%) 0.240(γ)
^{226}Ra(镭-Ra)	1 602 a	α，γ	4.785(95%) 4.602(5%) 0.116，0.26(γ)
^{228}Ra(新钍 I-MsThI)	5.75 a	β，γ	0.046(70%) 0.010 3，0.026 3(γ)

镭的毒性很大。^{226}Ra 和 ^{228}Ra 属极毒性核素，^{223}Ra 和 ^{224}Ra 属高毒性核素。镭在人体内主要蓄积在骨骼内。

镭是典型的碱土金属，其化学性质与同族的元素钡特别相似，但比钡更活泼。镭是发亮的银白色金属，比重为 5.5 g/cm^3，熔点为 960 ℃，沸点为 1 140 ℃。镭的挥发性较高，700 ℃ 时就开始升华。镭在空气中不稳定，表面生成一层黑色的氮化物（Ra_3N_2）和氧化物（RaO）薄膜。

镭与水能强烈地作用，使水分解出氢，并生成氢氧化镭（$Ra(OH)_2$）。氢氧化镭能溶于水，在水中的溶解度比氢氧化钡大得多，可借此分离镭和钡。氢氧化镭的碱性比氢氧化钡还强，与酸作用生成相应的盐：

$$Ra(OH)_2+2HCl \longrightarrow RaCl_2+2H_2O$$

由于镭的化学性质比较活泼，所以镭通常都以镭盐的形式存在。镭的可溶性盐类主要有氯化镭 $RaCl_2$、溴化镭 $RaBr_2$、RaS 和硝酸镭等；与其他碱土金属一样，镭的硫酸盐、碳酸盐、草酸盐、磷酸盐、铬酸盐，碘酸盐等，是难溶化合物。其中，硫酸镭、铬酸镭和碳酸镭适宜于和相应的钡盐形成共结晶共沉淀，常用于镭的分离测定中。镭和钡的几种盐类在水中的溶解度列于表6.9。

表6.9 几种镭和钡的化合物在水中的溶解度(20 ℃)

化合物	镭盐/(g/L水)	钡盐/(g/L水)
硫酸盐	2×10^{-5}(25 ℃)	2.4×10^{-3}
硝酸盐	139	92
氯化物	250	357
溴化物	700	1 041
碘酸盐	0.175(0 ℃)	0.08(0 ℃)
铬酸盐	难溶	较难溶
碳酸盐	较难溶	难溶

利用它们溶解度的不同，可用结晶的方法将镭与钡分离。

几乎所有镭盐和镭的其他化合物，刚制成时都是白色的。但在放置过程中，由于自身的辐射作用而分解变色。镭的化合物能使某些化合物(如硫化锌)产生磷光和荧光。所有纯的镭盐在暗处都能发出美丽的淡蓝色荧光。镭盐在溶液中不水解。镭离子无色。

溶液中低浓度的镭在操作过程中很容易被吸附在玻璃器皿壁、滤纸和其他杂质上，其吸附量随溶液pH值的增大而增加。镭盐能被高锰酸活化的锯末、硫酸炭化的锯末和磺化煤等吸附剂强烈的吸附，这些吸附剂对镭的吸附率达90%以上，成本又低，适合处理厂矿中含镭的废水。镭与柠檬酸、乳酸、EDTA等能生成络合物，它们的稳定性比其他碱土金属差。络合作用常用于镭的分离和纯化。

(3) 镭的应用

镭曾被广泛地应用于医学，工业和制备中子源等，但现在已被更合适的人工核素所取代。现在，镭主要有两个用途：

1) 制备标准源。镭基准源常被作为空腔电离室的校正源；镭 γ 标准源可用来校正和刻度地质勘探用的辐射仪表或测量仪表。

2) 制备^{227}Ac。将^{226}Ra放在反应堆内辐照，可得到^{227}Ac。^{227}Ac比功率较高，其半衰期为21.77 a，适合作放射性核素电池的材料。

(4) 镭的监测

镭是环境监测中重要的放射性核素之一。一般情况下，环境样品中镭的含量很低，但对于高本底地区，铀、钍矿山，铀、钍水冶厂，生产和使用含镭物质(如发光涂料)的工厂，其环境样品中镭的含量可能比较高。在分析测定环境样品中的微量镭时，一般采用下述两种方法：一种是分离和测量镭的第一代子体氡，即射气法；另一种是把样品中的镭分离出来，然后测量其 α 放射性活度，即 α 放射性直接测量法。

采用射气法测镭一般不必进行镭的分离，只要把样品中的镭转变成可溶性的镭溶液，然后封存两周左右，以积累氡，即可进行测量。采用 α 放射性直接测量法，则必须用化学分离法将镭从样品的大量杂质(特别是镭的放射性子体)中分离出来，然后才能进行放射性测量。目前，镭的化学分离方法主要有共沉淀法和离子交换法两种，共沉淀法应用较多。在共沉淀法中，应用较广的是 $BaSO_4$-$PbSO_4$ 共沉淀法。它是分离环境和生物样品中镭的一种常规方法。

测定镭含量低的环境样品，一般采用下述放射性测量法。

1）α 放射性直接测量法

把分离掉放射性子体、其他放射性杂质及常量杂质的镭化合物（如 $BaSO_4$-$RaSO_4$ 沉淀物）制成薄源，置于低本底 α 计数器中测其 α 放射性活度。此法简便、快速，可测定环境和生物样品中的镭，但测得的结果是几种镭的 α 放射性核素的总量（也称总镭）。若想分别测到 ^{226}Ra、^{224}Ra 和 ^{223}Ra 的量，可在制源后间隔一定时间进行测量，再通过计算来分别求得这 3 种镭核素的含量。

2）射气法

此法是基于镭的 α 放射性核素均有短寿命的子体——放射性稀有气体氡，且镭及其子体氡容易达到放射性平衡，此时镭的放射性活度就等于氡的放射性活度。氡在水中有一定的溶解，可用载气将其带出，因此可方便地从溶液中收集与镭呈放射性平衡的氡去直接进行测量。该法不需要复杂的化学分离，操作简便，选择性高，准确性好，适用于环境与生物样品中镭的测定。但要等待一定时间才能得到结果。

6.4.2 氡化学

氡共有 30 种核素，即 ^{200}Rn-^{226}Rn 和 3 种同质异能素，均是放射性核素，阿斯顿（F. W. Aston）曾将 400 t 重的空气在低温下通过活性炭，试图在空气中寻找氡的稳定核素，终于失败。

氡的 3 个天然放射性核素 ^{219}Rn、^{220}Rn 和 ^{222}Rn 都是 3 个天然放射系中镭的衰变子体，其基本情况如表 6.10 所示。

表 6.10 氡的天然放射性核素

核 素	习用名称	衰变方式	半衰期	粒子能量/MeV	所属放射系
^{219}Rn	锕射气	α	3.96 s	6.819	锕系
^{220}Rn	钍射气	α	55.6 s	6.288	钍系
^{222}Rn	镭射气	α	3.82 d	5.489	铀系

(1) 氡的来源

除了通过核反应而产生的人工放射性核素外，氡的天然放射性核素在自然界（矿石、土壤和水中）广泛存在。因此在铀、钍矿石、矿井水、矿泉水，以及土壤和大气中，都含有氡。大陆表面的空气中平均含有 10^{-10} Ci/m^3 的氡，海洋表面平均含有氡 2.6×10^{-12} Ci/m^3。离地表越远，空气中的氡含量越少。

氡在大气中的浓度则受到气象与地质等因素的影响，波动较大。根据世界各地的调查，室外空气中氡的核素 ^{222}Rn 的平均含量一般为 $(0.2\sim2)\times10^{-2}$ g/L 左右。

(2) 氡的性质

氡气是无色无臭的物质，比重较大，在标准状况下，其密度为 9.73 g/L。由于其特殊的电子层结构，同惰性元素氪和氙一样，化学性质很不活泼，常以单原子的分子状态存在于环境之中。

氡易溶于煤油、甲苯、二硫化碳等有机溶剂中，也能微溶于水和血液中。氡易被脂肪、橡胶、活性炭、硅胶和其他吸附剂吸附。例如：在常温下，氡几乎全部被一种用椰子壳制成的活性炭吸附，而加热到 360～400 ℃时，氡又可全部解吸下来。此特性可用来收集氡。在常温下，氡及其子体在空气中能形成放射性气溶胶而污染空气。

与惰性元素氪、氙一样，在高压下氡能形成六水合物：$Rn \cdot 6H_2O$；氡能与水、苯酚、甲苯等形成笼形包合物。氡亦能与强氧化剂发生化学作用，例如，与液态氟、氟的卤化物、惰性元素的氟化物和 O_2F_2 作用，可生成 RnF_2 或 RnF_4，以及 $RnF_2 \cdot 2SbF_5$、$RnF_2 \cdot 2BiF_5$、$RnF_2 \cdot 2IF_5$ 等络合物。Rn 的氟化物与 XeF_2 等能形成共晶；氡的氟化物在 500 ℃时用 H_2 可还原为单质。

(3) 氡的应用及监测

氡可用于制备人工氡浴以治疗风湿病等疾病。把氡封闭在装有铍粉的管子里，可作为实验用的中子源。氡作为放射性的气体，可用于检测管道泄漏，测定气体的流动速度等。也可以根据氡从含有镭同位素的固体样品中逸出的速度，研究固相转化及固体状态。

此外，还可根据氡在空气中的含量情况，估计空气污染的程度。由于氡在地壳内有一定的含量，因而氡在深井水中的含量通常稳定在一定的范围内。如果地壳运动加剧，深井水中氡的含量就发生明显的变化，据此可预测地震的发生。

^{222}Rn 属于中毒性核素，而其衰变子体 ^{210}Po 和 ^{210}Bi 却是极毒和高毒性核素。氡一般通过空气污染进入人体，可引起肺癌，损伤肾脏。因此，在铀、钍矿区及其工厂等地方必须加强对污染的监测和加强通风。

在氡的监测中，分离比较简单。大气中的氡可用活性炭吸附来进行分离和浓集；水中的氡一般可用溶剂萃取法进行分离。氡的测定一般采用放射性测量法，如静电计法、硫化锌闪烁计数法，液体闪烁计数法和氡子体 α 放射性测量法，是将待测空气以恒定流速通过一个容积一定的圆柱形双滤膜采样管，该管进出口两端各装有过氯乙烯超细纤维滤膜。根据出口滤膜上所测得的 α 计数即可推知环境大气中的氡浓度。液体闪烁计数法用于测定天然水和矿泉水中的 ^{222}Rn 和 ^{220}Rn，用液体闪烁剂——甲苯溶液直接萃取分离水样中的氡，放置 4 h，使氡和子体达到放射性平衡，用液体闪烁计数器进行测量即可。

6.5 镤、锕、钫、砹及钋的化学

6.5.1 镤化学

已知镤的核素共有 17 种，即 ^{216}Pa、^{224}Pa-^{238}Pa 和一种同质异能素。

(1) 核性质及来源

自然界存在 3 种 Pa 的核素，铀系成员 ^{234m}Pa、^{234}Pa 和锕系成员 ^{231}Pa。^{234m}Pa 与 ^{234}Pa 是 β 放射体，半衰期分别为 1.17 min 和 6.75 h，^{231}Pa 是 α 放射体，半衰期为 3.25×10^4 a。来自天然铀矿的镤虽然同时含有 ^{231}Pa、^{234m}Pa 和 ^{234}Pa，但由于 ^{234m}Pa、^{234}Pa 半衰期很短，所以，约 3 d 后就只含有 ^{231}Pa 了。

其余核素可由人工合成，最重要的是 ^{233}Pa，属 β 放射体，半衰期为 27 d，它是通过 ^{232}Th

$(n,\gamma)^{233}Th \xrightarrow{\beta^-} {}^{233}Pa$ 来制备，^{233}Pa 的衰变产物是核燃料 ^{233}U。

在 1 t 沥青富铀矿中，约含有 200 mg 镤，其中主要是 ^{231}Pa。镤在地壳中的含量，估计为 10^{-10} %(质量分数)。^{231}Pa 也可从反应堆中照射而制得：

$$^{230}Th(n,\gamma)^{231}Th \xrightarrow{\beta} {}^{231}Pa$$

(2) 镤的性质

Pa 是有光泽的灰色金属，具有延展性，硬度与 U 相近，计算密度为 15.37 g/cm^3，沸点和熔点分别为 4 280 ℃和 1 560 ℃，在空气中稳定。

Pa 在空气中加热时能缓慢氧化，Pa 溶于盐酸而不溶于氢氟酸。对 Pa 的研究尚未充分。^{233}Pa 是 ^{232}Th 转化为核燃料 ^{233}U 的中间产物，由于它是 β 衰变体，又有合适的半衰期 ($T_{1/2}=27$ d)，所以 ^{233}Pa 是研究镤性质的良好示踪剂。微量镤可以利用放射性测量方法，对 ^{231}Pa 利用 α 或 γ 射线，对 ^{233}Pa 利用 β 或 γ 射线进行测定。Pa 的化学性质与钽(Ta)和铌(Nb)相似，Ta 常作为 Pa 的载带体。

(3) Pa 的化学性质

氧化物：金属 Pa 随条件不同，可氧化为组成在 PaO_2-Pa_2O_5 间的氧化物，最重要的是 Pa_2O_5。Pa_2O_5 是一个稳定的化合物，可作重要分析的基准化合物。加热 Pa_2O_5 到 800 ℃以上，会丢失一些氧，加热到 1 700 ℃生成 PaO_2。灼烧后的 Pa_2O_5 既不溶于 H_2SO_4、HCl，也不溶于 HNO_3，但能溶于 HF(40%)中，形成 PaF_5 溶液。若用碱中和，转变为络阴离子 PaF_7^{2-}(形成 K_2PaF_7)型络盐。Pa_2O_5 的碱性比 Ta 的更强，当常量的 Pa_2O_5 和 $NaHSO_4$ 共溶时，生成硫酸镤，将熔融物溶于稀硫酸中，Pa 转变为 +5 价的阳离子。在同样条件下，Ta_2O_5 却很难和 $NaHSO_4$ 反应。Pa_2O_5 和 K_2CO_3 熔融时完全不起反应，但在类似情况下，Ta_2O_5 则能生成 K_3TaO_4。K_3TaO_4 能溶于水，因此用 K_2CO_3 熔融的方法，可将 Ta_2O_5 与 Pa_2O_5 分开。

氢氧化物：Pa(V)的溶液碱化后，生成氢氧化物 $Pa_2O_5.nH_2O$。氢氧化镤溶于强酸，并生成相应的盐。可溶性的盐有氯化镤、硫酸镤和硝酸镤等。硫酸溶液中的 Pa(V)，在过氧化氢作用下，形成不溶性过氧化物 $Pa_2O_9 \cdot 3H_2O$。

卤化物：$PaCl_4$ 是挥发性化合物，$PaF_4 \cdot nH_2O$ 易溶于水。在溶液中，Pa 可以 +4 和 +5 两种价态存在。Pa^{4+} 在稀盐酸和高氯酸介质中以 Pa^{4+} 的水合离子存在，在其他酸中则形成络离子。在 8 mol/L HCl 中，Pa(Ⅳ)形成 $PaCl_6{}^{2-}$。Pa^{4+} 与 TTA、乙酰丙酮可形成溶于有机溶剂的螯合物。在溶液中 Pa^{4+} 水解时生成 $Pa(OH)^{3+}$、$Pa(OH)_2^{2+}$、$Pa(OH)_3^{+}$ 等水解产物，pH 约为 5 时，Pa^{4+} 形成氢氧化物沉淀。Pa^{4+} 可形成一系列难溶化合物，$PaF_4 \cdot H_2O$、磷酸盐、碳酸盐和碘酸盐。碳酸盐不仅难溶于水，在 5 mol/L H_2SO_4 中也不溶。

Pa^{5+} 有强烈的水解聚合倾向，在不含络合剂的酸性溶液中，以 $PaO(OH)^{+2}$ 和 $PaO(OH)_2^{+}$ 的形式存在；只有在大于 3 mol/L 的硝酸或盐酸溶液中才以 Pa^{5+} 离子状态存在，pH 增大即发生水解形成胶体溶液。

Pa(Ⅴ)在溶液中与草酸根($C_2O_4^{2-}$)、磷酸根、碘酸根、碳酸根等形成难溶盐，组成尚不清楚。在酸性溶液中，Pa(Ⅴ)能形成含 OH^- 的混合络离子，如 $Pa(OH)_3NO_3^{+}$、$Pa(OH)_2(SO_4)_2^{-}$。在含高浓度阴离子的溶液中，Pa(Ⅴ)形成含单一配位体的络离子，如 $PaCl_6^{-}$、$PaCl_7^{2-}$、$PaCl_8^{3-}$、$Pa(NO_3)_7^{2-}$。Pa(V)与 TBP、EDTA、TTA 等形成可溶于有机溶剂的络

合物。

6.5.2 锕化学

已知锕有24种核素，质量数从209～232。自然界存在的Ac有^{227}Ac和^{228}Ac。^{227}Ac的半衰期为21.8 a，^{228}Ac的半衰期为6.13 h，都是β放射体。^{227}Ac的射线能量很小，$E_{\beta}=0.042$ MeV，^{228}Ac的β射线能量$E_{\beta}=1.6$ MeV，人工合成的核素中，^{225}Ac的半衰期最长为10 d。

(1) 来源

^{227}Ac存在于矿山岩石中，在每吨富沥青铀矿中约含有0.15 mg，即相当于每克^{235}U中含^{227}Ac为2×10^{-10} g。^{227}Ac经常与由铀矿提取出来的稀土元素混在一起，所以提取稀土元素的方法就是锕的分离方法。

^{228}Ac存在于钍矿石中，1 g钍中大约有5×10^{-14} g^{228}Ac。提取^{228}Ac的方法，通常是在"陈钍"中先用Ba载带法将^{228}Ra共沉淀析出，由^{228}Ra通过β衰变生成^{228}Ac。

其余锕的核素是通过人工核反应制得。由于^{227}Ac在自然界里含量太少，分离又困难，现在也通过核反应制备：

$$^{226}Ra(n,\gamma)^{227}Ra \xrightarrow{\beta} {}^{227}Ac$$

(2) 锕的性质

锕是银白色的金属，熔点为1 050 ℃，沸点为3 200 ℃左右。锕是化学性质活泼的元素，能在潮湿的空气中迅速氧化，但生成的氧化物薄层能阻止Ac的进一步氧化。

在含锕溶液中加入碱，形成难溶的$Ac(OH)_3$白色沉淀。Ac_2O_3或$Ac(OH)_3$与卤化剂作用，形成Ac的卤素化合物。三氯化锕是不挥发的物质。

Ac的硝酸盐、氯化物、溴化物均易溶于水，硝酸锕还能溶于乙醇和异丙醇。磷酸锕、草酸锕、碳酸锕、氟化锕以及与硫酸钾形成的复盐都是难溶盐。在酸性溶液中($pH<3$)，Ac以无色的Ac^{3+}存在；在$pH>3$时，发生水解，形成胶体溶液。

低浓的Ac能与Y、Al、Fe的氢氧化物共沉淀，也能与$PbSO_4$、$BaCrO_4$、$Ce(IO_3)_4$等共沉淀，La的氟化物，碳酸盐、硅氟酸盐能定量载带锕。当各种物质例如卤化银、硫酸钡、二氧化锰沉淀时，能够将锕吸附。而在用过氧化氢沉淀钍时，锕则不被吸附。Ac^{3+}还能与一些有机酸(羧酸)形成络合物。

6.5.3 放射性元素钫

钫是放射性元素。已知钫有27种同位素和2种同质异能素，质量数为203～229。

(1) 钫的来源与核性质

自然界存在的最重要的Fr的同位素是^{223}Fr，存在于铀矿石中，大约7.7×10^{14}个^{235}U原子或3×10^{18}个天然铀原子中有一个钫原子。另一个天然存在的核素是^{224}Fr，它存在于钍系里，是^{228}Ac的α分支衰变子体。钫的其他放射性核素都是通过人工核反应制得的。人工合成寿命最长的钫同位素是^{212}Fr($T_{1/2}=19.3$ min)和^{222}Fr($T_{1/2}=15$ min)，它们是通过下述核反应制得：

$$^{228}_{92}U(p,6p、11n)^{212}_{87}Fr$$

$$^{232}_{90}Th(p,4p、17n)^{212}_{87}Fr$$

$$^{232}_{90}Th(p,4p、7n)^{222}_{87}Fr$$

在锕铀系，^{227}Ac 有 1.2%分支进行 α 衰变，其衰变产物是 ^{223}Fr，^{223}Fr 是 β 放射体，半衰期 22 min，其比放射性为 45 000 Ci/mg。^{224}Fr 也是 β 放射体，半衰期 2.7 min。

(2) 钫的性质

钫具有典型的碱金属性质。熔点为 283 ℃，沸点为 669 ℃，20 ℃时密度为 2.48 g/cm^3。

钫的大多数化合物，如氢氧化物、碳酸盐、硫酸盐、氟化物、硫化物等等都是水溶性的。这既有利于净化载体使钫同其他族金属元素的分离，但又造成难以找到钫的合适载体。但是钫能与铯的高氯酸盐、碘酸盐、氯铂酸盐、钴亚硝酸盐、硅钨酸盐形成同晶共沉淀，表明 Fr 能生成下述化合物：$FrClO_4$、$FrIO_3$、$FrPtCl_6$、$Fr_2Na[Co(NO_2)_6]$、$Fr_2O \cdot SiO_2 \cdot 12WO_3 \cdot nH_2O$ 等。从乙醇溶液中析出 $CsClO_4$ 时，可载带 60%的 Fr，苦味酸铯可载带 50%Fr。氯铂酸铷、氯铂酸铯可从乙醇溶液中使 Fr 定量共沉淀。钴亚硝酸铯和硅钨酸铯从水溶液中也能使 Fr 定量共沉淀。为了分离无载体 Fr，可先用硅钨酸铯共沉淀 Fr，然后将其沉淀溶解，再用离子交换法从其中分离出 Fr。在空气中 225 ℃时 FrCl 开始挥发，在真空中的蒸发温度是 110 ℃，利用 Fr 的挥发性可将 ^{223}Fr 与共存的不挥发核素分离。

(3) 钫的制备

^{227}Ac 的 α 衰变产物是 ^{223}Fr。但 ^{227}Ac 主要衰变方式(98.6%)是 $^{227}Ac \xrightarrow{\beta} {}^{227}Th \xrightarrow{\alpha} {}^{223}Ra$；因此，与 Ac 同时共存的放射性核素有 ^{223}Fr、^{227}Th、^{223}Ra 以及 Po、Bi、Pb 的放射性核素。为了从 Ac 中分离制备 Fr，首先要使 Ac 与其他各种衰变产物分离，然后积累 ^{223}Fr，大约经两小时，生成的 ^{223}Fr 接近于平衡量，再分离出 Fr。其分离方法可用沉淀法或 TTA 萃取法等。TTA 萃取法分离制备 Fr(AcK)的流程如图 6.6 所示。

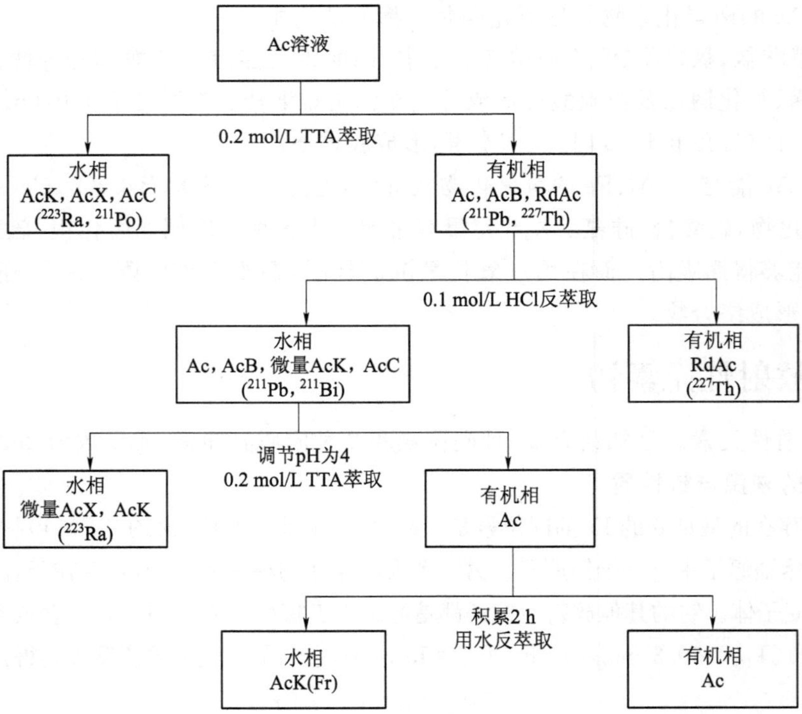

图 6.6 TTA 萃取法分离制备 Fr 的流程

6.5.4 放射性元素砹

砹的核素共有28种，质量数从196到219的24种和4种同质异能素。

(1) 砹的来源和核性质

砹作为^{238}U、^{235}U和^{232}Th衰变的子体产物，存在于铀和钍的所有矿石中。砹还是^{237}Np的衰变产物，^{237}Np是在铀矿中由于铀自发裂变中子的作用而生成的。据估计，1.6 km厚的地壳层中砹的含量为69 mg。

当然，大多数砹的核素是用不同能量的α粒子轰击铋靶或钍靶得到的。例如，用加速器产生的28 MeVα粒子轰击铋靶，引起$^{209}_{83}Bi(\alpha,2n)^{211}_{85}At$核反应，产生出$^{211}_{85}At$，其半衰期为7.2 h，具有α衰变性质(40%)和K电子俘获性质(60%)。这是砹的同位素中半衰期最长的核素之一，另一个半衰期最长的核素是^{210}At，半衰期是8.3 h。

自然界里存在的砹的核素有^{215}At、^{216}At、^{218}At和^{219}At，它们的核性质列于表6.11。

表6.11 砹的天然放射性核素

核素	半衰期	衰变方式	粒子能量/MeV
^{215}At	1×10^{-4} s	α	8.00
^{216}At	3.3×10^{-4} s	α	—
^{218}At	2 s	α(>99%)	6.694(89%)
^{219}At	54 s	α(>99%)	6.28

(2) 砹的物理及化学性质

砹的物理性质大多数是由其他卤素的性质外推而得的。它的原子半径估计为1.44 Å，沸点为309 ℃，熔点为244 ℃，砹易挥发，但挥发性比I_2差，在室温下也可升华。

砹的化学性质是用超微量分析方法在$10^{-15}\sim10^{-9}$ mol/L浓度下研究的。砹的性质一方面与碘相似，另一方又与钋和铋相似，因此它的性质介于金属和卤素之间。元素砹易溶于有机溶剂，与碘载体一起很容易被有机溶剂萃取。

砹有−1、0、+1、+5和+7价，与这些价态相当的化学形式为At^-、At^0或At_2、At^+、AtO_3^-和AtO_4^-。含砹的溶液在碱性介质中用SO_2、Sn^{2-}、Na_2SO_3、SnO_2^{2-}，或在酸性介质中用亚铁氰酸盐还原都可得到At^-；At^-可与AgI和TlI形成同晶共沉淀，这种状态的砹不被四氯化碳萃取。高价的砹溶液与氢作用能形成气态HAt。At^-可被稀HNO_3或Fe^{3+}缓慢氧化为单质砹，高价砹在酸性介质中用Fe^{2+}还原也可得到单质砹。在中等氧化剂如溴水或HNO_3作用下，砹可被氧化成AtO^-：

$$At^- + Br_2 + H_2O \longrightarrow AtO^- + 2Br^- + 2H^+$$

AtO^-不与AgI或$AgIO_3$形成共沉淀，也不被非极性溶剂萃取。在HNO_3或HCl介质中，在强氧化剂($HClO$、$K_2S_2O_8$、Ce^{4+}、IO_4^-、BiO_3^-等作月下，砹在溶液中形成砹酸盐离子AtO_3^-：

$$At^- + 6Ce^{4+} + 3H_2O \longrightarrow AtO_3^- + 6Ce^{3+} + 6H^+$$

它能与$AgIO_3$形成同晶共沉淀，也能与$Fe(OH)_3$和$La(OH)_3$共沉淀，AtO_3^-被还原剂还原生成At，还可进一步还原为At^-。在更强氧化剂作用下，可能生成AtO_4^-。

砹不仅有卤素性质，还有金属性质，在硝酸介质中，当有KCr_2O_7存在时，它能形成类似于

Tl^+ 的 At^+，At^+ 可与许多 At^+ 和 Cs^+ 的难溶化合物共沉淀。At^+ 也可以在阴极上还原而析出 At。砹与碘相似，能形成含砹的有机化合物，这些化合物是在有载体碘的存在下合成的，例如：

$$C_6H_5I(At)+Cl_2 \longrightarrow C_6H_5I(At)Cl_2$$

$$C_6H_5I(At)Cl_2+HgC_6H_5Cl \longrightarrow (C_6H_5)_2I(At)Cl+HgCl_2$$

(3) 砹的分离与测定

大多数砹的核素是来自靶物质，因此必须从大量辐照过的靶产物中分离出砹。用共沉淀、萃取及蒸馏等方法可以实现。

对砹只能采用放射性测量法测定其 α 放射性。例如，在液体闪烁计数器，4π 闪烁计数器或 α 谱仪上测量。

砹在机体中与碘一样聚集在甲状腺内。

6.5.5 放射性元素钋

周期表中ⅥA 族元素包括氧、硫、硒、碲、钋 5 个元素，通称氧族元素。氧族元素的一些基本性质列于表 6.12。

表 6.12 氧族元素的一些基本性质

	O	S	Se	Te	Po
原子序数	8	16	34	52	84
价电子层结构	$2s^22p^4$	$3s^23p^4$	$4s^24p^4$	$5s^25p^4$	$6s^26p^4$
主要化合价	−2,0	−2,0,+2 +4,+6	−2,0,+2 +4,+6	−2,0,+2 +4,+6	−2,+2,+3 +4,+6
原子半径/Å	0.73	1.03	1.17	1.37	1.64

在这个族中随着原子半径的增大，即由氧向钋过渡，元素的非金属性逐渐减弱，而金属性逐渐增强，硒和碲属于半金属元素，而钋为金属元素。钋的化学性质与碲类似，当然金属性更强。以下详细介绍放射性元素钋。

(1) 钋的核性质及来源

Po 有 33 种核素，其中包括 8 种同质异能素，都是放射性核素。质量数为 194～218。在 3 个天然放射系里存在 7 种天然放射性核素：^{210}Po、^{211}Po、^{212}Po、^{214}Po、^{215}Po、^{216}Po、^{218}Po。它们的主要核性质列于表 6.13。

表 6.13 钋的天然放射性核素

核　素	衰变方式(分支比/%)	半衰期	粒子能量/MeV
$^{210}Po(RaF)$	α(100)	138.4 d	5.304 5
$^{211}Po(AcC')$	α(100)	0.56 s	7.450
$^{212}Po(ThC')$	α(100)	3.05×10^{-7} s	8.784 4
$^{214}Po(RaC')$	α(100)	1.64×10^{-4} s	7.687 1
$^{215}Po(AcA)$	α(>99)	1.8×10^{-3} s	7.386
$^{216}Po(ThA)$	α(100)	0.15 s	6.779
$^{218}Po(RaA)$	α(99),β(0.02)	3 min	6.002 6

钋的其他放射性核素都是通过人工核反应制备得到的。钋的各种核素中，^{210}Po 是最重要的，它是铀系中 ^{222}Rn 的子体，衰变生成稳定核素 ^{206}Pb，放射性比活度高达 1.67×10^{11} Bq/mg。^{210}Po 属于极毒性核素，它容易通过核反冲作用（即所谓群体反冲作用）而形成放射性气溶胶，污染环境空气，甚至能透过皮肤而进入人体，因此 ^{210}Po 必须密封保存。钋的 α 射线能使有机物质分解脱水，引起有机体发生一系列严重的生物效应。钋是放射性元素中最容易形成胶体的一种元素。钋在体内水解生成的胶粒极易牢固地吸附在蛋白质上，能与血浆结合成不易扩散的化合物，这对机体的危害很大。^{210}Po 进入人体后，能长期滞留在骨、肺、肾和肝中，其远期辐射效应会引起肿瘤。

钋在地壳中的分布为 2×10^{-14}%（质量分数）。在3个天然放射系中，都有钋的同位素存在，所以在天然铀、钍矿石中都有钋。一吨铀矿石只含有约 0.1 mg 的钋，但经过长期存放的镭盐（称为"老镭"）中，钋的含量可高达每克"老镭"中约 0.2 mg 钋，它是氡的衰变子体（称为放射性淀质），所以，通常从镭盐分离获得钋。

目前，^{210}Po 可从反应堆中大量制得，其核反应为：

$$^{209}Bi(n,r)^{210}Bi \xrightarrow{\beta,5\ d} {}^{210}Po \xrightarrow{\alpha}$$

钋的短寿命同位素可以通过用氖离子轰击钨靶制取：

$$^{184}_{74}W + ^{20}_{10}Ne \longrightarrow {}^{(204-x)}_{84}Po + x^1_0n \quad (\text{通常 } x=4\sim6)$$

钋的人工放射性核素中，半衰期最长的有 ^{208}Po（$T_{1/2}=2.93$ a）、^{209}Po（$T_{1/2}=103$ a），但不能大量制备。所以，广泛应用的还只有 ^{210}Po。

(2) 钋的物理及化学性质

钋是略带黄色的银白色软金属，在暗处发光。熔点为 254 ℃，沸点为 949 ℃。钋在高温下容易挥发，在空气或氧气中会慢慢氧化，生成一层黄色的氧化物。

单质钋在 250 ℃时能与氧化合生成二氧化钋 PoO_2；钋与浓 HNO_3 作用强烈。但与稀 HNO_3 作用较慢；钋与稀 HCl 作用生成 $PoCl_2$，但在自身 α 射线作用下，辐射氧化成 $PoCl_4$；钋与稀 H_2SO_4 作用生成 $Po(SO_4)_2\cdot2H_2O$，而在浓 H_2SO_4 和硒酸中生成不稳定的 $PoSO_3$ 和 $PoSeO_3$；钋与碱在 400～600 ℃时熔融发生下列反应：

$$3Po + 6NaOH \rightleftharpoons 2Na_2Po + Na_2PoO_3 + 3H_2O$$

钋是典型的两性元素，在水溶液中可以以 Po^{2-}、Po^{2+}、Po^{3+}、Po^{4+}、PoO_3^{2-}、PoO_4^{2-} 等多种价态存在。其中，Po^{4+} 最稳定。以下分别加以介绍：

Po^{2-}：钋和氧族其他元素一样，可以形成 Po^{2-}，生成 H_2Po。该族中，从 H_2S 到 H_2Po，对热的稳定性和键强是依次减弱的，H_2Po 在室温下就会分解。用液态空气冷凝时可以制得无水 H_2Po，溶于水可得到氢钋酸，呈弱酸性。在 NaOH 溶液中，Po 用连二亚硫酸钠（$Na_2S_2O_4$）还原可生成 Na_2Po。

Po^{2+}：单质钋溶于稀盐酸时能形成 Po^{2+}（生成 $PoCl_2$）；在酸性介质中，用 SO_2 还原 Po^{4+}，也可得到 Po^{2+}。

Po^{3+}：在 Po^{4+} 酸性溶液中，有 Bi^{3+} 存在条件下，通入 H_2S，这时钋被还原成 Po^{3+} 而随 Bi_2S_3（Po_2S_3）共沉淀。在还原剂作用于 Po^{4+} 的化合物之后，钋能与 La^{3+}、Y^{3+}、Sc^{3+} 等的化合物共结晶，这也表明钋能以 Po^{3+} 形式存在。

Po(Ⅳ)：只有在酸性介质中，才有 Po^{4+} 状态存在。但在较浓的酸中，钋与酸根形成络离子，其中以氢卤酸中形成的络合物最稳定（PoX_5^-、PoX_6^{2-}），在 $HClO_4$、HNO_3、H_2SO_4 和 H_3PO_4 中形成的络合物稳定性较差；酸度降低时，络合物发生水解。在硝酸介质中，Po^{4+} 能发生歧化反应生成 Po^{2+} 和 PoO_2^{2+}，接着 Po^{2+} 又被氧化成 Po^{4+}，因此在 HNO_3 中进行的是 $Po^{4+} \longrightarrow PoO_2^{2+}$ 的反应。在其他酸中不易发生歧化反应。

Po^{4+}：在中性或弱碱性介质中，发生水解生成难溶的 $Po^{4+}O(OH)_2$ 胶粒而形成真胶体。还要指出，四价钋离子在溶液中容易吸附在其他杂质的颗粒上而形成假胶体，也容易吸附在玻璃等器皿的壁上，甚至在稀酸溶液中也是如此。因此，为了避免钋的水解和吸附损失，应该在大于 2 N 的酸溶液中进行钋的操作。

Po(Ⅳ)在碱性溶液中以 $HPoO_3^-$ 或 PoO^{2+} 形式存在，碱性更强时形成 PoO_3^{2-} 形式，如与 NaOH 作用，生成亚钋酸钠（Na_2PoO_3）沉淀，而该沉淀与酸作用又可转变成四价钋盐。这也表明，钋既具有金属性，又具有非金属性。在碱性溶液中，Po^{4+} 可被 H_2SO_4、HNO_3、$SnCl_2$ 还原为单质状态。

Po^{4+} 是强的络合物形成体。由于 Po^{4+} 能与很多有机试剂形成络合物，所以它能被许多有机溶液萃取。Po^{4+} 与 EDTA、柠檬酸等有机试剂所生成的有机络合物是易溶于水的，因此可采用这类有机试剂有效地清除表面沾污的钋。微量 Po^{4+} 在酸性溶液中能与系列金属络合物如 $M_Z^IM^{IV}X_6$（M_z^I 为 NH_4^+、Cs^+、Rb^+、K^+；$M^{Ⅳ}$ 为 Pb^{4+}、Te^{4+}、Sn^{4+}、Pt^{4+}、X^- 为卤素离子）形成同晶共沉淀。Po^{4+} 还可被 $Fe(OH)_3$ 和 $MnO_2 \cdot nH_2O$ 载带共沉淀。

Po(Ⅵ)当有氧化剂存在时，Po(IV)被氧化成 PoO_4^{2-} 状态，它可以与 $PbTeO_4$ 发生同晶共沉淀。在盐酸介质中，$K_2Cr_2O_7$ 或 Cl_2 作用于 Po(Ⅳ)可生成络合物 $PoO_2Cl_4^{2-}$ 和 $PoO_2Cl_3^-$。

钋的化合物中重要的有以下几种：钋有 3 种氧化物，PoO、PoO_2 和 PoO_3，PoO_2 在 885 ℃ 时挥发。在碱溶液中 Po(Ⅳ)生成氢氧化物 $PoO_2 \cdot 2H_2O$。Po^{2+} 则生成 $Po(OH)_2$。

四价钋的氢氧化物与稀氢氟酸作用生成 PoF_4。单质钋或 PoO_2 与 Cl_2 或其他氯化剂作用生成 $PoCl_4$。钋的其他卤素化合物有 $PoBr_4$、PoI_4、H_2PoCl_6、H_2PoBr_6、PoF_2、$PoCl_2$、$PoBr_2$ 等。

在盐酸溶液中 H_2S 与 Po^{2+} 作用可析出硫化钋，它不溶于硫化铵。

钋在酸性溶液中被锌还原生成 H_2Po，它的沸点为 35.5 ℃。

钋是放射性元素中最容易形成胶体的元素，甚至在弱酸介质中也是这样。当 $pH \geqslant 1$ 时，钋的所有盐和络合物都水解，形成带正电荷的胶体。在 $pH > 7.5$ 时，钋形成带负电的氢氧化物真胶体。pH＝12～14 时，氢氧化物溶解形成 PoO_3^{2-}。钋的化学行为复杂，在实验中要特别注意。

^{210}Po 盐类的 α 辐射很强，可使其盐溶液发生辐射分解，不断产生过氧化氢和臭氧等气体，并放出大量的热。当 ^{210}Po 的浓度较大时，由于辐射气体所产生的气压不断增长，甚至引起盛放钋盐溶液的安瓿瓶爆炸。

(3) 钋的应用及测定

钋的最有用的核素是 ^{210}Po。^{210}Po 可用在宇航仪器中作热能源，还可用作 α 辐射源以及制备钋-铍中子源。

钋的分离方法有共沉淀法，萃取法和电化学分离法等。钋能自发电镀的特性（自发电镀在银片、铜片或镍片上）是大多数 α 放射性核素所不具备的，故能利用这一特性来浓集和纯化钋。对于环境和生物样品中的微量^{210}Po，电化学置换法最常用，最简便。该法是把钋沉积在银片、铜片或镍片上，使钋得到分离和浓集，再利用^{210}Po的α放射性来进行测量。其中，尤以银片的分离效果最好，应用较广泛。

6.6 氚和放射性碳的化学

6.6.1 氚

氢是所有元素中最轻的，氢主要以化合状态存在于水、碳氢化合物以及生物的组织中。在地壳内的含量以原子数的百分比表示约为17%。太阳和星球的大气中含有大量的氢，从整个宇宙来看，氢是分布最广的。

氢是无色无臭的气体。自然界存在的氢有质量数为1和质量数为2的核素，^{1}H占99.984%，是普通的氢，也叫氕；^{2}H占0.016%，叫氘(D)。还有质量数为3的核素，^{3}H叫做氚(T)，是放射性核素。

氢核之外层只有一个电子，可以失去这个电子，也可以再获得一个电子，由此，氢与金属化合，也可与非金属化合。常温下，氢的化学性质不很活泼。

氢与金属和非金属形成的氢化物中，金属或非金属的最高化合价是4，见表6.14。

表 6.14 第二周期元素的氢化物

氢化物	LiH	BeH_2	$(BH_3)_2$	CH_4	NH_3	OH_2	FH
化合价	1	2	3	4	3	2	1

(1) 氚的来源

氚(^{3}H)，是氢元素唯一的放射性核素。氚的来源有天然和人工两种。天然来源是宇宙射线中的中子和质子轰击上层大气中的氮，氧而形成的，其中主要的核反应如下：

$$^{14}_{7}N+^{1}_{0}n \longrightarrow ^{12}_{6}C+^{3}_{1}H$$

氚在大气中的平均生成率约为0.25个原子/($cm^2 \cdot s$)。天然环境中每10^{18}个氢原子中大约含有1～10个氚原子，即称1～10个氚单位①，其中大部分是由宇宙射线产生的；太阳耀斑爆发时形成的太阳风能够产生氚，太阳风到达地球可能是氚的另一个天然来源。1954年以前，地球表面氚的总量仅约1 800 g，其中在大气中的约为11 g，地下水中约13 g。

氚的人工来源主要是通过核爆炸和人工核裂变反应产生的。1954年以后，热核武器试验使雨水中氚的浓度急剧上升，其值可高达约500个氚单位。目前环境中氚的总量约190 kg，其中大部分氚是来自核武器试验，核动力堆和核燃料后处理厂也排出一部分氚。通过加速器可制备氚，其核反应如下：

$$^{2}_{1}H+^{2}_{1}H \longrightarrow ^{3}_{1}H+p$$

大量的氚主要是通过反应堆辐照^{6}Li来制备的，其核反应为：

---

① 氚单位表示每10^{18}个氢原子中含有一个氚原子。

$$^{6}_{3}Li + ^{1}_{0}n \longrightarrow ^{3}_{1}H + ^{4}_{2}He$$

另外，在高通量反应堆中，重水俘获中子也会产生氚，其核反应为$^{2}H(n,\gamma)^{3}H$。因此，也可以从这种重水中提取氚。

(2) 氚的性质

氚的许多物理性质与普通氢不同，这是由于它们的质量差别较大的缘故。氚的化合物的物理性质也与普通氢不同。例如氚水(T_2O)的沸点(101.6 ℃)稍高于普通水(100 ℃)的沸点。氚和氢在化学性质上非常相似。然而，由于氚的质量大，它在许多反应中的速度比氢慢得多，二者的反应速率之比可达 64∶1。氚易转化为氚水。在空气中，氚气是通过氧化反应和同位素交换反应而转化为氚水的。在热核武器爆炸过程中所产生的氚几乎全部转化为氚水蒸气。

当氚被能量足够大的氘核击时，发生聚变核反应，并释放出比轰击粒子大得多的能量，其核反应如下：

$$^{3}_{1}H + ^{2}_{1}H \longrightarrow ^{4}_{2}He + ^{1}_{0}n + 18\ MeV$$

这是一个重要的热核反应。在发展可控热核反应方面，它有很重要的价值。

纯的氚化物不稳定，因为氚本身的辐射线使其很快分解。与熔点为 0 ℃的普通水不同，氧化氚的熔点为 4.49 ℃。

氚放射出β射线，衰变成^{3}He，半衰期为 12.33 a，放射性比活度为 3.62×10^{8} Bq/μg，氚的β射线能量很低，最大能量仅为 0.018 61 MeV，平均能量为 0.005 7 MeV，因此β射线的射程很短，在空气中的射程为 5～6 mm，在水及软组织中的最大射程为 6 μm，平均射程为 0.56 μm。

氚属低毒性核素，但由于氚是氢的同位素，而氢又是组成水和生物机体的基本元素，因此氚能通过与氢发生同位素交换反应而存在于空气、水、食物及一切生物机体之中，氚已成为造成环境污染的重要放射性核素之一。自然界中的氚，不管其排放时形态如何，最终大部分将以氚水—氚水蒸气的形式存在。氚水(HTO 和 T_2O)进入人体，通过与体内的氢发生同位素交换反应，很快就能与体内所有的水达到平衡而直接与组织或器官的细胞接触。氚的β粒子电离密度较大，电离作用较强，对细胞的损伤也比较严重。氚衰变所生成的子体^{3}He对机体也有危害作用。氚与氢不同，它本身就有一定的化学毒性。

(3) 氚的应用与监测

目前，氚主要用于制造热核武器。氚还可制成靶中子发生器，它是靠加速器加速的氘核或质子轰击氚靶来获得能量单一的中子的。氚又是一种纯的低能β放射性，可用作低能β辐射源和轫致辐射源，在地质勘探、仪器分析等许多方面都有特殊的用途。氚还可用作发光涂料中的激发能源，以代替传统的镭和^{147}Pm。此外，氚还是一种很好的示踪剂，氚和氚的标记化合物在化学、医学、农业、水文等方面均有应用，而以在生物学研究中应用最广泛。氚既作为氢的示踪剂，又作为标记化合物用于代谢作用，生物合成和细胞学的研究。特别是氚标记的胸腺嘧啶以及其他核苷酸和核苷，大量用于脱氧核糖核酸(DNA)和核糖核酸(RNA)形成过程的研究。

由于氚在许多情况下，主要以水分子的状态存在，因此氚的监测基本上可归结为对水中氚的测定。氚放射的β粒子能量低，难以用一般的计数器β射线测量法进行氚的测定。水中氚的测定方法有两种：① 把水样转化为气态，再充入正比(或盖革)计数管中进行测量；

② 把水样直接混入闪烁液中，用液体闪烁计数器进行测量。前者检出下限值较低，最低可测到 0.2 Bq/L；后者的检出下限值一般为几个 Bq/L，但它具有简便，快速等优点，因此被广泛采用。

6.6.2　放射性碳

周期表ⅣA 族包括碳(C)、硅(Si)、锗(Ge)、锡(Sn)、铅(Pb)五种元素，合称碳族。其中碳和硅是非金属元素，其余是金属。表 6.15 列出了碳族元素的若干基本性质。

表 6.15　碳族元素的若干基本性质

元素	C	Si	Ge	Sn	Pb
原子序数	6	14	32	50	82
价电子层结构	$2s^2 2p^2$	$3s^2 3p^2$	$4s^2 4p^2$	$5s^2 5p^2$	$6s^2 6p^2$
主要化合价	+4，+2	+4	+4，+2	+4，+2	+2
原子半径/Å	0.77	1.17	1.22	1.40	1.46

碳在地壳中的含量是 0.027%，碳在自然界中分布很广，特别是在各种有机物中大量存在。在水和空气中碳主要以碳酸、碳酸盐和二氧化碳的形式存在。任何形式的单质碳或含碳的可燃物质在空气中燃烧都可以生成 CO_2。CO_2 是一种无色、无臭和不助燃的气体，溶于水生成碳酸 H_2CO_3，碳酸是一种弱酸。碳酸形成的盐中，分为正盐(即碳酸盐，如 Na_2CO_3)和酸式盐(即碳酸氢盐，如 $NaHCO_3$)。在正盐中，大多数是难溶的盐类。易溶的碳酸盐易发生水解，反应如下：

$$CO_3^{2-} + H_2O \rightleftharpoons HCO_3^- + OH^-$$

由于水解产生 OH^-，使溶液呈碱性；酸式盐多数是易溶于水的。

(1) 核性质及来源

碳共有 11 种核素，即 $^{9}C \sim {}^{19}C$，除 ^{12}C 和 ^{13}C 为稳定核素外，其余均为放射性核素($^{17}C \sim {}^{19}C$ 的辐射特性尚未确定)，其中 ^{14}C 最重要。^{14}C 是一种较弱的 β^- 放射性核素，半衰期为 5 730 a，放射性比活度为 1.57×10^5 Bq/μg，β 射线的最大能量为 0.156 MeV，属低毒性核素。^{11}C 是 β^+ 衰变(99.8%)放射性核素，衰变时放出能量为 0.960 8 MeV 的 β^+ 粒子，半衰期为 20.38 min。

^{14}C 有天然和人工两种来源。天然来源主要是宇宙射线中的中子减速后轰击大气中的氮而形成的：

$$^{14}_{7}N + ^{1}_{0}n \longrightarrow ^{14}_{6}C + ^{1}_{1}H$$

^{14}C 在大气中的平均生成率为 2.2 个原子/($cm^2 \cdot s$)。生成的 ^{14}C 立即与氧结合形成 $^{14}CO_2$ 而存在于大气层中，并参与自然界的循环。据推测，目前地球上 ^{14}C 的总量约为 67 t。^{14}C 也可通过人工核反应来制备，主要是用和各种氮化物(如用硝酸铵或硝酸钙的溶液)作靶子，通过反应堆照射来制得的。

(2) 化学性质和毒性

^{14}C 的性质与普通碳相同，碳酸盐与酸作用能放出二氧化碳，如：

$$CaCO_3 + HCl \longrightarrow CaCl_2 + H_2O + CO_2\uparrow$$

碳酸盐、酸式碳酸盐加热时能分解放出二氧化碳：

$$Na_2CO_3 \xrightarrow{>850\ ℃} Na_2O + CO_2 \uparrow$$

$$Ca_2CO_3 \xrightarrow{\triangle} CaO + CO_2 \uparrow$$

$$2NaHCO_3 \xrightarrow{150\ ℃} Na_2CO_3 + H_2O + CO_2 \uparrow$$

碳酸盐的热稳定性比相应的酸式盐高。

^{14}C—碳酸盐中所含的^{14}C能与空气中的碳发生同位素交换，其反应如下：

$$H_2CO_3 + M^{14}CO_3 \rightleftharpoons MCO_3 + H_2^{14}CO_3,\ H_2^{14}CO_3 \longrightarrow H_2O + {}^{14}CO_2 \uparrow$$

其中M为二价金属。此交换反应在潮湿的空气中速度加快。因此，^{14}C-碳酸盐固体必须贮存在干燥器中，且室内要保持干燥和良好的通风。

当然，^{14}C-碳酸盐的样品不能在酸性溶液中进行操作，而且要避免受热，以免生成$^{14}CO_2\uparrow$。利用^{14}C与稳定碳的同位素交换反应，可用稳定碳的碳酸盐作去污剂来去除^{14}C的沾污。由于^{14}C是碳的同位素，而碳又是组成生物机体的基本元素，因此^{14}C通过自然界的循环很容易进入人体。对体重为70 kg的人而言，约含3.7×10^3 Bq^{14}C。主要危害是对骨骼，骨内膜细胞和肺的照射。自1954年大规模的核试验以来，自然界的^{14}C大量增加，对人类健康，在一个相当长的时期内必将产生不利影响。

(3) ^{14}C 的应用

^{14}C的最大用途是制成标记化合物，用于农业、医药及生物学领域的科研中，以揭示农作物和其他生物体内的物质代谢过程及其规律。如用于研究光合作用、诊断疾病等。

^{14}C测量法是考古学中推究年代的一种有效方法。因为在地球上的各种含碳生物试样中都含有^{14}C。对于活着的生物体来说，通过机体的代谢过程，其体内的^{14}C量会达到平衡，^{14}C与总碳量之间保持恒定的比例。但生物体一旦死亡，由于不再继续摄入^{14}C(同位素交换反应可忽略不计)，体内^{14}C的放射性比活度就按半衰期进行衰减，其衰减公式如下：

$$t = \frac{T}{0.693}\ln\frac{S_0}{S_i} \tag{6.3}$$

式中：t是含碳样品的年龄，a；

T是^{14}C的半衰期，为5 730 a；

S_0是天然碳中^{14}C的放射性比活度，0.275 Bq/g；

S_i是样品中^{14}C的放射性比活度，Bq/g。

因此，通过对试样中^{14}C放射性比活度的测定，可推算出数百年乃至数万年前的木料或骨骼等古生物样品的年龄。^{14}C测量法还广泛用于地质学、海洋学等领域中年代的研究。^{14}C还可制成低能β源。如^{14}C-有机玻璃可作低能β放射源用于薄纸的测厚，灵敏度很高。

(4) ^{14}C 的分析测定

^{14}C多用作标记原子。因此，常需测定生物样品中的^{14}C。目前，最常用的方法是液体闪烁计数法。这里必须将生物样品中的^{14}C分离出来，制成适宜于液体闪烁测量的样品，才可用于液体闪烁计数测量。

分离和制备^{14}C测量样品的常用方法有湿氧化法和苯合成法等。湿氧化法所采用的氧化剂有多种，其中以过氯酸作氧化剂较为简单。它是将60%过氯酸，30%过氧化氢溶液依次加入到生物样品中，并加热将其完全消化，然后向此溶液中加入甲苯-PPO(2.5-二苯基恶唑)闪烁液即可进行测量。此法应用范围广泛,结果也比较准确。

苯合成法是把样品中的碳直接合成苯而作闪烁液的溶剂,这是目前^{14}C液体闪烁测量中最好的一种样品形式。合成苯的大致过程是:

$$C(样品)+O_2 \longrightarrow CO_2$$

$$2CO_2+10Li \longrightarrow Li_2C_2+4Li_2O$$

$$Li_2C_2+2H_2O \longrightarrow C_2H_2+2LiOH$$

$$3C_2H_2 \xrightarrow{催化剂} C_6H_6$$

此法在考古、地质以及环境保护等领域已被应用。

第 7 章　锕系元素

7.1　锕系概论

原子序从 89 到 103，即锕(Ac)、钍(Th)、镤(Pa)、铀(U)、镎(Np)、钚(Pu)、镅(Am)、锔(Cm)、锫(Bk)、锎(Cf)、锿(Es)、镄(Fm)、钔(Md)、锘(No)、铹(Lr)等 15 个元素称为锕系元素，它们都是放射性元素。在铀以后的 11 种元素(93～103)在 1940—1962 年之间用人工核反应合成，称为超铀元素；而 Ac、Th、Pu 叫铀前元素，钚后的元素(从 95 号开始)叫超钚元素；锔后的元素叫超锔元素，镄后的元素叫超镄元素。还有 Np、Pu 和 Am 称铀系元素；从 Cm 到 Lr 的元素称锔系元素。

锕系元素中的 Ac、Pa、Np、Pu 也存在于自然界中，但含量极微，而 Th 和 U 则是锕系元素中发现最早和地壳中含量较多的放射性元素。

锕系元素的电子层结构与镧系元素相似，锕系元素依次增加的电子充填在 5 f 轨道内，构成一个 5 f 内过渡系。锕系元素形成的 5 f 内过渡系从 Th 开始到 Lr 结束，它们的气体原子的基态电子结构与镧系元素的类似，不同的是 Th 没有 5 f 电子，Pa、U、Np 除 5 f 电子外，还有一个 6 d 电子。

锕系和镧系元素的中性气态原子的上述电子结构是由 $f^n s^2$ 和 $f^{n-1} ds^2$ 的能量差决定的。因为 87 号 Fr 至 89 号 Ac 元素的 6 d 层的能量比 5 f 层的低，90 号 Th 和 91 号 Pa 元素中，5 f 和 6 d 能级的相对位置很接近，而 93 号 Np 元素以后，5 f 能级显著地低于 6 d 能级，所以 Np 以后元素气体原子的 6 d 层没有电子，只有 Cm 和 Lr 因 5 f 层半充满或全充满是例外。锕系离子与气态中性原子相比，锕系离子的电子充填在 5 f 轨道比 6 d 轨道的趋势大。例如，气态钍的中性原子没有 5 f 电子，而气态 Th^{3+} 具有 5 f^1 电子结构。并且，由气态离子得出的结论，对水溶液和固体多半也是适用的。

类似于镧系收缩现象，锕系元素的离子半径也有锕系收缩现象。锕系元素的离子半径随原子序数的增加而减少，这种收缩是连续的但不均匀，前面几个元素的离子半径随 5 f 电子的充填收缩较大，后面元素的半径收缩趋势就越来越小，其结果就使锕系元素的化学行为的差别随原子序数的增加而逐渐变小，以致分离超铀元素变得越来越困难。表 7.1 列出了锕系元素的部分基本性质。

表 7.1　锕系元素的部分基本性质

元素	锕	钍	镤	铀	镎	钚	镅	锔	锫	锎	锿	镄	钔	锘	铹
符号	Ac	Th	Pa	U	Np	Pu	Am	Cm	Bk	Cf	Es	Fm	Md	No	Lr
原子序数	89	90	91	92	93	94	95	96	97	98	99	100	101	102	103
价电子层结构	$6d^1 7s^2$	$6d^2 7s^2$	$5f^2 6d^1 7s^2$	$5f^3 6d^1 7s^2$	$5f^4 6d^1 7s^2$	$5f^6 7s^2$	$5f^7 7s^2$	$5f^7 6d^1 7s^2$	或 $5f^8 6d^1 7s^2$ $5f^9 7s^2$	$5f^{10} 7s^2$	$5f^{11} 7s^2$	$5f^{12} 7s^2$	$5f^{13} 7s^2$	$5f^{14} 7s^2$	$5f^{14} 6d^1 7s^2$

续表

元素	锕	钍	镤	铀	镎	钚	镅	锔	锫	锎	锿	镄	钔	锘	铹
原子半径/Å	1.88	1.80	1.63	1.56	1.55	1.60	1.74	1.75	1.75						
离子半径 M^{3+}/Å	1.11	1.08	1.05	1.03	1.01	1.00	0.99	0.986	0.981	0.976	0.97				
离子半径 M^{4+}/Å		0.99	0.96	0.93	0.92	0.90	0.89	0.88	0.87						

7.1.1 锕系元素的价态

锕系元素的化学性质与镧系元素相似，但比镧系复杂。由于锕系元素 5 f 层电子的结合能，比镧系元素 4 f 电子的结合能小，而且锕系元素的前几个元素有 6 d 电子，故锕系元素有一系列氧化态(化合价)。锕系元素的价态见表 7.2。

表 7.2 锕系元素的价态

原子序数	89	90	91	92	93	94	95	96	97	98	99	100	101	102	103
元素	Ac	Th	Pa	U	Np	Pu	Am	Cm	Bk	Cf	Es	Fm	Md	No	Lr
价态	(2)	(2)		2			2[2]	(2)		2	2	2	2	2	
	$\underline{3}$	3	(3)	3	3	3	$\underline{3}$	$\underline{3}$	$\underline{3}$	$\underline{3}$	$\underline{3}$	$\underline{3}$	$\underline{3}$	3	3
		$\underline{4}$	4	4	4	$\underline{4}$	4	4	4	4					
			$\underline{5}$	5	$\underline{5}$	5	5			(5)					
				$\underline{6}$	6	6	6								
					7	7	(7)								

注：1. 下面有横线的价态是稳定的价态；有括号的价态是尚未确定的价态。
2. 仅在碱土金属卤化物的稀固态溶液中存在。

可能由于锕系元素系列的前半部分从 5 f 转变为 6 d 所需的能量比 4 f 到 5 d 所需的能量小，而在系列的后半部分从 5 f 转变为 6 d 所需的能量比 4 f 到 5 d 大，因而系列的前半部分易显示高的氧化态，如 Np 在固体化合物中氧化数显＋7，而后半部元素则易出现低的氧化态；如从 Cf 开始，再现了＋2 氧化态，其稳定性随原子序数增加而增加，2 价的 No 是最稳定的。

在整个锕系元素系列中，处于铀之前的元素，其高价的稳定性随着原子序数的增加而增加，但超铀元素的高价稳定性却随着原子序数的增加而降低。对超钚元素而言，最稳定的价态是三价。当然，上述价态的稳定性对不存在络合剂的水溶液而言的，在其他情况下，相对稳定性会有变化。还必须指出：＋5 和＋6 氧化态的 U、Np、Pu、Am 分别以 MO_2^+ 和 MO_2^{2+} 离子的形式存在于溶液中，其余氧化态的离子是单原子离子，与单原子的离子不同，二氧基离子(MO_2^+ 或 MO_2^{2+})具有不寻常的行为。

7.1.2 锕系元素的离子状态

锕系元素的离子在酸性水溶液中，有 4 种阳离子形式，在碱性水溶液中，有 1 种阴离子形式，它们的颜色列于表 7.3。

表 7.3 锕系部分离子状态

元素	Ac	Th	Pa	U	Np	Pu	Am	Cm	Bk	Cf
M^{3+}	无			红	蓝→紫	蓝→紫	淡红	无	绿	绿
M^{4+}		无	无	绿	黄	褐→橙棕	(未知)	(未知)	黄	
MO_2^{+}			无	(未知)	绿	淡红→紫	黄			
MO_2^{2+}				黄	淡红→红	黄→淡橙				
MO_5^{3-}					暗绿	暗绿				

表 7.3 中空白表示它们的氧化态在水溶液中不存在。锕系离子各种颜色的变化是过渡元素的特征。7 价的 Np 和 Pu 在碱性水溶液中以 MO_5^{3-} 的形式存在。7 价的氧化态在酸性溶液中很容易把水氧化。

7.1.3 锕系元素金属

锕系元素从锕到锫的金属态均已制得。其中，Th、U 和 Pu 已经大规模生产而用作核燃料，超锫金属还未得到。

锕系元素金属是银白色光泽的脆性碱性金属，有相当高的密度。它们很容易被氧化成相应的氧化物，细粉状的金属可以自燃。通常金属表面易形成牢固的氧化层，使金属不再进一步腐蚀。锕系元素金属与氢在 200～300 ℃很容易形成氢化物。但与氮的作用即使在高温下也很缓慢。锕系元素金属易溶于稀酸，与浓 H_2SO_4 和 HNO_3 作用时，由于形成氧化层而难以溶解。此外，锕系元素金属中除锕以外，均能形成具有较低熔点的多晶型变体。例如 Pu 在室温到熔点(640 ℃)之间有 6 种同素异形体，U 在不同温度范围内形成 α、β、γ3 种变体。

^{235}U、^{239}Pu 等锕系元素都是裂变物质，当它们堆聚到一定量时，在一定的反射条件和分布形状下，就要发生链式反应，引起爆炸。例如，^{235}U 金属球状金属有水全反射时，临界质量为 23 kg，^{235}U 水溶液的最小临界质量只有 800 g。表 7.4 列出了可裂变的锕系核素的最小临界质量。

表 7.4 可裂变的锕系核素的最小临界质量

核素		^{233}U	^{235}U	^{237}Np	^{238}Pu	^{239}Pu	^{240}Pu	^{241}Am	^{242}Am	^{244}Cm
临界质量/kg	无反射层	7.5	22.8	52.51	7.2	5.6	158.4	113.5	8.4	23.2
	有反射层						148.3	105.2	3.8	22
核素		^{242m}Am	^{243}Cm	^{245}Cm	^{247}Cm	^{249}Cf	^{251}Cf			
临界质量/g 水溶液中/(g/L)		23 (5)	213 (40)	42 (15)	159 (60)	32 (20)	10 (6)			

操作裂变截面大的裂变物质时要特别注意它们的临界质量。稍一疏忽就会造成临界事故。如^{239}Pu水溶液的最小临界质量只有 500 g。

7.1.4 锕系元素的重要化合物

(1) 氢化物

锕系元素能形成 MH_2 和 MH_3 两种氢化物，见表 7.5。

表 7.5 锕系元素的氢化物

元素	Th	Pa	U	Np	Pu	Am	Cm
氢化物	ThH_2 Th_4H_{15}	PaH_3	$\alpha,\beta-UH_3$	PuH_2 NpH_3	PuH_2 PuH_3	AmH_2 AmH_3	CmH_2

锕系元素金属与氢加热至 200～300 ℃，固体金属即变成粉末状氢化物。氢化物遇热不稳定，在减压下或真空中加热至 300 ℃则分解成粉末状金属。氢化物的化学性质很活泼，在空气中能自燃，它能与许多物质起反应，可以作为合成某些化合物的起始物质。如 UH_3 与 HCl 反应生成 UCl_3。

(2) 氧化物

锕系元素的氧化物是一类重要而又复杂的化合物，除符合化学计量的氧化物外，还能形成许多不符合化学计量的氧化物。表 7.6 列出了锕系元素的重要氧化物。

表 7.6 锕系元素的氧化物

元素	Ac	Th	Pa	U	Np	Pu	Am	Cm	Bk	Cf
氧化物	Ac_2O_3						Am_2O_3	Cm_2O_3	Bk_2O_3	Cf_2O_3
		ThO_2	PaO_2	UO_2	NpO_2	PuO_2	AmO_2	CmO_2	BkO_2	CfO_2
			Pa_2O_5		Np_2O_5					
				UO_3	NpO_3					
				U_3O_8	Np_3O_8					

从表 7.6 可知，从 Th 到 Cf 均能生成二氧化物。氧和金属原子的比大于 2 的氧化物。只有 U 和 Pa 的才是稳定的，Np 形成的 Np_2O_5 和 Np_3O_8 对热都不稳定。

(3) 卤化物

锕系元素与卤素形成的卤化物类型有：MX_3、MX_4、MX_5 和 MX_6 等，见表 7.7。

表 7.7 锕系元素的卤化物

	Ac	Th	Pa	U	Np	Pu	Am	Cm	Bk	Cf	Es
氟化物	AcF_3	(ThF_3)		UF_3	NpF_3	PuF_3	AmF_3	CmF_3	BkF_3		
		ThF_4	PaF_4	UF_4	NpF_4	PuF_4	AmF_4	CmF_4	BkF_4		
			PaF_9	U_2F_9							
				UF_5							
			PaF_5	UF_6	NpF_6	PuF_6					

续表

		Ac	Th	Pa	U	Np	Pu	Am	Cm	Bk	Cf	Es
氯化物		$AcCl_3$			UCl_3	$NpCl_3$	$PuCl_3$	$AmCl_3$	$CmCl_3$	$BkCl_3$	$CfCl_3$	$EsCl_3$
			$ThCl_4$	$PaCl_4$	UCl_4	$NpCl_4$	$PuCl_4$					
				$PaCl_5$	UCl_5							
					Ucl_6							
溴化物		$AcBr_3$	($ThBr_3$)		UBr_3	$NpBr_3$		$AmBr_3$	$CmBr_3$	$BkBr_3$	$CfBr_3$	
			$ThBr_4$	$PaBr_4$	UBr_4	$NpBr_4$	$PuBr_3$					
				$PaBr_5$	UBr_5		$PuBr_4$					
碘化物		AcI_3	ThI_2	(PaI_3)	UI_3	NpI_3	PuI_3	AmI_3	CmI_3	BkI_3	CfI_3	
			ThI_3	PaI_4	UI_4							
			ThI_4	PaI_5								

注：( )内的化合物尚未确证。

锕系元素的四氟化物可用相应的二氧化物在 400～700 ℃与 HF(气)反应而制得。

$$PuO_2(s)+4HF(g)\xrightarrow{O_2}PuF_4(s)+2H_2O(g)$$

但 AmF_4、CmF_4、BkF_4 仅能用单质 F_2 制备：

$$AmF_3(s)+\frac{1}{2}F_2(g)\longrightarrow AmF_4(s)$$

重要的化合物六氟化铀可用 BrF_3、ClF_3 等氟化剂与 UF_4 或 UO_2 反应制备；但六氟化钚只能用 F_2 合成：

$$PuF_4(s)+F_2(g)\longrightarrow PuF_6(s)$$

锕系元素三氟化物和四氟化物不溶于水。但相应的氯、溴和碘化物是可溶性盐。卤化物的稳定性随卤素原子序数的增加和化合物中卤素原子数的增加而降低。

此外，锕系元素还能形成如下类型的卤氧化物：MOX、MOX_2、MOX_3、MO_2X、MO_2X_2 等。

(4) 碳化物和氮化物

锕系元素的碳化物类型有 MC、M_2C_3 和 MC_2，Pu 还可形成 Pu_3C_2。锕系元素中除 U 和 Th 外，其余的元素仅能形成一氮化物 MN，表 7.8 列出了锕系元素的氮化物和碳化物。

表 7.8 锕系元素的氮化物和碳化物

元素	Th	Pa	U	Np	Pu
氮化物	ThN Th_3N_4		UN UN_x UN_2	NpN	PuN
碳化物	ThC Th_2C_3 ThC_2	PaC PaC_2	UC U_2C_3 UC_2	NpC Np_2C_3	PuC Pu_2C_3 PuC_2

铀和钚的这两类化合物的导热性比氧化物的高，将来可能用作高温下工作的快中子增殖堆的核燃料。另外，锕系元素还有硫酸盐、硝酸盐、磷酸盐、碳酸盐和草酸盐等。

7.1.5　锕系元素的水溶液化学

(1) 氧化还原反应

在水溶液中锕系元素可形成不同价态的离子。各种价态的稳定性可用元素不同价态的标准电极电势来表示。表 7.9 列出了锕系元素在 1.0 mol/L $HClO_4$ 中 25 ℃时的标准电极电势。电势越负，从低价态氧化到高价态的趋势越大；电势越正，则从高价态还原为低价态的趋势越大。

表 7.9　锕系元素的标准电极电势

元素	标准电极电势/V								
	Ⅲ/0	Ⅲ/Ⅱ	Ⅳ/Ⅲ	Ⅴ/Ⅲ	Ⅵ/Ⅲ	Ⅴ/Ⅳ	Ⅵ/Ⅳ	Ⅵ/Ⅴ	Ⅶ/Ⅵ
Ac	−2.62								
Th	−1.8(IV/O)		−2.4						
Pa	−0.97(V/O)		−2.0[1)]			0.29[2)]			
U	−1.85		−0.631	(−0.009)	(0.015)	0.613	0.339	0.063	
Np	−1.83		0.155	0.447	0.677	0.739	0.938	1.137	>2.07[3)]
Pu	−2.08		0.981 9	1.076	1.023	1.170	1.043	0.916	0.847
Am	−2.42	−2.93	2.34	1.75	1.70	1.16	1.38	1.00	2.51
Cm	−2.31	−5.0	3.24						
Bk		−3.4	1.64						
Cf	−2.32	−1.9	>1.6						
Es		−1.6	4.6[1)]						
Fm		−1.3	5.0[1)]						
Md		−0.15	5.2[1)]						
No		1.45	6.3[1)]						

注：1) 计算值；2) 6 mol/L HCl 溶液中；3) 1 mol/L KOH 溶液中；4)（　）内为估算值。

例如，从表 7.9 中可以看到，E^θ(Ⅳ)/(Ⅲ)的数值随原子序数的增加而上升(Bk 是例外，因为 Bk^{4+} 有稳定的电子壳层 $5f^7 7s^0$)，说明三价离子的稳定性随原子序数增加而加大。E^θ(Ⅳ)/(Ⅲ)随原子序数增加而增大，所以由 U 至 Am，从三价氧化到六价越来越难。事实上六价的铀非常稳定而难以还原，三价的镅则要用很强的氧化剂才能生成六价镅。

(2) 歧化反应

离子的自身氧化还原反应，称为歧化反应。＋4 价和＋5 价的锕系元素在溶液中可以产生下述歧化反应：

$$3M^{4+} + 2H_2O \rightleftharpoons 2M^{3+} + MO_2^{2+} + 4H^+$$

$$2MO_2^+ + 4H^+ \rightleftharpoons M^{4+} + MO_2^{2+} + 2H_2O$$

(3) 络合反应

溶液中锕系元素络合物的稳定性按下列顺序降低：

$$M(\text{Ⅳ}) > M(\text{Ⅲ}) > M(\text{Ⅵ}) > M(\text{Ⅴ})$$

即 M^{4+} 络合能力最强，MO^+ 最弱。锕系元素离子与 NO_3^- 和 Cl^- 形成络阴离子（如 $[M(NO_3)_6]^{2-}$ 等形式），此性质常用于阴离子交换法分离几种价态的锕系元素离子混合物。

(4) 水解反应

金属离子水解即是它们与 OH^- 的络合。锕系元素离子的半径较小和电荷较高，在水溶液中大都要发生水解，形成 $M(OH)^{(n-1)+}$ 等物（n 为离子价数）。

7.1.6 锕系元素的来源和应用

铀和钍是天然放射性元素。锕和镤的同位素是铀和钍的衰变产物。超铀元素由以下方法获得：① 在核反应堆中用中子照射铀或其他锕系元素。在这种情况下，元素的核连续俘获一些中子，得到的核又继续进行 β 衰变，生成重锕系元素。② 在热核爆炸中脉冲中子流照射铀和其他锕系元素。在这种情况下，核同样多次俘获中子，接着进行 β 衰变，生成重锕系元素。③ 用 p、d、α、${}^{12}_{6}C$、${}^{18}_{8}O$、${}^{22}_{10}Ne$ 等照射第七周期元素而获得。

锕系元素（${}^{235}U$、${}^{233}U$、${}^{239}Pu$）能做核燃料；锕系元素（${}^{242}Cm$、${}^{244}Cm$、${}^{238}Pu$），也能做同位素能量发生器，还可做各种辐射源；${}^{241}Am$ 可做 γ 源，${}^{238}Pu$、${}^{241}Am$、${}^{242}Cm$、${}^{254}Es$ 可做 α 源，${}^{252}Cf$ 可做中子源等。

锕系元素 ${}^{245}Cm$、${}^{249}Cf$ 和 ${}^{242}Am$ 可用做小型反应堆的核燃料，因为这些核素在热中子裂变时有非常小的临界质量，其质量可用克来计算。

以下将分别介绍若干重要的锕系元素。

7.2 镎

镎是第一个超铀元素。超铀元素的原子序数都大于 92，即属于铀以后的所有元素。超铀元素都只能靠人工制造，生产超铀元素的起始物质是天然存在的核素 ${}^{238}U$。由于超铀元素具有自发裂变的特点，所以操作超铀元素时有必要考虑中子的防护，表 7.10 列出了锕系元素中寿命最长的超铀元素的核素。

表 7.10 长寿命的超铀元素核素

核素	${}^{237}Np$	${}^{244}Pu$	${}^{243}Am$	${}^{247}Cm$	${}^{247}Bk$	${}^{251}Cf$	${}^{252}Es$	${}^{257}Fm$	${}^{258}Md$	${}^{259}No$	${}^{260}Lr$
半衰期	2.4×10^6 a	8.3×10^7 a	7 950 a	1.56×10^7 a	1.4×10^3 a	898 a	350 d	82 d	54 d	58 min	3 min

目前，已得到 17 种镎的核素，质量数从 229 到 241。其中，寿命较长的部分核素的辐射特性列于表 7.11。

表 7.11 镎的部分核素辐射特性

核　素	半衰期	衰变方式
^{234}Np	4.4 d	EC
^{235}Np	396 d	EC
^{236m}Np	22.5 h	EC,β^-
^{236}Np	$\geqslant$5 000 a	β^-
^{237}Np	2.4×10^6a	α
^{238}Np	2.117 d	β^-
^{239}Np	2.35 d	β^-

质量数在237以上的Np都是β衰变的核素,质量数小于236的核素因中子不足,进行的是电子俘获衰变。由于铀与中子的反应,在铀矿石中不断生成^{237}Np和^{239}Np,所以铀矿石中含有镎,其镎含量与铀含量的比值为1.8×10^{-12}。^{237}Np的放射性比活度约为天然铀的2 000倍,为了避免Np沾污和进入人体,可称量的镎必须在手套箱中操作。

7.2.1 镎及其化合物

金属镎是与银相似的延展性金属。熔点为640 ℃。室温时,金属镎在干燥空气中是稳定的,仅缓慢地形成薄的氧化层,但在高温时能迅速氧化成NpO_2。细碎的镎易起火。镎易溶于稀酸中。

(1) 氧化物

镎的氧化物有NpO_2、Np_2O_5、Np_3O_8和$NpO_3\cdot nH_2O(n=1、2)$、NpO_2是最稳定的氧化物,是镎工厂的半成品,由煅烧所制得的NpO_2在大多数酸中很难溶解,只在氧化剂(如溴酸钾)存在下才被溶解。

(2) 氢氧化物

它们是$Np(OH)_4$、NpO_2OH、$NpO_2(OH)_2$和$NpO_2(OH)_3$,都难溶于水。

(3) 盐类

在各种价态的镎盐中,四价镎盐较重要。四价镎离子可形成一系列难溶性的盐类,如NpF_4、$Np(C_2O_4)_2$和$Np_3(PO_4)_4$等,利用这些难溶性镎盐可分离纯化镎。四价镎的易溶性盐类主要有硝酸镎[$Np(NO_3)_4\cdot2H_2O$]、氯化镎($NpCl_4$)等,这些盐类的水溶液在pH>1时会发生水解。

7.2.2 镎的水溶液化学

镎的水溶液化学与铀有许多相似之处。镎在水溶液中能以5种价态存在:Np(Ⅲ)(以Np^{3+}形式),Np(Ⅳ)(以Np^{4+}形式),Np(Ⅴ)(以NpO_2^+形式)、Np(Ⅵ)(以NpO_2^{2-}形式)和Np(Ⅶ)(强碱性溶液中以NpO_5^{3-}形式存在,酸性溶液中以水合的NpO_2^{3+}形式存在,但很快被还原成Np(Ⅵ))。溶液中最稳定的是Np(Ⅴ)(NpO_2^+);Np(Ⅵ)可自发地转变为NpO_2^+,Np(Ⅲ)在溶液中是最不稳定的,在水溶液中可被空气中的氧氧化为Np^{4+}和NpO_2^+,在酸性介质中Np^{3+}被氧化为Np^{4+}时释放出H_2。

(1) 水解反应

各种价态的镎都容易发生水解，其水解能力按下列顺序变化：

$$Np^{4+} > NpO_2{}^{2+} > Np^{3+} > NpO_2^+$$

Np^{4+}的水解能力最强，当水溶液的 pH>1 时，Np^{4+}即水解生成 $Np(OH)^{3+}$产物，当 pH=3.1 时，则开始生成 $Np(OH)_4$ 沉淀，沉淀一旦生成就很难溶解。Np(Ⅵ)的水解能力较弱，pH>3.9 时开始水解，当 pH=4.7 时开始生成 $NpO_2(OH)_2$ 沉淀。Np(Ⅴ)的水解能力最弱，在 pH<5 的酸性溶液中不水解，只有在碱性溶液中才水解，并生成难溶性的 NpO_2OH 沉淀。由于水解会给镎的分离工作造成困难，故在操作镎时要注意，避免水解发生。

(2) 歧化反应

当不存在络合剂时，各种价态的镎都不发生歧化反应，Np(V)也不发生歧化，这与其他+5 价锕系离子(如 U 等)是不一样的。但在高酸度或络合剂存在时，NpO_2^+ 会歧化：

$$2NpO_2^+ + 4H^+ \longrightarrow Np^{4+} + NpO_2^{2+} + 2H_2O$$

在硫酸介质中，由于 Np(Ⅳ)易与 SO_4^{2-} 形成络合物，因此酸度较低时(1 mol/L)Np(V)就能发生歧化。

Np(Ⅵ)在碱性介质中可歧化为 Np(Ⅶ)和 Np(V)：

$$2NpO_2^{2+} + H_2O \longrightarrow NpO_2^+ + NpO_5^{3-} + 2H^+$$

由于歧化可能造成的镎的价态变化。所以操作镎以前都必须调节价态。

(3) 络合反应

各种价态的镎的络合能力按下列顺序变化：$Np^{4+} > NpO_2{}^{2+} > Np^{3+} > NpO_2^+$，七价镎 NpO_2^{3+} 在某些情况下的络合能力比六价镎 NpO_2^{2+} 的更强。

无机络合物中，Np(Ⅳ)与 NO_3^-、Cl^-形成的 $Np(NO_3)_6^{2-}$ 或 $NpCl_6^{2-}$ 络合物最重要。这些络阴离子常被应用在离子交换分离中。镎也能与许多有机试剂(如柠檬酸、EDTA、TTA、酒石酸等)形成有机络合物。这些有机络合物用于萃取分离或去污操作中。

7.2.3 应用及监测

^{237}Np 的最大用途，是生产核电池的原料^{238}Pu：

$$^{237}Np(n,\gamma)^{238}Np \xrightarrow{\beta^-,2.117\ d} {}^{238}Pu$$

^{239}Np 是^{238}U 转变成核燃料^{239}Pu 的中间物。此外，^{238}Np 与^{239}Np 常用作科研中的示踪剂。

核爆炸初期的落下灰(放射性沉降物)中^{239}Np 含量相当高，因此^{239}Np 也是监测核爆炸的一个适宜的信号核素。半衰期较长的^{237}Np 属于极毒性核素，在体内的主要积聚在骨骼、肝和肾中。测定环境和生物样品中的微量镎需事先将样品中的镎转变成可溶性镎离子，再将镎与杂质(如 U、Pu 和 Am)分离，最后浓集和纯化镎。常用的分离方法有共沉淀法，阴离子交换法和反相萃取柱色层法等。对于含量极低的环境和生物样品中的^{237}Np，一般采用 α 计数法进行测定，其检出下限为 3.6×10^{-3} μg。

7.3 钚

已知钚有 16 种核素，即^{232}Pu～^{246}Pu 和一种同质异能素。钚的重要核素的辐射特性列于表 7.12。

表 7.12　钚的部分核素的辐射特性

核素	半衰期	衰变方式	粒子能量/MeV
^{236}Pu	2.85 a	α	5.77 5.72
^{237}Pu	45.6 d	ε	5.36 5.65
^{238}Pu	87.75 a	α	5.50 5.46
^{239}Pu	2.44×10^4 a	α	5.16 5.14
^{240}Pu	6.60×10^3 a	α	5.17 5.12
^{241}Pu	15.2 a	β	0.02
^{242}Pu	3.87×10^5 a	α	4.90 4.86
^{243}Pu	4.955 h	β	
^{244}Pu	8.3×10^7 a	α	4.59 4.55

钚的核素都是靠人工核反应制取的，最重要的核素是^{239}Pu，它是通过反应下式制备：

$$^{238}\mathrm{U}(\mathrm{n},\gamma)^{239}\mathrm{U}\xrightarrow[23\,\mathrm{min}]{\beta^-}{}^{239}\mathrm{Np}\xrightarrow[2.3\,\mathrm{d}]{\beta^-}{}^{239}\mathrm{Pu}$$

在自然界，由于中子对^{238}U 的作用，在铀矿石中能生成^{239}Pu。铀矿石中钚的含量为每 10^{12}份铀中约有 0.5～15 份钚。

钚的性质很活泼，长期储存有困难。当储存金属面积较大时，要注意防火。而水蒸气对钚有特殊的破坏作用，因为相当少的钚氧化后就能引起破裂。金属钚储存 3～5 a 以上时，在使用前一般都要进行再处理。这是由于氧化得太厉害或镅的含量增高使材料的 γ 放射性很强的缘故。

钚具有很高的生物毒性，微克量级的钚应该在密闭的手套箱中操作。平时，钚应封存在密闭的容器内。

7.3.1　金属钚的性质

钚是银白色金属，类似铁和镍。熔点为 641 ℃，沸点为 3 232 ℃。密度为 19.84 g/cm^3（α 相）。钚能与许多金属（如 U、Al、Cd、Ce 等）形成合金，其中 Pu-U 和 Pu-Al 合金是很重要的核燃料。

钚同铀和镎一样，是活泼金属。在空气中易被氧化，其氧化速度与空气的相对湿度有关，相对湿度越大，氧化速度越快。粉末状的钚在空气中能自燃，而生成 PuO_2。钚能与氢、卤素和氨反应，但与氮作用很慢。钚在室温下与水作用很慢，温度升高，作用稍快。钚能溶于许多无机酸中，但与碱不作用。例如，钚能溶于盐酸，氢溴酸（HBr）、氢碘酸（HI）、浓氯代乙酸（Cl_3CCOOH）、高氯酸（$HClO_4$）、磷酸中，但在硝酸、浓硫酸中，由于钚金属的表面钝化而不能进一步与酸作用，所以，钚与硝酸、浓硫酸反而不作用，不过，钚能相当快地溶于含有微量氢氟酸的热浓硝酸中。

如前所述，超铀元素具有自发裂变放出中子的特性。钚自发裂变放出中子，它衰变放出的 α 粒子也能与钚中所含有的杂质元素（如氟、氧等）发生（α，n）反应而产生中子。所以，要注意防护中子。特别是钚衰变放出 α 粒子时，会使子体反冲逸出，产生类似钋的“群体反冲”现象，从而从溶液或固体表面携带出钚在空气中形成气溶胶，造成对周围环境的放射性沾污。因此，操作时必须注意。

7.3.2 钚的化合物

钚几乎能与所有非金属元素生成化合物。

(1) 氧化物

钚容易与氧化合，形成多种氧化物、过氧化物。其中，PuO_2 最稳定、最重要。二氧化钚熔点高、耐辐照以及与金属的互熔性好，容易制备，是一种重要的核燃料化合物，也是制备金属钚的中间产物。二氧化钚的颜色与制备方法有关，并随其纯度、颗粒大小的不同而不同，可从棕绿色到棕黄色。二氧化钚一般呈棕绿色，灼烧到 1 200 ℃以上，变为棕黄色。未经高温（600 ℃）灼烧的二氧化钚能溶于热的浓硫酸和浓硝酸而生成相应的钚盐。经高温灼烧过的二氧化钚在硝酸和盐酸中溶解很困难，但当有少量 F^- 存在时，溶解可大大加快。如果先用 $KHSO_4$、KHF_2 或 Na_2O_2-NaOH 熔融，则可使其变得易溶。二氧化钚的这些特性可用于对含钚生物样品的预处理，使样品中的钚容易被浸到酸溶液中来。钚的过氧化物可溶于浓硝酸。

(2) 氢氧化物

钚能形成一系列难溶的氢氧化物，如 $Pu(OH)_3 \cdot xH_2O$、$Pu(OH)_4 \cdot xH_2O$、PuO_2OH、$PuO_2(OH)_2$ 等，都是胶体物质，$Pu(OH)_3 \cdot xH_2O$ 是蓝色沉淀，在空气中很快被氧化成 $Pu(OH)_4 \cdot xH_2O$ 绿色凝胶物。$Pu(OH)_4 \cdot xH_2O$ 是最常见的，它可溶于稀酸，在高温下加热可转化为 PuO_2。

(3) 盐类

钚能形成一系列难溶性盐类，如 PuF_4、草酸钚[$Pu(C_2O_4)_2$]和碘酸钚[$Pu(IO_3)_4$]。难溶性的钚盐是沉淀法分离、浓集和纯化钚的重要化合物。比如 $Pu(C_2O_4)_2$ 是将 $Pu(NO_3)_4$ 转化为金属钚的中间产物，$Pu(C_2O_4)_2$ 加热分解为 PuO_2。$Pu(IO_3)_4$ 常用于钚的分离。钚形成的易溶性盐类，如硝酸钚[$Pu(NO_3)_4$]，硫酸钚[$Pu(SO_4)_2$]、[$Pu(SO_4)_2 \cdot 4H_2O$]和氯化钚[$PuCl_4$]等。四水硫酸钚[$Pu(SO_4)_2 \cdot 4H_2O$]非常稳定，组成确定，常作分析基准物质。

Pu(Ⅳ)和 Pu(Ⅵ)都能与一些酸根离子形成易溶于水又易溶于有机溶剂的钚盐和钚酰盐。在碱性介质中，Pu(Ⅵ)能转化成难溶的重钚酸盐沉淀：

$$2PUO_2^{2+} + 6NaOH \longrightarrow Na_2Pu_2O_7 \downarrow + 3H_2O + 4Na^+$$

7.3.3　钚的水溶液化学

钚在水溶液中有＋3～＋7五种价态，分别以水合的 Pu^{3+}、Pu^{4+}、PuO_2^{+}、PUO_2^{2+} 和 PuO_5^{3-} 形式存在于水溶液中，其中最稳定的是 Pu^{4+}，其次是 Pu^{6+}，而铀最稳定的价态是 U(Ⅵ)，它比 Pu(Ⅵ)稳定，这符合铀和超铀元素高价态的稳定性随原子序数的增加而降低的规律。

钚的水溶液有一个重要性质，就是 Pu^{3+}、Pu^{4+}、PuO_2^{+} 和 PuO_2^{2+} 能同时共存，成为一个稳定体系，四种价态的钚离子之间的平衡式为：

$$Pu^{4+} + PuO_2^{+} \rightleftharpoons Pu^{3+} + PuO_2^{2+}$$

在周期系中只有钚才具有这种性质。这是由于在弱酸性溶液中钚的歧化作用以及钚溶液在保存过程中的自身 α 辐射作用，使钚的价态会发生变化，从而造成钚的水溶液化学的复杂性。

金属钚溶解后的价态与所用的酸的种类有关。例如，用盐酸、溴酸、磷酸和高氯酸等溶解时，钚主要呈三价，用硝酸—氢氟酸溶解时，主要呈四价。

在钚的氧化还原反应中，钚与 HNO_2 的反应有着重要意义，它在钚的水法处理过程中可调节钚的价态，能将 Pu^{3+} 氧化为 Pu^{4+}，同时将 PuO_2^{2+} 还原为 Pu^{4+}，从而使各种氧化态的钚都转变为适于萃取分离的价态：

$$Pu^{3+} + 2H^{+} + 2HNO_2 \longrightarrow Pu^{4+} + 2NO + 2H_2O$$

$$PuO_2^{2+} + H^{+} + 2HNO_2 \longrightarrow Pu^{4+} + NO_3^{-} + H_2O$$

在钚的工艺过程和分析中，大多是利用各种价态的钚的化学性质有很大差异这一特点来分离钚的。因此，钚的价态之间的相互转换(即钚的氧化还原反应)是钚水溶液化学的重要课题。

(1) 歧化作用

四价钚与五价钚在一定的溶液中会发生歧化反应。

在无络合剂存在时，Pu(IV)在低酸溶液中会发生如下的歧化反应，

$$3Pu^{4+} + 2H_2O \rightleftharpoons 2Pu^{3+} + PuO_2^{2+} + 4H^{+}$$

通常，Pu(Ⅳ)在低温和较高的酸度下是稳定的。温度升高，歧化反应加快。在酸性溶液中，酸度增高，可抑制歧化反应的进行。对不同酸类而言，其歧化反应的能力有如下次序：

$$HClO_4 > HCl > HNO_3 > H_2SO_4$$

由于 Pu(Ⅳ)能与络合剂形成很稳定的络合物，因此络合剂能使 Pu(Ⅳ)稳定存在而不发生歧化反应。

Pu(Ⅴ)只在弱酸性溶液中才能稳定存在，在 $pH=3\sim4$ 时最为稳定，而在 $pH<2$ 以及 $pH>7$ 时往往会迅速发生歧化。在中等酸度的溶液中，其歧化总反应式为：

$$2PuO_2^{+} + 4H^{+} \longrightarrow PuO_2^{2+} + Pu^{4+} + 2H_2O$$

Pu(Ⅴ)的歧化倾向比 Pu(Ⅳ)大。一般认为，提高温度和钚的浓度，Pu(Ⅴ)的稳定性就下降。

(2) 辐射效应

溶液中钚离子的价态除了歧化反应的影响外，还受到自身 α 射线辐射或 X、γ 射线辐射的影响。^{239}Pu 的放射性比活度较高，且能放出能量较大的 α 粒子，使水辐解而形成 H_2O_2、

H_2、自由基 H·、HO·等产物,其中 H_2O_2 和自由基 H·对钚起还原作用,而自由基 HO·起氧化作用。这种辐射作用常能使高价态的钚自还原。因此,由于钚溶液辐射化学效应和歧化作用,单一价态的钚溶液应当在使用前制备,贮存已久的溶液在使用前要进行钚价态的鉴定。

(3) 水解作用

各种钚离子的水解能力依下列次序递减:

$$Pu^{4+} > PUO_2^{2+} > Pu^{3+} > PuO_2^+$$

Pu^{4+} 的水解能力最强。Pu^{4+} 在 pH>1 的水溶液中即发生水解,其水解反应为:

$$Pu^{4+} + H_2O \rightleftharpoons Pu(OH)^{3+} + H^+$$

Pu(Ⅳ)水解的最终产物是 $Pu(OH)_4$(或水合 PuO_2)。在没有强络合剂存在时,0.001 mol/L Pu^{4+} 溶液在 pH≈2 时就能产生 $Pu(OH)_4$ 沉淀。

Pu(Ⅲ)的水解反应为:

$$Pu^{3+} + H_2O \rightleftharpoons Pu(OH)^{2+} + H^+$$

在强碱性溶液中,Pu(Ⅲ)生成蓝色的 $Pu(OH)_3$ 沉淀,但在空气中很快地被氧化为 $Pu(OH)_4$(或水合 PuO_2)。

Pu(V)的水解能力非常弱,在溶液 pH<5 时,Pu(V)的水解可以忽略。只有在 pH 更高时 Pu(V)才水解,当 pH≈6.8 时,就会析出)$PuO_2(OH)$沉淀,其水解反应为

$$PuO_2^+ + H_2O \rightleftharpoons PuO_2(OH)\downarrow + H^+$$

Pu(Ⅵ)的水解比较复杂,研究得尚不充分。

(4) 聚合使用

与 Th(Ⅳ)和 U(Ⅳ)相类似,Pu(Ⅳ)在弱酸性溶液中能形成一种胶体聚合物,其颜色为亮绿色。但钚离子的聚合作用与钍不同。Th(Ⅳ)的聚合过程是可逆的,而 Pu(Ⅳ)的聚合过程是不可逆的。Pu(Ⅳ)的聚合物一旦形成,就不易破坏,它会给钚的操作带来不利因素,如会影响钚的离子交换反应的正常进行,在溶液萃取中会引起乳化现象,会被所接触的材料表面吸附;在钚工厂,甚至会由于聚合物的形成造成钚的局部浓集而发生临界的危险等。

一般认为,降低"酸钚比"及提高温度都能促进聚合物的生成,提高溶液的酸度,加入强氧化剂(如高锰酸钾、重铬酸钾等)和强络合剂(如 F^-、$SO_4{}^{2-}$、柠檬酸等),则可以防止聚合物的生成。显然,在稀释钚溶液时,不能直接用水,必须用大于 0.1 mol/L 的酸。

Pu(Ⅳ)的聚合物带正电荷,加入适当的沉淀剂(如草酸盐、碘酸盐、磷酸盐)可以使它沉淀出来。Pu(Ⅳ)胶体的解聚很缓慢,它在 5 mol/L HNO_3 中,室温时可存在几个月,若加热至 95 ℃,其半解聚期降为 0.56 h。

(5) 络合作用

钚的络合能力比铀和镎都强,不同价态钚的络合能力顺序为:

$$Pu^{4+} > Pu^{3+} > PUO_2^{2+} > PuO_2^+$$

Pu^{4+} 的半径小,电荷多,形成络合物的能力最强。Pu^{4+} 与一价阴离子形成络合物能力有如下次序:

$$F^- > NO_3^- > Cl^- > ClO_4^-$$

Pu^{4+} 与二价阴离子形成络合物的能力一般要比一价阴离子强,它们的络合能力有如下次序:

$$CO_3^{2-} > SO_3^{2-} > C_2O_4^{2-} > SO_4^{2-}$$

Pu^{4+} 的主要无机络合物是与 NO_3^-、Cl^- 和 SO_4^{2-} 等形成的络合物，如 Pu^{4+} 能与 NO_3^- 形成从 $Pu(NO_3)^{3+}$ 到 $Pu(NO_3)_6^{2-}$ 的一系列络合物。在大于 7 mol/L 的硝酸中，$Pu(NO_3)_6^{2-}$ 是最主要的络合物，可被吸附在阴离子交换树脂上，实现钚与许多杂质阴离子的分离。Pu^{4+} 的络合物在钚的提取工艺和分析化学中有着重要意义。Pu^{3+} 与 PUO_2^{2+} 等也能与许多阴离子形成络合物。

钚还能与许多有机试剂（如柠檬酸、EDTA、TBP、TTA 等）形成有机络合物。各种价态的钚形成络合物能力有很大差别，这种性质广泛用于钚的分离纯化。同时，钚形成络合物的性质，在去污方面也有实用意义。如 10％的柠檬酸和 EDTA 溶液可作为放化实验室和体表钚的去污剂。

7.3.4　钚的应用与监测

钚能做核燃料，因此，钚在工业上的重要性超过其他所有的人造元素。^{239}Pu 的生产比 ^{235}U 容易，且钚弹的效率比铀弹高，容易做到小型化。^{239}Pu 还可作核动力堆特别是快中子堆的燃料。

^{242}Pu 是生产超钚元素的重要原料。^{238}Pu 主要用于制备核电池。它已在宇宙飞行装置中作为能源使用；高纯的 ^{238}Pu 可作心脏起搏器的能源。

钚属极毒性元素。除 ^{243}Pu 外，钚的同位素的 α 能量都较大，因而具有很强的电离能力。在体内以 $Pu(OH)_4^{\cdot}$、$[Pu(OH)_2^{2+}]_n$ 等难溶性胶体和钚——蛋白质络合物形式存在于血液中，而后主要蓄积于骨骼和肝脏中。^{239}Pu 的放射性比活度比 ^{238}U 高 2×10^5 倍，因此其辐射危害比 ^{238}U 要严重得多。

在环境和生物样品中，一般由于 ^{239}Pu 的含量低，放在测定前必须将样品中的钚进行浓集和纯化。常用的分离方法有共沉淀法、萃取法、阴离子交换法和反相萃取柱色层法等。对于 ^{239}Pu 含量小于 1 mg 的样品的测量，α 计数法应用最广泛。但因一般的 Si(Li) 探测器不能分辨 ^{239}Pu 和 ^{240}Pu 的 α 谱线，α 测量法只能用于 Pu 的同位素组成及纯度的样品分析。

7.4　镅

镅是人工核素，自然界不存在。已知 Am 的同位素有 12 种，质量数为 232～247，最重要的是 ^{241}Am 和 ^{243}Am，其核性质列于表 7.13。

表 7.13　^{241}Am、^{243}Am 核性质

同位素	半衰期	衰变方式
^{241}Am	433 a	α
^{243}Am	7 950 a	α

^{241}Am 主要用于生产 ^{242}Cm，以制备核电池，^{241}Am-Be 中子源是广泛应用的辐射源。^{243}Am 主要用于生产超锔元素。在核燃料后处理过程中，强放废液中含有 Am 与稀土元素。

此外，经过长期存放的纯 Pu 会产生 Am。

7.4.1 镅和镅的化合物

Am 是银白色金属，熔点为 994 ℃，沸点为 2 607 ℃，它有 3 种同素异形体，室温时为 α 相结构。α-Am 的密度为 3.671 g/cm³。金属 Am 易溶于稀酸。能与氢形成氧化物 AmH_2 和 AmH_3。

AmO_2 可由 $Am(NO_3)_3$、$Am(OH)_3$、$Am(C_2O_4)_3$ 在氧中加热至 700～800 ℃而制得，它在 1 000 ℃以下最稳定。AmO_2 被氢还原生成 Am_2O_3。AmO_2 和 Am_2O_3 能与许多金属氧化物反应，制得不同组成的＋3～＋6 的多元氧化物。如 Li_4AmO_5、Li_3AmO_4、Na_2AmO_3、$AmBO_3$ 等。

Am 的卤化物有 AmX_3（X 为 F、Cl、Br、I）和 AmF_4，它们都可用 AmO_2 在高温下与适当的卤化剂反应制得。

$AmCl_3$、$Am(NO_3)_3$、$Am_2(SO_4)_3$ 是可溶盐，AmF_3、$Am_2(C_2O_4)_3$、$AmPO_4$ 则不溶于水，但 Am(Ⅲ)的碳酸盐可溶于浓的碱金属碳酸盐溶液中，生成 $Am(CO_3)_4^{5-}$ 络阴离子。用过硫酸盐和 O_3 氧化 Am(Ⅲ)的碳酸盐溶液则得到 AmO_2^+ 的碳酸复盐 $KAmO_2CO_3$、$K_3AmO_2(CO_3)_2$ 以及 $K_5AmO_2(CO_3)_3$。它们的溶解度很小，可用于大量 Am 和 Cm 的分离。

7.4.2 镅的水溶液化学

Am 在水溶液中存在＋2～＋7 六种价态，其中，Am^{3+} 最稳定。Am(Ⅱ)仅在极谱研究中观察到，Am(Ⅳ)很不稳定，只能在饱和 NH_4F 溶液中存在。由于 ^{241}Am 和 ^{243}Am 半衰期较短，因而放射性比活度较高，辐射化学效应强。

(1) 镅的氧化还原和歧化

Am 在 1 mol/L $HClO_4$ 中的摩尔还原电势（单位：V）如图 7.1 所示，除 E(Ⅵ/Ⅴ)是直接测定的以外，其他数值都是计算值。

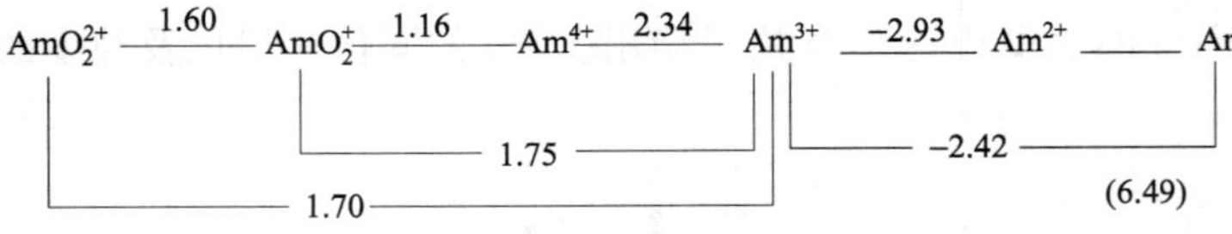

图 7.1 镅的氧化还原和歧化

高价 Am 是较强的氧化剂，相当于酸性溶液中 MnO_4^- 的氧化能力。AmO_2^{2+} 可用过硫酸盐或 Ce(Ⅳ)在酸性溶液中氧化 Am^{3+} 得到。$^{241}AmO_2^{2+}$ 在自身 α 辐射作用下很快还原为 AmO_2^+。在 95 ℃的碳酸盐溶液中，用次氯酸盐或过硫酸盐氧化 Am^{3+} 可制得 AmO_2^+，此时 Am 以复盐 $MAmO_2CO_3$ 和 $M_5AmO_2(CO_3)_3$ 析出，用酸溶解即得 AmO_2^+ 溶液。$^{241}AmO_2^{2+}$ 在 α 辐射作用下迅速自还原生成 Am^{3+}。

＋4 价和＋5 价的 Am 是不稳定的，在溶液中能发生歧化反应。Am(Ⅳ)在水溶液中迅速歧化为 Am^{3+} 和 AmO_2^+：

$$2Am^{4+} + 2H_2O \rightleftharpoons Am^{3+} + AmO_2^+ + 4H^+$$

Am(Ⅴ)的歧化反应过程比较复杂，因为在 AmO_2^+ 歧化为 Am^{4+} 和 AmO_2^{2+} 的同时，还

发生 AmO_2^+ 和 AmO_2^{2+} 的辐射化学自还原和 Am^{4+} 的歧化。反应可能是通过以下过程进行的，首先 AmO_2^+ 发生歧化：

$$2AmO_2^+ + 4H^+ \rightleftharpoons AmO_2^{2+} + Am^{4+} + 2H_2O$$

生成的 Am^{4+} 与 AmO_2^+ 迅速反应：

$$Am^{4+} + AmO_2^+ \longrightarrow AmO_2^{2+} + Am^{3+}$$

或者与 α 射线辐解产物（如 H_2O_2）迅速反应被还原为 Am^{3+}。因此 AmO_2^+ 歧化的总反应式可用下式表示：

$$3AmO^+ + 4H^+ \longrightarrow AmO_2^{2+} + Am^{3+} + 2H_2O$$

这一反应的逆反应速率很低，并且 AmO_2^{2+} 被 α 辐射自还原，因此体系不能达到平衡，最后所有 Am 都转变为 Am^{3+}。

(2) 镅的络合作用

Am^{3+} 与一价配位体络合物的稳定次序为：

$$F^- > H_2PO_4^- > SCN^- > NO_3^- \geqslant Cl^- > ClO_4^-$$

Am^{3+} 与 Cl^-、NO_3^- 形成的络合物很不稳定。在浓 LiCl 溶液中能形成 $AmCl_4^-$ 而被吸附到阴离子交换树脂上，从而与相应的镧系元素分离，LiCl 浓度为 10 mol/L 是锕系与镧系元素组分离的最佳条件。Am^{3+} 与 F^- 则有强的络合作用。

Am^{3+} 与二价阴离子如 SO_4^{2-}、$C_2O_4^{2-}$ 形成的络合物要稳定得多。

Am^{3+} 与 TTA、PMBP 形成螯合物 $Am(TTA)_3$、$Am(PMBP)_3$、与 HDEHP、DBP 等酸性磷酸酯形成络合物 $Am(HA_2)_3$，与 TBP 形成中性络合物 $Am(NO_3)_3 \cdot 3TBP$。

7.5 锔及超锔元素化学

7.5.1 锔

1944 年，西博格和詹姆斯等用 α 粒子轰击 ^{239}Pu，制得了锔的第一个同位素 ^{242}Cm，其核反应式如下：

$$^{239}Pu(n,\alpha)^{242}Cm \xrightarrow{\alpha,162.8\ d}$$

为了纪念居里夫妇，将些元素命名为锔。

已发现的锔共有 14 种同位素，其中以 ^{242}Cm 和 ^{244}Cm 最为重要，它们都是 α 放射体，半衰期分别为 162.8 d 和 18.1 a。目前已能用 ^{241}Am 和 ^{243}Am 在反应堆中照射的方法制得千克级 ^{242}Cm 和 ^{244}Cm。

^{242}Cm、^{244}Cm 都可作放射性核素电池的能源。^{242}Cm 是伴随有低能 γ 射线的 α 放射体，热功率达 120 W/g。^{244}Cm 的热功率为 2.8 W/g，但它的寿命比 ^{242}Cm 长得多，适用于长时期需要稳定功率输出的场合。此外，^{242}Cm 还可制成 ^{242}Cm-^{238}Pu 核素发生器来生产医用纯的 ^{238}Pu。^{244}Cm 可制成 ^{244}Cm-Be 中子源。^{245}Cm 可作核燃料，用于宇宙航行用的小型反应堆中。

^{242}Cm、^{244}Cm 分别属于高毒性和极毒性核素。由于锔从人体内排出较快，故毒性比

^{239}Pu 小。

锔的氧化物有白色的 Cm_2O_3 和黑色的 CmO_3，前者是生产超锔元素的靶材料。Cm(Ⅲ)的可溶性盐类有硝酸盐、硫酸盐、卤化物和高氯酸盐等，难溶性盐主要有 $CmPO_4$、CmF_3、$Cm_2(CO_3)_3$ 和 $Cm_2(C_2O_4)_3 \cdot 10H_2O$ 等。Cm^{3+} 可随镧的氟化物、草酸盐、氢氧化物等定量共沉淀，此性质可用于微量锔的浓集分离。

锔在水溶液中有＋3 和＋4 两种价态，稳定价态为＋3 价。其稳定性比 Am^{3+} 还要高。在 Am^{3+} 被氧化到 Am(Ⅴ)甚至 Am(Ⅵ)的条件下，Cm 仍保持在＋3 价。溶液中 Cm^{3+} 的化学行为和镧系元素相似。Cm^{3+} 的稀溶液是无色的，高浓度时呈浅黄色，在暗处会以出微弱的蓝光。Cm^{4+} 溶液是不稳定的，与 Cm^{3+} 一样，只能在高浓氟离子溶液中存在。锔的强 α 辐射能迅速地将 Cm^{4+} 自还原为 Cm^{3+}，并使锔溶液升温。当 ^{242}Cm 溶液的质量浓度为 0.7g/L 时，溶液会产生自沸现象，甚至质量浓度低至 mg/L 级的锔溶液，其温度也会高于环境温度。锔的强 α 辐射效应还可使其化合物分解。

锔也可以形成许多无机和有机络合物。锔与 NO_3^-、SO_4^{2-} 及 $C_2O_4^{2-}$ 生成的络合物不如镅的稳定，但与 EDTA、SCN^-、乳酸和 α-羟基异丁酸形成的络合物去比镅更稳定。Cm^{3+} 与 TTA 和 PMBP 能形成 1∶3 的螯合物，这一特点可用于 Cm^{3+} 的萃取分离。此处，锔和 DTPA 可生成 1∶1 的稳定螯合物，此性质可用于对早期锔中毒病人进行促排治疗。

微量锔的分离方法与微量镅的分离方法基本上相同，其测定方法也常采用 α 计数法。由于 ^{242}Cm 和 ^{244}Cm 的比活度都很高，因此，这种方法远比化学方法灵敏。

7.5.2 锫

1949 年，S. G. 汤普森等用 35 MeV 的 α 粒子轰击 ^{241}Am，制得了第一个锫同位素 ^{243}Bk：

$$^{241}Am(\alpha,2n)^{243}Bk \xrightarrow{EC,4.5\ h} \cdots$$

已发现的锫共有 9 种同位素，其中以 α 放射体 ^{247}Bk 的半衰期最长，其半衰期为 1 400 a，它是用回旋加速器加速 α 粒子轰击 ^{244}Cm 制得的。^{249}Bk 是 β^- 放射性核素，半衰期为 311 d，衰变生成 ^{249}Cf。^{249}Cf 是锎最重要的同位素之一，生产 ^{249}Cf 是 ^{249}Bk 的主要用途。^{249}Bk 可通过高通量反应堆长期照射 Pu、Am 和 Cm 来生产。

^{249}Bk 属于高毒性核素，它在衰变时绝大部分放出软 β 粒子，因此，操作 ^{249}Bk 不必采取特殊的辐射防护措施，可在手套箱内进行。

锫在水溶液中有＋3、＋4 两种价态，稳定价态为＋3 价，Bk^{4+} 是一种强氧化剂，其氧化电位大致相当于 Ce^{4+}。因此，只有用更强的氧化剂才能将锫氧化到四价。Bk^{4+} 在水溶液中是不稳定的，能自辐射还原为 Bk^{3+}，自还原半反应期约为 2.8 h。

Bk^{4+} 能与 $Ce(IO_3)_4$ 共沉淀，因此，可把 Bk^{4+} 从三价镧系元素中分离出来。由于 Bk^{4+} 在 8 mol/L HNO_3－0.1 mol/L $NaBrO_3$ 体系中不被阴离子交换树脂吸附，而 Ce^{4+} 则能吸附，这样就能实现铈与锫的分离。

Bk^{3+} 能与 TTA、乳酸、柠檬酸，α-羟基异丁酸、EDTA、DTPA 等形成络合物。Bk^{4+} 则能与 HDEHP 生成疏水性络合物，此性质已用于锫的分离浓集上。

7.5.3 锎

1950 年，汤普森等用 α 粒子轰击微克量级的 ^{242}Cm，发现了 ^{245}Cf，其反应式如下：

$$^{242}Cm(\alpha,n)^{245}Cf \xrightarrow{\alpha,43.6\ min} \cdots$$

已发现的锎共有15种同位素，其中^{249}Cf和^{252}Cf最为重要。^{249}Cf是由^{249}Bk经β^-衰变得到的，^{249}Cf的半衰期为351 a，自发裂变概率小，常用于科学研究中。

^{252}Cf是周期表中迄今能够大规模生产的最后一个人工放射性核素，也是迄今超钚元素中用途最大的一个核素。美国是目前生产^{252}Cf最多的国家。用Pu、Am或Cm放在高通量反应堆中长时间照射可制得^{252}Cf，同时还得到少量^{250}Cf和^{251}Cf。^{252}Cf的半衰期为2.64 a，其比活度高达1.97×10^7 Bq/μg。它的最重要的核性质是^{252}Cf中有3.2%发生自发裂变，其自发裂变半衰期为85.5 a，裂变的反应式如下：

$$^{252}_{98}Cf \longrightarrow ^{140}_{54}Xe + ^{108}_{44}Ru + 4n + Q$$

1 mg^{252}Cf每秒钟可放出约2.35×10^9个中子，所以^{252}Cf可作中子源，用途很广，其中最重要的是用于中子活化分析，如月球、行星表面物质，海底沉积物的组成分析等。还可用^{252}Cf中子源就地生产短寿命医用放射性核素，如^{38}Cl、^{60m}Co、^{56}Mn、^{80}Br、^{128}I、^{134m}Cs、^{139}Ba和^{165}Dy等。在医学上，可将^{252}Cf制成针状物植入人体内，用来治疗癌症效果良好，而健康组织所受到的辐射剂量可减少至最小；用^{252}Cf作中子照相，可给出软组织中充满空气结构的完整照片而不受骨骼的干扰。但在操作^{252}Cf时，除了防护α、γ辐射外，还必须注意对中子的防护。

宇宙航行用的小型反应堆中常用^{252}Cf做核燃料。^{254}Cf99.69%为自发裂变，其自发裂变的半衰期为60.5 d，热功率高达10 kW/g，但由于^{254}Cf易被它本身所释放的热量所破坏，因而也难以对它进行研究。

^{249}Cf～^{252}Cf均属极毒性核素，因此，在操作中要特别注意防护。锎的氧化物为Cf_2O_3。通常^{252}Cf都是先制成$^{252}Cf_2O_3$或$^{252}Cf_2O_3$-Pd金属陶瓷丝半成品，然后再分装成不同形式、规格的放射源。锎的可溶性盐类有硝酸盐、硫酸盐、卤化物和高氯酸盐等。

锎在水溶液中有+2、+3、+4三种价态，稳定价态为+3价。Cf^{3+}能与镧的氟化物、草酸盐和氢氧化物等共沉淀。

Cf^{3+}与SO_4^{2-}、SCN^-可生成$Cf(SO_4)^+$、$Cf(SO_4)_2^-$及$CfSCN^{2+}$等络合物；与TTA可生成$Cf(TTA)_3$螯合物而被萃取，且分配系数比镅、锔高。锎与DTAP也可生成稳定的络合物，此性质可用于早期锎中毒病人的促排治疗上。

分离纯化锎常采用离子交换色谱法、HDEHP萃取法、HDEAP萃取色谱法、季铵盐萃取法及纸上电泳法等。在阳离子交换色谱法中，用α-羟基异丁酸作淋洗剂时，可将锫、锿、镄和钔等超锔元素互相分离开来。

^{252}Cf的活度可通过测量其α衰变粒子、特征裂片核素或中子来求得。其中，中子测量是检测^{252}Cf密封源活度常用的简便方法。

7.5.4 锎后元素

除锫和锎以外，迄今已发现的超锔元素还有14种，即99～112号元素。其中，99～100号元素属于锕系元素。99号元素锿(Es)和100号元素镄(Fm)是1952年在第一次热核爆炸的碎片中被偶然发现的，其命名是为了纪念在核科学研究方面有重大贡献的科学家爱因斯坦和费米。101号元素钔(Md)是1955年制得的，为纪念元素周期律的发现者门捷列夫而将其命名为钔。102 号元素 No 是在 1957 年和 1958 年分别由前苏联和美国科学家用不同的核反应制得的，但对首创权至今仍有争议，不过，将其命名为锘是为了纪念科学家诺贝尔这一点已被大多数人所接受。103 号元素铹(Lr)是于 1961 年制得，将其命名为铹是为了纪念回旋加速器的发明者科学家劳伦斯。目前，这些元素制备的量还很少，因此，对它们的化学性质的研究比较困难，除锿(Es)可达微克量级外，其他几个元素仅限于示踪量级，很难对其物理、化学性质进行研究，有关它们的化学性质的研究报道还不多。

104～112 号元素被称为超锕元素，也称为锕系元素。由于这些元素的半衰期都很短，有的只有几毫秒，而且制得的量极少，有的只得到几个甚至 1 个原子，因此，对它们的化学性的研究几乎是不可能的。

第8章 裂片元素及活化产物化学

8.1 概况

重原子分裂成两个质量大体相等碎片的过程称为裂变。核裂变可以在没有外来粒子轰击下发生裂变，即自发裂变；也可以在入射粒子轰击下发生裂变，即诱发裂变。入射粒子的热中子、快中子、带电粒子和光子所引起的裂变反应分别称为热(中子诱发)裂变、快(中子诱发)裂变、带电粒子诱发裂变和光致裂变。其中，中子引发的核裂变最为重要。

原子核裂变时最初形成的两块碎片称为裂变碎片，因其中子和质子数之比值高，为丰中子核，在裂变后约在 10^{-15} s 内会直接发射 1～3 个中子。发射中子后的碎片称为次级碎片或裂变的初级产物，其能量仍然很高，但不足以发射中子，在 10^{-11} s 内发射 γ 光子，发射光子后的碎片仍为丰中子核，它们相继进行 β 衰变直至变为稳定的核素，形成一个称为衰变链的系列。

发射中子后的所有裂变碎片，其中包括 β 衰变前的初级产物和衰变子体，统称为裂变产物或裂片元素。也就是说，裂变产物的某一核素，它可能裂变的初级的或独立的产物，也可能是衰变的间接产物。

重核裂变生成的裂变产物组成很复杂，可包括核电荷数(即质子数)从 30 号元素锌到 71 号元素镥中的 42 种元素，质量数在 66～172 的 500 多种核素。裂变产物的某一核素在裂变过程中产生的概率，称为裂变产额。通常以 100 个重核裂变所产生的某种裂原子核数来表示。因为重核裂变基本上为二分裂变，所以所有裂变产物额之和为 200%。裂变产额通常分为独立产额、累积产额和链产额 3 种。独立产额是指核裂变时直接生成某一裂变产物的概率。累积产额是指某一核素的独立产额加上由于其他裂变产物衰变生成的该核素的产额。链产额是指某一衰变链上所有链成员独立产额之和。

各种裂变产物的产额和半衰期相差十分悬殊。产额高者可达 6% 以上，低者仅有 10^{-7}%，甚至更低。半衰期短的仅零点几秒，甚至更短，长者可达几百万年，甚至是稳定核素。

随着核工业的发展，有些裂变产物已在工业、农业、国防、医学以及生命科学等领域中获得广泛的应用。

裂变产物一旦释放到环境中，会污染环境，特别是大气层中的核爆炸所产生的大量放射性裂变产物，其影响范围广，时间长；其次，核反应堆事故也会造成裂变产物释放到环境中来。这些裂变产物通过大气、土壤和水体进入植物体内，通过生物链向人体转移；也可以直接进入人体，给人类健康带来危害。其中以长、中长寿命核素危害最大，如 ^{89}Sr、^{90}Sr、^{137}Cs 及 ^{131}I 等。因此，世界各国对环境和生物样品中裂变产物的监测工作十分重视。

裂片元素化学对反应堆的设计和运行，核燃料的循环和再生，放射性废物的处理和处置，放射性核素的生产和应用以及环境和生物样品中放射性核素的监测等均有重要意义。

本章仅概述与核工业以及环境监测有关的几个重要裂片元素即放射性铯、锶、铈、钷、锝、钌、碘、氪和氙等元素的化学。此外,还简要介绍几种活化产物元素的化学,它们尽管不属于裂片元素,但由于在环境监测中具有重要地位,因此也放在这一章中作一简单介绍。

8.2 放射性铯

8.2.1 碱金属元素概述

碱金属元素的氢氧化物都是易溶于水的强碱。故名为碱金属。表 8.1 列了金属的若干特性常数。

表 8.1 碱金属元素的若干特性常数

性质	锂	钠	钾	铷	铯	钫
符号	Li	Na	K	Rb	Cs	Fr
原子序	3	11	19	37	55	87
原子半径/Å	1.23	1.54	2.03	2.16	2.35	2.77
离子半径/Å	0.60	0.95	1.33	1.48	1.69	1.81
价电子层构型	$2s^1$	$3s^1$	$4s^1$	$5s^1$	$6s^1$	$7s^1$
化合价	+1	+1	+1	+1	+1	+1
标准电极电势(V)$M^+ + e = M$	−3.02	−2.71	−2.92	−2.99	−3.02	

单质碱金属具有金属光泽,良好的导电性和延展性。

碱金属元素具有非常强的化学活性,因此决定了它不可能以单质的形式而只能以化合状态存在于自然界中。

碱金属能与氢在高温下直接化合,生成碱金属氢化物:

$$2M + H_2 \longrightarrow 2MH \text{(M 表示碱金属元素)}$$

纯的碱金属氢化物均为白色晶体,通常因混有痕量其他金属而发灰。碱金属氢化物都是强还原剂。

碱金属同氢所形成的氧化物,有普通氧化物 M_2O,过氧化物 M_2O_2,超氧化物 MO_2 和臭氧化物 MO_3。

碱金属氧化物与水化合,形成相应的氢氧化物:

$$M_2O + H_2O \longrightarrow 2MOH$$

碱金属氢氧化物易溶入于水,都是强碱。同族元素中,氢氧化物的碱性从锂开始,逐渐增强。

常见的碱金属盐类有卤化物 MX、硝酸盐 MNO_3、硫酸盐 M_2SO_4、碳酸盐 M_2CO_3 和磷酸盐 M_3PO_4。所有的碱金属离子 M^+,都是无色的。碱金属盐类一般都易溶于水;但有少数碱金属盐是难溶的,不溶盐一般由大的阴离子组成,如 K、Rb 和 Cs 的钴亚硝酸盐 $M_3[Co(NO_2)_6]$、Rb 和 Cs 的硅钼酸钾盐 $M_2K_4(SiMo_{12}O_{42})$等的溶解度很小。碱金属盐在水溶液中都完全电离,都是强电解质。一般来说,碱金属盐具有较高的热稳定性,但硝酸盐热稳定性较低。

8.2.2　放射性铯

铯共有 31 种同位素和 5 种同质异能素，即^{116}Cs～^{146}Cs，只有^{133}Cs是天然存在的稳定核素，在地壳中的含量约为 7 ppm，其余均为人工放射性核素，其中最重要的有^{137}Cs、^{134}Cs和^{131}Cs 3 种，它们的辐射特性列于表 8.2。

表 8.2　铯的重要放射性核素的辐射特性

核素	半衰期	衰变方式(分支比%)
^{131}Cs	9.7 d	EC (100)
^{134}Cs	2.062 a	β(≈100)，γ
^{137}Cs	30.174 a	β (100)

(1) 来源及核性质

^{137}Cs是用途最大的核素。它是核裂变的重要产物之一，也可以通过$^{137}Ba(n,p)^{137}Cs$反应来生产。放射性比活度为 3.2×10^6 Bq/μg，其 β 射线能量(即最大能量)为 0.514 MeV (93.5%)和 1.176 MeV(6.5%)。^{137}Cs的衰变子体是处于激发态的^{137m}Ba，其半衰期仅为 2.55 min，放出能量为 0.661 64 MeV 的 γ 射线，衰变产物是稳定的^{137}Ba。

^{134}Cs通过$^{133}Cs(n,\gamma)^{134}Cs$反应和$^{134}Ba(n,p)^{134}Cs$反应生产。它的 β 射线能量为 0.662 MeV (71%) 和 0.089 MeV (27%)，主要的 γ 射线能量为 0.604 6 MeV 和 0.795 8 MeV。

^{131}Cs通过$^{130}Ba(n,p)^{131}Cs$反应和$^{131}_{56}Ba(\varepsilon)^{131}_{55}Cs$反应生产。$^{131}Cs$的衰变方式是电子俘获，放出 29.6 keV 的氙特征 X 射线。

^{137}Cs和^{134}Cs属中毒性放射性核素，^{131}Cs属低毒性放射性核素。放射性铯进入人体后，在体内均匀分布。

(2) 化学性质

铯具有碱金属的通性。此外，铯能形成下列难溶性盐类。铯盐与镍、锌、铜、亚铁和钴等金属的亚铁氰化盐作用，能生成亚铁氰化铯复盐沉淀，如：

$$K_2Ni[Fe(CN)_6]+2CsCl \longrightarrow Cs_2Ni[Fe(CN)_6]\downarrow+2KCl$$

这类沉淀在 250～300 ℃时分解成可溶性碳酸铯。

铯盐与亚硝酸钴钠作用，能生成黄色亚硝酸钴钠铯沉淀：

$$Na_3[Co(NO_2)_6]+2CsCl \longrightarrow Cs_2Na[Co(NO_2)_6]\downarrow+2NaCl$$

此沉淀与氧化剂(如高锰酸钾)作用，可分解为易溶于水的硝酸铯。

铯盐与氢碘酸及碘化铋溶液作用，能生成碘铋酸铯沉淀：

$$3HI+2BiI_3 \longrightarrow Cs_3Bi_2I_9\downarrow+3HCl$$

此沉淀能溶于浓盐酸和硝酸中。

铯盐与四苯硼钠作用能生成四苯硼铯沉淀：

$$Na(C_6H_5)_4B+CsCl \longrightarrow Cs(C_6H_5)_4B\downarrow+NaCl$$

此沉淀在空气中加热到 600 ℃时可分解为可溶性的氧化铯 Cs_2O；在硫酸溶液中加热

时,能生成可溶的硫酸铯 Cs_2SO_4。

铯盐与磷钨酸盐或磷钼酸盐等杂多酸盐在酸性条件下反应,能生成磷钨酸铯或磷钼酸铯等杂多酸铯盐沉淀:

$$H_3[PO_4(WO_3)_{12}]+3CsCl \xrightarrow{H^+} Cs_3[PO_4(WO_3)_{12}]\downarrow+3HCl$$

$$H_3[PO_4(MoO_3)_{12}]+3CsCl \xrightarrow{H^+} Cs_3[PO_4(MoO_3)_{12}]\downarrow+3HCl$$

此类沉淀不溶于酸而溶于碱。

铯盐同氯铂酸反应能生成氯铂酸铯沉淀:

$$H_2PtCl_6+2CsCl \longrightarrow Cs_2PtCl_6\downarrow+2HCl$$

铯还能同二苷胺反应,生成难溶性的二苷酰胺铯盐。

铯的盐类在高温下易挥发。同时,铯难以生成有机络合物,铯易被无机离子交换剂如高岭土、白陶土、沸石和磷钼酸铵(AMP)等吸附。这一性质已用于放射性铯的分析以及从含放射性铯的污水中除去铯。

(3) 应用

^{137}Cs 既可作 β 辐射源,又可作 γ 辐射源。作为 γ 辐射源可用于辐照育种、辐照贮存食品、医疗器械的杀菌、癌症的治疗以及工业设备的 γ 探伤等。由于 ^{137}Cs 辐射源的半衰期长,γ 射线能量适宜,且价格便宜,因而在许多方面已取代了 ^{226}Ra。

^{134}Cs 也可作 β、γ 辐射源。^{131}Cs 的 ^{131}Cs-CsCl($^{131}CsCl$)注射液可用于心脏扫描、诊断甲状腺肿瘤等医学用途。

(4) 监测

监测的主要对象是 ^{137}Cs 和 ^{134}Cs。特别是 ^{137}Cs,它是核裂变反应的重要产物之一,是核污染中的重要核素之一。现在,环境和生物样品中 ^{137}Cs 的分析测定已成为环境放射性监测中的常规项目。测量 ^{137}Cs 普遍采用辐射测量法。由于环境和生物样品中 ^{137}Cs 的含量很低,因此必须先将样品中所含的大量钾、钠、钙、镁等干扰元素,特别是与铯同属碱金属的天然 β 放射性核素 ^{40}K 和 ^{87}Rb 分离掉,然后才能进行 ^{137}Cs 的 β 放射性测量。由于铯总是与钾共存,所以,常常以每克钾中含 ^{137}Cs 的微微居里数来表示铯的放射性含量水平。即铯单位。1 个铯单位=1 pCi ^{137}Cs/g 钾。

为了分离和浓集放射性铯,可用稳定铯作载体,利用铯能生成多种难溶性盐类的特点,采用共沉淀法。共沉淀法操作简便,浓集效果好,但净化效果较差。也可利用某些无机离子交换剂,如使用最普遍的磷钼酸铵,对放射性铯具有的选择性吸附作用,使铯与其他杂质得到分离,而且对铷、钾特别是钾的净化效果较好,从而分离和浓集放射性铯。

必须注意,铯的盐类在高温下易挥发,宜采用湿法灰化样品,若用干法灰化样品,必须控制温度不超过 450 ℃。^{137}Cs 的测量主要有 β 射线测量法和 γ 能谱测量法。

8.3 放射性锶

8.3.1 碱土金属元素概述

ⅡA 族,包括铍、镁、钙、锶、钡、镭六个元素。核外电子的外层电子结构是 ns^2 型。由于钙、锶、钡等的氧化物在性质上介于“碱性的”(碱金属氧化物)和“土性的”(难熔氧化物如Al_2O_3)之间,故称碱土金属。现在习惯上把该族元素统称为碱土金属。

碱土金属元素原子的基本性质列于表8.3。

表8.3 碱土金属元素原子的基本性质

元素	Be	Mg	Ca	Sr	Ba	Ra
原子序	4	12	20	38	56	88
价电子层结构	$2s^2$	$3s^2$	$4s^2$	$5s^2$	$6s^2$	$7s^2$
原子半径/Å	0.889	1.364	1.736	1.914	1.981	约2.00～2.20
离子半径M^{2+}/Å	0.31	0.65	0.99	1.13	1.35	1.50
主要化合价	+2	+2	+2	+2	+2	+2
标准电极电势,E^0/V $M_{(s)} \rightleftharpoons M^{2+}+2e$	−1.85	−2.37	−2.87	−2.89	−2.90	
$M_{(s)}+2OH^-=M(OH)_2+2e$	−2.62	−2.69	−3.03	−2.99	−2.97	

从原子结构来看,碱土金属原子比相邻的碱金属多了一个核电荷,因而原子核对最外层的两个s电子的作用力增强了,使碱土金属的原子半径较同一周期的碱金属为小,所以碱土金属原子要失去一个电子比相应的碱金属难得多。但从整个周期系来看,碱土金属仍是活泼性相当强的金属元素,只是稍次于碱金属而已。从标准电极电势来看,碱土金属在酸性或碱性溶液中都具有强的还原性。

碱土金属与碱金属相比,原子体积较小,它们的密度、熔点、沸点和硬度都比碱金属为高。在常温或加热下,碱土金属能与氧直接化合而生成氧化物。在高温下,碱土金属还能夺取氧化物中的氧或氯。如:

$$B_2O_3+3\ Mg=3\ MgO+2B$$

$$TiCl_4+2\ Mg=Ti+2\ MgCl_2$$

在水溶液中,碱土金属能置换水中的氢,比如金属锶、镭与冷水即能发生激烈的反应:

$$Sr+2H_2O=Sr(OH)_2+H_2\uparrow$$

上述碱土金属与氧和水的作用,显示出强的金属活泼性,即具有强还原性的特点,这正是碱土金属最突出的化学性质。碱土金属的氧化物与水反应,即生成氢氧化物:

$$MO+H_2O=M(OH)_2$$

并伴随着反应的发生而放出大量的热。其氢氧化物的溶解度比碱金属氢氧化物的溶解度要小得多。在碱土金属所有的氢氧化物中,只有$Be(OH)_2$具有两性,其余皆为碱性氢氧化物。其性质如表8.4。

表8.4 碱土金属氢氧化物的性质

碱	$Be(OH)_2$	$Mg(OH)_2$	$Ca(OH)_2$	$Sr(OH)_2$	$Ba(OH)_2$	$Ra(OH)_2$
溶解度(g/100 g水,20 ℃)	3×10^{-5}	1×10^{-3}	0.167	0.805	4.29	>4.29
酸碱性	两性	中强碱	强碱	强碱	强碱	强碱

在碱土金属的盐类中,有不少是难溶的,这是它区别于碱金属的特点之一。碱土金属的

硝酸盐、氯酸酸、高氯酸盐和醋酸盐等是易溶的。卤化物中除氟化物外，其余也都是易溶的。碳酸盐、磷酸盐和草酸盐等都是难溶的，但均能溶于稀的强酸（如盐酸）中。

以下将介绍锶元素的放射性核素及放射性元素镭。

8.3.2 放射性锶

锶元素共有 21 种核素，即 ^{78}Sr～^{98}Sr，除了 ^{84}Sr、^{86}Sr、^{87}Sr、^{88}Sr 是稳定的核素外，其余均为放射性核素。重要的放射性核素有 ^{85}Sr、^{89}Sr 和 ^{90}Sr。

(1) 锶的来源及核性质

自然界中锶的含量极少，约占地壳重量的 0.042%。锶主要存在于海水中（约 8 mg /L 海水）。锶在某些生物样品中的含量如表 8.5 所示。

表 8.5 某些生物样品中的锶含量

生物样品	人骨	动物骨	牛奶	干草	蔬菜
锶含量/(mg/g 灰)	0.14～1.25	0.26	0.04	0.27～0.46	0.10

重要的放射性核素 ^{90}Sr 和 ^{89}Sr 是核裂变反应中产额较高的裂片元素，分别属于高素性和中毒性核素。^{89}Sr 还可通过 $^{88}Sr(n,\gamma)^{89}Sr$ 反应、$^{88}Sr(d,p)^{89}Sr$ 反应生产；^{85}Sr 是通过 $^{85}Rb(p,n)^{85}Sr$、$^{85}Rb(d,2\ n)^{85}Sr$、$^{84}Sr(n,\gamma)^{85}Sr$ 等反应生产。锶在体内的行径与钙相似，也是一种典型的亲骨性核素。在体内大部分蓄积于骨骼中，因此，常常以每 1 g 钙中含 ^{90}Sr 的 pCi 数来表示锶的放射性含量水平，称为锶单位，即 1 锶单位＝1 pC^{90}Sr/gCa。重要的几种锶放射性核素的辐射特性如表 8.6。

表 8.6 锶的重要放射性核素的辐射特性

核素	半衰期	衰变方式(分支比%)	射线能量/MeV
^{85}Sr	65.19 d	EC(100)	γ:0.513
^{89}Sr	50.55 d	β(100)	1.46
^{90}Sr	28.1 a	β(100)	0.546

^{90}Sr 的放射性比活度为 5.25×10^{6} Ba/mg。^{90}Sr 的子体 ^{90}Y 也是 β 放射性，半衰期为 64.0 h，β 射线能量为 2.279 MeV，因此，测定 ^{90}Sr 时，常常利用测量半衰期短且 β 射线能量大的子体 ^{90}Y 的放射性活度来计算 ^{90}Sr 的含量。这样，可排除 ^{89}Sr 对 ^{90}Sr 的干扰，因此比测定 ^{90}Srβ 放射性的方法更为灵敏和准确。

(2) 锶的性质

锶是一种化学性质很活泼的元素，与钙很相似，具有碱土金属的通性。

锶和钙、钡的硝酸盐与其他金属的硝酸盐一样，均易溶于水，但它们在发烟硝酸中溶解度却大不相同，其中硝酸钙易溶，而硝酸锶和硝酸钡皆难溶，如表 8.7 所示。据此，可用发烟硝酸法将锶与钙以及其他金属元素分离。锶盐有易溶性和难溶性两类。表 8.8 列出了锶和钙、钡的氢氧化物以及一些盐类的溶解度。利用这些盐类溶解度的差别可以实现它们之间的分离。

表 8.7 锶、钙、钡的氢氧化物以及某些盐类在水中溶解度(g/100 g 水)(20 ℃)

化合物	元素		
	Ca	Sr	Ba
氢氧化物	0.165	0.69	3.89
硫酸盐	0.203 6	0.011 2(0 ℃)	2.4×10^{-4}
醋酸盐	34.7	41.6	71
氯化物	74.5	52.9	35.7
硝酸盐	129.3	63.95	9.2

表 8.8 锶和钙、钡的硝酸盐在浓硝酸中的溶解度(g/100 g 溶液)(25 ℃)

硝酸盐	硝酸浓度/(mol·L)		
	15	17	19
硝酸钙	7.38	2.46	0.492
硝酸锶	9.66×10^{-3}	1.45×10^{-3}	4.35×10^{-4}
硝酸钡	2.29×10^{-3}	1.91×10^{-4}	7.62×10^{-5}

碳酸锶和草酸锶难溶于水,但均能溶于盐酸和硝酸中。

锶形成络合物的能力比钙差,但锶也能与一些有机试剂如 EDTA、柠檬酸、酒石酸等生成络合物,此性质可用于放射性锶的分离测定。

(3) 锶的应用与监测

^{90}Sr 可作特殊能源(如放射性核素电池)、β 辐射源等,在军事、科学研究、核仪表以及医学上均有重要用途。^{89}Sr 也可作 β 辐射源。^{85}Sr 可作纯 γ 辐射源,也是一种常用的示踪剂。

放射性锶(主要是指^{90}Sr、^{89}Sr)是核裂变的重要产物。尤其是^{90}Sr,因其产额高、半衰期较长以及化学性质与生物学上的重要元素钙很相似,因此,监测^{90}Sr 具有特别重要的意义。

由于环境样品中^{90}Sr 的含量一般都很低,因此必须先对^{90}Sr 进行浓集和分离。放射性锶与放射性钙和钡的分离是整个分离过程中的关键。常用的浓集和分离方法有硝酸盐或硫酸盐共沉淀法、HDEHP 萃取法、阳离子交换法以及反相萃取柱色层法等。其中,在发烟硝酸中进行的硝酸盐共沉淀法是环境监测中被广泛采用的经典方法。此法的主要优点是锶与钙的分离效果好,去污效率高,结果准确。缺点是发烟硝酸有强烈的腐蚀作用,操作不便,分析时间较长。

HDEHP 萃取法利用与^{90}Sr 处于放射性平衡的^{90}Y 在一定条件下能被 HDEHP-煤油溶液萃取而^{90}Sr 不被萃取来实现^{90}Y 的分离和浓集的。此法具有选择性好,分离速度快等优点。这种快速测定^{90}Sr 的方法在环境样品的监测中得到了应用。

测定^{90}Sr 一般采用辐射测量法,分直接测量法和间接测量法两种。由于^{90}Sr 的 β 射线能量较弱(0.546 MeV),而且常有^{89}Sr 强 β 射线(1.463 MeV)的干扰,所以,一般采用间接测定法。它是通过测量与^{90}Sr 达到放射性平衡的子体^{90}Y 的 β 射线(能量为 2.279 MeV)来推算出样品中^{90}Sr 的含量的。此法可排除^{89}Sr 的干扰。

8.4 锝和钌

8.4.1 概述

元素周期表中，从第ⅢB族开始，到Ⅷ族及ⅠB、ⅡB族，共有10个直列，31个元素(不包括镧以外的镧系元素和锕以外的锕系元素)，统称为过渡元素。锝是属于锰族中一个放射性元素，钌是属于铂系元素中的轻铂金属。

过渡元素的原子在结构上的共同特点是价电子依次充填在次外层的d轨道中，过渡元素的原子的价电子层构型通式为$(n-1)d^{1-10}ns^{1-2}$，钯$4d^{10}5s^0$例外，因此这些元素被叫做d区元素。

过渡元素易显+2价，一般有可变的化合价，一般比较容易形成络合物。它们的离子一般都呈现出颜色。过渡元素的金属原子与同周期A族元素的金属原子相比，一般具有较小的原子半径，较小的原子体积和大得多的密度。一般都具有较高的熔点、沸点、熔化热、气化热、升华热和比重。

8.4.2 锝

锰族包括锰、锝和铼3个元素。该族的基本性质列于表8.9。

表8.9 锰族元素的基本性质

元素	Mn	Tc	Re
原子序数	25	43	75
价电子层结构	$3d^5 4s^2$	$4d^6 5s^1$	$5d^5 6s^2$
化合价	+2,+3,+4,+6,+7	+4,+7	+3,+4,+7
原子半径/Å	1.17	1.27	1.28

锰族元素的最高化合价为+7，高氧化态从Mn到Re趋向于稳定，Re_2O_7和Tc_2O_7性质相似，比Mn_2O_7稳定得多，它们溶于水形成$HMnO_4$、$HTcO_4$和$HReO_4$，氧化性和酸性按下列顺序递变：

$$HMnO_4, HTcO_4, HReO_4$$

酸 性 增 强 ←

氧 化 性 增 强 ←

低氧化态的稳定性恰好相反，锰以Mn^{2+}为最稳定，而锝(Ⅱ)和铼(Ⅱ)只在少数络合物中稳定，并不存在简单的离子。

金属锰容易溶解在稀酸中生成Mn(Ⅱ)的盐，而锝和铼不溶于盐酸而能溶于浓硝酸，生成高锝酸和高铼酸：

$$3M + 2HNO_3 = 3HMO_4 + 7NO\uparrow + 2H_2O \quad (M = Tc, Re)$$

因此锰表现为活泼金属，而锝和铼则是稳定金属。

(1) 锝的核性质及来源

锝共有21种核素，即^{90}Tc～^{108}Tc和^{110}Tc(尚未完全确定)以及7种同质异能素。都是放射性核素。锝的部分核素的主要辐射特性列于表8.10。

表8.10 锝的部分核素的主要辐射特性

核素	衰变方式	半衰期	能量(β为最大能量)/MeV
^{95}Tc	EC	60 d	γ(0.76)
^{95m}Tc	EC	61 d	γ(0.2～0.80)
^{97}Tc		2.6×10^6 a	
^{97m}Tc	γ	89 d	γ(0.096)
^{98}Tc		4.2×10^6 a	
^{99}Tc	β	2.13×10^5 a	0.292
^{99m}Tc	γ	6.02 h	0.141
^{96}Tc	EC	4 d	γ(0.17～1.12)

在锝的同位素中，最重要的是^{99}Tc和^{99m}Tc。^{99}Tc的放射性比活度较小，为630 Bq/μg。^{99m}Tc是^{99}Tc的同质异能素，新近发现，随着外部条件和锝电子结构的变化，^{99m}Tc的半衰期也发生变化。例如，在$KTcO_4$中，^{99m}Tc的半衰期比元素锝的半衰期缩短1 s，而在Tc_2S_7中缩短8.6 s。改变温度和压力，也能导致^{99m}Tc半衰期发生变化。^{99}Tc和^{99m}Tc均属低毒性核素。

锝元素是第一个通过人工制造才发现的化学元素。过去以为自然界不存在锝元素，因为这些核素不可能从地壳形成时保存到现在。现在知道，在地球上，由于铀的自发裂变过程，以及钼、铌和钌在宇宙射线、铀自发裂变中子和天然放射性核素衰变产生的α粒子作用下，发生核反应的结果，不断生成锝。^{99}Tc在铀矿中的含量为1 kg铀含5×10^{-10} g ^{99}Tc。在太阳和某些星体上可能存在热核合成锝的反应。

锝的主要来源还是通过人工制造。制备方法有两种：一是从裂变产物中提取；二是通过核反应合成。

从表8.11的数据可以看出，^{235}U发生裂变时，生成大量锝。

表8.11 ^{235}U发生裂变生成的锝

核素	^{99}Tc	^{101}Tc	^{102}Tc	^{103}Tc	^{104}Tc	^{105}Tc	^{107}Tc
产量/%	6.06	5.6	4.3	3	1.8	0.9	0.19

不仅^{235}U核裂变时产生锝，而且在其他核燃料发生裂变时也能产生锝。通过核反应制取锝的大量的各种核素，比如制取^{99}Tc：

$$^{98}Mo(n,\gamma)^{99}Mo \xrightarrow{\beta^-,2.8\ d} {}^{99m}Tc \xrightarrow{\gamma,6.02\ h} {}^{99}Tc \xrightarrow{\beta^-}$$

由氘照射钼可制取^{95}Tc、^{97}Tc；由中子照射钼制取^{99m}Tc，^{99}Mo-^{99m}Tc核素发生器产生的^{99m}Tc已广泛应用。现在，世界上生产的锝，已达到每年数百千克的规模，随着核动力的发展，锝必将具有越来越大的技术意义。

(2) 锝元素的性质

锝是银灰色的金属，熔点为2 172 ℃，沸点为4 877 ℃，锝在潮湿空气中慢慢失去光泽，但在干燥空气中不发生变化。锝在低温时具有超导性，其临界温度为7.7 K。

锝能以+1～+7的化合价存在，其中+4～+7价较为稳定，低价态主要在络合物或电还原过程中存在。

单质锝不溶于浓的或稀的盐酸中，而溶于浓H_2SO_4、王水、硝酸、溴水、中性和碱性过氧化氢溶液中，并生成高锝酸根（TcO_4^-）。在溶液中存在的TcO_4^-能强烈地吸收紫外线。

锝在氧气中燃烧，可形成Tc_2O_7，具有挥发性。Tc_2O_7是比Re_2O_7更强的氧化剂，Tc_2O_7易溶于水，形成强酸$HTcO_4$（其电离度接近盐酸、硝酸）。高锝酸溶液呈玫瑰色。高锝酸$HTcO_4$与K、Rb、Cs、Ba、Tl和Pb形成的盐的溶解度均很小，其铵盐（NH_4TcO_4）和钠盐（$NaTcO_4$）易溶于水。高锝酸铵在550 ℃下分解，生成二氧化锝TcO_2，其挥发性较小。

锝能生成各种卤化物。

单质锝与氟在400 ℃作用生成金黄色的TcF_6和TcF_5混合物，当有空气存在时，锝与氟反应形成$TcOF_4$。

锝与氯在加热条件下作用，生成暗绿色易熔$TcCl_6$晶体。而$TcCl_4$可由Tc_2O_7在加压下与CCl_4一起加热到400 ℃制得。这些卤化物都易水解。

Tc^{+4}和Tc^{+5}可生成两类卤素络合物：M_2TcX_6和$MTcX_6$（六卤锝酸盐。M代表一价金属）。

NH_4TcO_4与H_2S在酸性溶液中形成难溶的Tc_2S_7沉淀，它不溶于多硫化铵而易溶于氨水和过氧化氢混合液中。Tc_2S_7易挥发，加热可转化为TcS_2。

在碱性溶液中，+7价的锝易被还原为TcO_4^{2-}。在中性溶液中，TcO_4^{2-}按下式歧化。

$$2TcO_4^{2-} + H_2O \longrightarrow TcO_4^- + TcO_3^- + 2OH^-$$

$$2TcO_3^- \longrightarrow TcO_4^{2-} + TcO_2$$

+4价的锝在酸性溶液中以Tc^{4+}存在，在碱性溶液中以TcO_3^{2-}存在。

(3) 锝的应用

由于锝有较好的抗腐蚀性能和较小的中子俘获截面，它是建造核反应堆防腐层的理想材料。由于低浓度（6 Bq/L）的TcO_4^-对含氧介质中的钢具有抗腐蚀性质，因此，在水作冷却剂或慢化剂的反应堆中锝可作缓蚀剂。

锝及其合金是临界温度最高的超导体，如Mo-Tc（40%Tc）合金的临界温度为15 K，因此是很好的超导磁体结构材料。

^{99}Tc可用来制备高温热电偶，用于控制核反应堆燃料的燃耗。^{99}Tc也常用来制备β标准源。^{99m}Tc在医学上用于脏器扫描以诊断甲状腺、肾脏等疾病。

(4) 锝的测定

在锝的分离和纯化过程中，关键是将锝与同族元素铼以及周期系中相邻的元素钼、钌进行分离。目前，较好的方法有溶剂萃取法、离子交换色层法等。其中离子交换色层法是目前将锝与铼、钼进行定量分离的最好方法。它是利用高锝酸根离子比铼、钼更强烈地被强碱性阴离子交换树脂所吸附的性质来进行分离的。

在锝的分离过程中，要特别注意防止锝由于形成易挥发的化合物而造成丢失。

对^{99}Tc的测定，目前应用较多的是辐射测量法、分光光度法。

以测量^{99}Tc的β放射性为基础的辐射测量法是测定^{99}Tc最简单和应用最早的方法。^{99}Tc的放射性比活度为630 Bq/μg,若用低本底β测量装置测量,灵敏度可达10^{-10} g或更高。

根据高锝酸根离子(TcO_4^-)强烈地吸收紫外光的特性,可用分光光度法测定锝。

8.4.3 钌

铂系元素包括钌(Ru)、铑(Rh)、钯(Pd)、锇(Os)、铱(Ir)、铂(Pt)六个元素,其中钌、铑、钯的比重约为12,称为轻铂金属,锇、铱、铂的比重约为22,称为重铂金属。铂系元素的基本性质列于表8.12。

表 8.12　铂系元素的若干基本性质

元素	Ru	Rh	Pd	Os	Ir	Pt
原子序数	44	45	46	76	77	78
价电子层结构	$4d^7 5s^1$	$4d^8 5s^1$	$4d^{10} 5s^0$	$5d^6 6s^2$	$5d^9 6s^0$	$5d^9 6s^1$
化合价	+2、+4、+6、+7、+8、+1	+3、+4	+2、+4	−2、+3、+4、+6、+8	+3、+4、+6	+2、+4
原子半径/Å	1.25	1.25	1.28	1.26	1.27	1.30
E^θ(V)$M^{2+}+2e=M$	0.45	0.6	0.85	0.85	1.0	1.2

铂系金属除锇为蓝灰色外,其余都是银白色。它们都是难熔金属。

铂系元素对酸的化学稳定性比所有族的金属都高。特别是钌和锇、铑和铱对酸的化学稳定性尤其高,它们不仅不溶于普通强酸,甚至也不溶于王水。但所有的铂系元素在有氧化剂存在时与碱一起熔融,都会变成可溶性的化合物。铂系金属都容易形成络合物。

铂系元素在常温下对于空气及氧都是稳定的。但钌在空气中加热时形成RuO_2。

所有的铂系金属都具有很高的催化活性。大多数的铂系金属能吸收气体,特别是氢气。以下仅介绍钌元素的放射性核素。

(1) 钌的核性质及来源

钌共有21种核素,即^{92}Ru～^{112}Ru,具有重要意义的放射性核素是^{103}Ru,半衰期为39.35 d,β放射体,β最大能量为0.22 MeV;以及^{106}Ru:半衰期为368.2 d,β放射体,β最大能量只有0.039 4 MeV。

^{103}Ru与^{106}Ru都是人工放射性核素,^{106}Ru是重要的核裂变产物之一。即是在核爆炸后1～3 a内,^{106}Ru在沉降物的总放射性中仍占较大的份额。^{106}Ru和^{103}Ru分别属于高毒性和中毒性核素。

(2) 钌的化学性质

钌的化学行为复杂,价态多变,它有从+1～+8价的各种化合物,其中以Ru^{3+}和Ru^{4+}最稳定。钌在羰基化合物$Ru(CO)_5$和$Ru(CO)_9$中还以零价存在。

钌可与—O、—Cl、—CO、—NO、—NO_2、—NO_3、—OH、—CN、—SCN等配位体生成多种无机络合物,也可与DTPA和BATE等有机试剂生成有机络合物。

钌的化合物有氧化物、卤化物、钌酸盐和过钌酸盐等。其中,四氧化钌RuO_4易挥发,并易溶于四氯化碳和氯仿。

钌也能发生歧化反应。Ru^{6+} 形成的钌酸盐在碱性溶液中不稳定，可以歧化成 Ru^{4+} 和 Ru^{7+}。

(3) 钌的监测

钌是最难除去的裂变产物之一。^{106}Ru 在土壤中易迁移，在海水中易被某些海藻浓集，造成环境和生物的污染。一般认为，骨骼和肾是放射性钌的紧要器官。

测定样品中的 ^{106}Ru 时，必须将样品中的钌进行浓集和分离。其常用方法有共沉淀法和溶剂萃取法等。一般是将经过预处理的样品溶液用硫化钴共沉淀法定量浓集钌，然后在碱性介质中加入强氧化剂将钌氧化为四氧化钌并用四氯化碳萃取，再经还原反萃后，用金属镁将钌还原为金属，最后进行称重和放射性测量。

^{106}Ru 的测量方法有 γ 放射性测量法和 β 放射性测量法。由于 ^{106}Ru 放出的 β 粒子能量很低，直接测量是困难的，通常是通过测量其子体 ^{106}Rh 放出的 β 射线（3.540 MeV）或 γ 射线（0.511 8 MeV）来计算样品中的 ^{106}Ru 的含量的。

8.5 放射性碘

8.5.1 卤素元素概述

卤素是ⅦA 族元素，包括氟（F）、氯（Cl）、溴（Br）、碘（I）、砹（At）5 个元素。卤素是成盐元素的意思，与碱金属形成的化合物是典型的盐。卤素单质有很高的化学活泼性，是典型的非金属元素。

由于卤素原子能显示出多种不同的价态，故氧化还原性质是该族元素的主要特性。由卤素各氧化态组成的电对的标准电极电势都是较高的正值，可以看出它们的氧化性是主要的，即容易获得电子。当然，与周期表中其他各族元素由上而下非金属性减弱，金属性增强一样，碘、砹也呈金属性。表 8.13 列出了卤素的一些基本性质。

表 8.13 卤素的基本性质

元素	F	Cl	Br	I	At
原子序数	9	17	35	53	85
价电子层结构	$2s^2 2p^5$	$3s^2 3p^5$	$4s^2 4p^5$	$5s^2 5p^5$	$6s^2 6p^5$
主要化合价	−1,0	−1,0,+1,+3,+4,+5,+7	−1,0,+1,+3,+5,+7	−1,0,+1,+3,+5,+7	−1,0,+1,+5
共价半径/Å	0.71	0.99	1.14	1.33	1.44[1)]
聚集状态（常态下）	气	气	液	固	固[1)]
常态下颜色	淡黄	黄绿	棕红	紫黑	

注：1) 由其他卤素外推而来。

以下将介绍碘的放射性核素，和放射性元素砹。

8.5.2　放射性碘

碘共有 27 种核素，即^{115}I～^{141}I。其中，只有^{127}I是稳定核素。在碘的放射性核素中，^{131}I最重要，其次是^{125}I和^{129}I。

(1) 核性质及来源

^{131}I是β放射体，半衰期为 8.04 d，放射性比活度为 4.6×10^{9} Bq/μg，其β射线能量为 0.605(90.4%)和 0.333(6.9%)MeV。^{131}I是重要的裂片核素之一，在裂变产物组成中有相当大的份额，^{131}I也可在反应堆中以慢中子轰击^{130}Te或在回旋加速器中以氘核轰击^{130}Te来制得。

^{125}I的衰变方式是电子俘获，放出 27.5 keV 的低能 X 射线，半衰期为 59.7 d。^{125}I是核裂变产物^{125}Xe的衰变子体；^{125}I也可在回旋加速器中通过核反应$^{123}Sb(\alpha, 2n)^{125}I$来制得。

^{129}I是β放射体，半衰期很长(1.57×10^{7} a)，也是裂变产物，但产额比^{131}I要小得多。

(2) 碘的性质

碘是紫黑色的结晶体，易挥发、具有升华的特性。在常温下，碘就能挥发成紫色的蒸气，加热时更易挥发。

碘几乎不与水作用，但能微溶于水而得到紫色的溶液，在碘化钾存在下，碘能形成可溶性的络阴离子 I_3^- 而使碘的溶解度增加。碘易溶于醇、醚、氯仿、四氯化碳、苯等有机溶剂中，溶液呈紫色或棕色。此性质常被用来浓集和纯化放射性碘。

碘具有典型的非金属性，其化学性质较活泼，在自然界中，碘只能以化合物的形式存在。

碘是氧化剂，但它是卤素中(F、Cl、Br 和 I)最弱的氧化剂，因而碘离子是这 4 种元素中最容易被氧化的。碘在强氧化剂(如浓硝酸、氯水等)作用下，可被氧化为碘酸：

$$I_2+10HNO_3(\text{浓硝酸}\longrightarrow 2HIO_3+10NO_2\uparrow+4H_2O$$

$$I_2+5Cl_2+6H_2O\longrightarrow 2HIO_3+10HCl$$

碘在碱性溶液中会发生水解反应：

$$3I_2+6OH^-\longrightarrow IO_3^-+5I^-+3H_2O$$

在酸性溶液中，则与上述反应相反，碘酸根离子可与碘离子作用生成单质碘：

$$5I^-+IO_3^-+6H^+\longrightarrow 3I_2+3H_2O$$

碘与还原剂(如亚硫酸氢钠、盐酸羟胺等)作用，或在碱性条件下与过氧化氢作用，能被还原为碘离子：

$$I_2+HSO_3^-+H_2O\longrightarrow 2I^-+SO_4^{2-}+3H^+$$

$$2I_2+2NH_2OH\cdot HCl\longrightarrow 4HI+N_2O+2HCl+H_2O$$

$$I_2+2H_2O_2\xrightarrow{OH^-}2I^-+2H_2O+O_2$$

在水溶液中，碘离子与氧化剂(如氯水、亚硝酸钠、高锰酸钾等)作用，易被氧化成单质碘：

$$2KI+Cl_2\longrightarrow 2HCl+I_2$$

在碱性溶液中，碘离子不易被空气中的氧氧化，但在酸性条件下就容易被氧化：

$$4I^-+O_2+4H^+\longrightarrow 2I_2+2H_2O$$

由于碘有多种价态，而且碘在溶液中往往能以几种价态同时存在。所以，为了使含有一种价态的碘载体与溶液中的放射性碘能充分地进行同位素交换反应，需要将溶液中的碘载体和放射性碘经过多次氧化，还原反应，使碘都处于相同的价态。

微量的碘与淀粉作用，能产生一种特征的深蓝色。

碘的重要化合物有以下几种：

卤素互化物：碘的卤素互化物有 IBr、ICl、ICl_3、IF_3、IF_5 和 IF_7 等，它们有很活泼的化学性质。

氢碘酸及其盐类：碘化氢(HI)是强还原剂，很容易分解为氢气和碘。它的水溶液叫氢碘酸，是一种强酸。氢碘酸的盐类有可溶的，如 NaI、KI 等；有难溶的，如 AgI、HgI_2 等。碘化银是比较重要的难溶盐，它不仅不溶于水，而且也不溶于稀酸和氢氧化铵溶液，此性质常用于放射性碘的制源和测定中。

碘的氧化物：碘有 3 种形式的氧化物：I_2O_4、I_4O_9 和 I_2O_5。其中 I_2O_4 和 I_4O_9 实际上是碘的碘酸盐：$IO(IO_3)$ 和 $I(IO_3)_3$；只有 I_2O_5 才是碘的真正的氧化物，它是碘酸(HIO_3)的酸酐，具有氧化性。

碘的含氧酸和含氧酸盐：碘的含氧酸有次碘酸(HIO)、碘酸(HIO_3)、偏高碘酸(HIO_4)和高碘酸(H_5IO_6)。重要的盐类主要是碘酸盐，其中可溶性的有碘酸钠($NaIO_3$)、碘酸钾(KIO_3)等，它们在还原剂作用下，可被还原为单质碘：

$$2NaIO_3 + 5NaHSO_3 \longrightarrow 3NaHSO_4 + 2Na_2SO_4 + H_2O + I_2$$

难溶性的有碘酸银($AgIO_3$)和碘酸铈($Ce(IO_3)_4$)等，其中碘酸银不溶于水和稀酸，但易溶于氢氧化铵溶液，形成银氨络离子：

$$AgIO_3 + 2NH_4OH \longrightarrow Ag(NH_3)_2^+ + IO_3^- + 2H_2O$$

碘的络合物：碘易溶于氢碘酸 HI 及其他碘化物溶液中，形成无机络化物 I_3^- 络阴离子，利用此性质可将稳定碘的碘化物和碘酸盐的混合溶液用于清除皮肤或衣服表面沾污的放射性碘。同时，碘可与抗甲状腺功能剂(如硫基咪唑)形成有机络合物，它们能阻止放射性碘渗入甲状腺，以减少^{131}I等在甲状腺内的蓄积，也可用于人体内^{131}I的排出。

(3) 应用及监测

^{131}I具有较理想的辐射性质，较活泼的化学性质和易于制取等优点，因此它广泛应用在医学领域。如利用^{131}I的 β 射线治疗甲状腺疾病，其 γ 射线用于内脏的扫描诊断，以及用来研制亲癌标记化合物。

^{125}I的标记化合物也广泛用于医药、卫生等科研中，以及用于肝癌的早期诊断。

由于^{131}I在裂变反应中的产额较高，半衰期又较短，因此可作为反应堆周围环境的监测指标，以便及时发现核燃料元件包壳的破损；也可作为核爆炸后环境监测的信号核素；当核爆炸或反应堆发生事故时，^{131}I会严重污染周围环境特别是动植物性食物，因此，在评价环境放射性的危害时，^{131}I也是一个重要的核素。^{131}I属于高毒性核素，在人体内选择性地积聚于甲状腺内。碘也容易被某些海藻所浓集。

测定环境和生物样品中的微量^{131}I普遍采用辐射测量法。首先，要对样品中的^{131}I进行分离和浓集，常用的是四氯化碳萃取法。制源后测量其 β 放射性活度。若是大体积样品中的^{131}I，可先用氧化剂将碘离子氧化为单质碘，再将单质碘蒸馏出来，以四氯化碳溶液吸收之。然后制源测量。

8.6　放射性氪及氙

8.6.1　惰性元素概述

周期系中的 0 族，包括氦(He)、氖(Ne)、氩(Ar)、氪(Kr)、氙(Xe)和氡(Rn)，俗称惰性气体。

惰性气体元素在自然界中的含量极少，故也称为稀有气体。在接近地表的空气中每立方米中只含 9.3 L 氩、18 mL 氖、5 mL 氦、1 mL 氪、0.086 mL 氙和 6×10^{-14} mL 氡。0 族元素的基本性质列于表 8.14。

表 8.14　0 族元素的基本性质

元素	He	Ne	Ar	Kr	Xe	Rn
原子序	2	10	18	36	54	86
最外层的电子结构	$1s^2$	$2s^22p^6$	$3s^23p^6$	$4s^24p^6$	$5s^25p^6$	$6s^26p^6$
原子半径/Å	0.93	1.12	1.54	1.69	1.90	1.82
熔点/℃	−272.2	−248.67	−189.2	−156.6	−112	−71
沸点/℃	−268.9	−245.9	−185.7	−152.9	−107.1	−61.8
在水中的溶解度(mL/L,20 ℃)	13.8	14.7	37.9	73	110.9	(很小)

惰性元素的原子，最外电子层都有相对饱和结构，既不容易形成离子键，若不拆开成对电子，也不能形成共价键。一般情况下，惰性元素，不能形成一般电子转移或电子共用形式的化合物，即一般情况下惰性元素，不显化学性质，“惰性”之名由此而来。

但是，“惰性”气体“不惰”，在特定的条件下，是有其化学行为的。1962 年，加拿大青年化学家巴特列(N. Bartlett)把等体积的 PtF_6 蒸气和 Xe 混合起来在室温下反应，结果很容易地得到了一种化学式为 $Xe^+[PtF_6]^-$ 的红色固体。这是惰性气体的第一个真化合物。以后，人们相继合成了有关惰性元素的氟化物，络合氟化物，氟氧化物和含氧化物，以及含氧酸盐等。

以下将介绍该族中氪和氙的放射性核素。

8.6.2　氪和氙

氪和氙的性质极为相似，它们经常伴随在一起，很难分离，因此同时进行论述。

氪有 25 种核素，即 $^{72}Kr\sim^{94}Kr$ 和 ^{97}Kr，其中 ^{78}Kr、^{80}Kr、$^{82\text{-}84}Kr$ 和 ^{86}Kr 6 种为天然存在的稳定核素，其余的均为放射性核素。

氙有 31 种核素，即 $^{115}Xe\sim^{145}Xe$。^{124}Xe、^{126}Xe、$^{128}Xe\sim^{132}Xe$、^{134}Xe 和 ^{136}Xe 9 种为天然存在的稳定核素，其余的均为放射性核素。

在放射性氪和氙中，最重要的是^{85}Kr和^{133}Xe。两者均属低毒性核素。

(1) 核性质及来源

氪和氙的放射性核素(半衰期大于1 min)的主要辐射特性列于表8.15。

表8.15 氪和氙的若干放射性核素

核素	半衰期	β^-能量/MeV	γ射线能量/MeV
^{83m}Kr	1.86 h		0.009,0.032
^{85m}Kr	4.48 h	0.824	0.151
^{85}Kr	10.73 a	0.672,0.15	0.514
^{87}Kr	1.3 h	3.892,3.489	0.403,2.555
^{88}Kr	2.8 h	0.51	0.196,0.835,1.530,2.196
^{89}Kr	3.2 min	2.33,4.93	0.221,0.586
^{131m}Xe	11.9 d		0.164
^{133m}Xe	2.19 d		0.233
^{133}Xe	5.29 d	0.346	0.081
^{135m}Xe	15 min	0.897	0.527
^{135}Xe	9.17 h	0.91	0.250
^{137}Xe	3.83 min	4.1,3.6	0.456
^{138}Xe	17.0 min	0.69,2.27	0.258,0.435,1.768,2.016

在自然界，由于铀核的自发裂变、中子诱发裂变和大气中稳定核素的中子俘获反应，都可产生^{85}Kr等。但这些来源的^{85}Kr加在一起，不过维持在15 Ci(约40 mg)左右；所以，可以认为自然界大气中的氪是不含^{85}Kr等放射性核素的。目前，大气中积存的^{85}Kr等放射性核素完全是人工释放的。氪和氙是核裂变反应中的重要裂片元素，其产额较高。仅苏美两国核武器试验而放出的^{85}Kr就有7×10^6 Ci之多。

(2) 氪和氙的基本性质

氪和氙是无色无味无臭的气体，由单原子的分子组成。化学性质很不活泼，但仍然有化学行为，可形成某些化合物或类似化合物的包合物物质。

氟化物。目前已经得到3种简单的氟化氙：XeF_2、XeF_4和XeF_6，它们的合成反应都需要在较高温度下进行。XeF_2在水溶液中能将HCl氧化成Cl_2，将KI氧化成I_2，将卤酸盐氧化成高卤酸盐等等。通过高压放电的条件下，也制得某些氪的氟化物(KrF_4或KrF_2)，但热稳定性较差，容易分解。

含氧化合物。纯XeF_4在稀酸性水溶液中是无色无臭和稳定的。将含XeF_4稀酸性水溶液蒸发干可以得到固态的氙氧化物：XeO_3，它是一种具有爆炸性的化合物。XeO_3在溶液中不离解。Xe(Ⅵ)的水溶液显极弱的酸性，在强碱性溶液中Xe(Ⅵ)主要存在为$HXeO_4^-$的形式。向Xe(Ⅵ)的碱性溶液中通入臭氧可以得到Xe(Ⅷ)的水溶液，从Xe(Ⅷ)溶液中可以沉淀出难溶的高氙酸盐。高氙酸盐同浓硫酸作用可以得到气态的XeO_4，它很不稳定，会发生爆炸而分解。无论是 Xe(Ⅱ)、Xe(Ⅳ)、Xe(Ⅵ)或 Xe(Ⅷ)都是强氧化剂。可以认为，高氙酸盐在酸性溶液中是一种潜在可用的最强氧化剂之一。

水合物。由于惰性元素的原子与水分子之间存在的范德瓦尔斯力，可制得氪和氙的单晶水合物(Kr·6H_2O 和 Xe·6H_2O)。当然，在常压下，极易分解。比如，1 个大气压下，氪和氙的水合物分别在－27.8 ℃和－3.4 ℃时即分解。

笼形包合物。氪和氙与某些物质可形成笼形包合物。笼形包合物是指一种物质分子的结晶构造(结晶笼)中，包含另一种物质分子所形成的复合物。它不是真正的化合物，不含有真正的化学键，依靠的只是静电引力。氪和氙在适当的条件下，可被 β-醌醇[$C_6H_4(OH)_2$]的分子结晶构造中的空腔所包合，而形成氪和氙的笼形包合物。这种笼形包合物很稳定，即使磨成粉末，放射性也没有明显的损失。所以，用笼形包合物来固定放射性的惰性气体，长期储存放射性废气是一种有希望的方法。

此外，氪和氙等惰性气体易被多种吸附剂吸附，常用的吸附剂有活性炭和硅胶等，也较能溶于甲苯、氟利昂和煤油等溶剂中。

(3) 应用与监测

^{85}Kr 常用作 β 辐射源和自发光源。放射性的氪和氙是一种理想的气体示踪剂。在医学上，^{85}Kr 和^{133}Xe 可用于测量大脑等人体器官的血流量，研究肺功能，计算胰岛素分泌量等。

放射性的惰性气体，化学性质不活泼，因此，一般不参与生物代谢过程，也不随季节、气候的变化而改变它在大气中的浓度，是一种全球性的放射性气体污染源。特别是^{35}Kr 是核动力工业中生成量最大的一种气体放射性核素，随着世界核动力工业的发展，^{85}Kr 等的量将不断增长。根据放射性惰性气体的行踪，^{85}Kr 等放射性惰性气体的绝大部分都将均匀地分布于大气层之中。对机体的影响主要限于表皮照射，但肾上腺和脂肪对^{85}Kr 有相当高的摄入本领。

^{85}Kr 是对环境具有长期影响的放射性惰性气体。目前，在环境^{85}Kr 的常规监测中，一般采用气相色谱技术来分离、浓集样品中的^{85}Kr。再将^{85}Kr 溶解于闪烁液中，用液体闪烁计数器测量^{85}Kr 的 β 放射性活度。

8.7　放射性铈、钷

8.7.1　镧系元素概述

从 57～71 号元素，即镧(La)、铈(Ce)、镨(Pr)、钕(Nd)、钷(Pm)、钐(Sm)、铕(Eu)、钆(Gd)、铽(Tb)、镝(Dy)、钬(Ho)、铒(Er)、铥(Tm)、镱(Yb)、镥(Lu)15 个元素，统称为镧系元素。周期表第ⅢB 族中的钪(Sc)、钇(Y)和镧系元素(用 Ln 通用符号代表)在性质上都非常相似，并在矿物中共生，因此化学上把这些元素总称为稀土元素。表 8.16 列出了镧系元素的一些基本性质。

表 8.16 镧系元素的一些基本性质

	镧	铈	镨	钕	钷	钐	铕	钆	铽	镝	钬	铒	铥	镱	镥
化学符号	La	Ce	Pr	Nb	Pm	Sm	Eu	Gd	Tb	Dy	Ho	Er	Tm	Rb	Lu
原子序数	57	58	59	60	61	62	63	64	65	66	67	68	69	70	71
价电子层结构	$5d^1 6s^2$	$4f^1 5d^1 6s^2$	$4f^3 6s^2$	$4f^4 6s^2$	$4f^5 6s^2$	$4f^6 6s^2$	$4f^7 6s^2$	$4f^7 5d^1 6s^2$	$4f^9 6s^2$	$4f^{10} 6s^2$	$4f^{11} 6s^2$	$4f^{12} 6s^2$	$4f^{13} 6s^2$	$4f^{14} 6s^2$	$4f^{14} 5d^1 6s^2$
主要化合价	+3	+3,+4	+3,+4	+3	+3	+2,+3	+2,+3	+3	+3,+4	+3,+4	+3	+3	+2,+3	+2,+3	+3
原子半径/Å	1.877	1.824	1.828	1.821	(1.810)	1.802	2.042	1.802	1.782	1.773	1.766	1.757	1.746	1.940	1.734
Ln^{3+}离子半径/Å	1.061	1.034	1.013	0.995	(0.979)	0.964	0.950	0.938	0.923	0.908	0.894	0.881	0.869	0.858	0.848
标准电极电势 E^θ(V) $M^{(S)} \rightleftharpoons M^{3+} + 3e$	−2.37	−2.34	−2.35	−2.32	−2.29	−2.30	−1.99	−2.29	−2.30	−2.29	−2.33	−2.31	−2.31	−2.22	−2.30
$M^{(S)} + 3OH^- \rightleftharpoons M(OH)_3 + 3e$	−2.90	−2.87	−2.85	−2.84	−2.84	−2.83	−2.83	−2.82	−2.79	−2.78	−2.77	−2.75	−2.74	−2.73	−2.74

镧系元素在周期系中属于内过渡元素，除 57 号元素镧以外，核外电子层都具有 4 f 轨道。随着原子序数的增加，电子都增排在 4 f 轨道或增排在与 4 f 轨道能量差别很小的 5 d 轨道上。由于内壳电子数目的变化对元素性质变化的影响，比外壳层电子数目变化的影响小，因此，镧系元素 4 f 壳层上电子数目的变化对元素的性质影响相对要小些；同时 f 轨道电子受到的屏蔽作用较大，即受核的引力相对较小。因而镧系元素中随着原子序数的增加，核外电子每增加一个，原子半径虽也是缩小的，但缩小的程度，不像短周期元素或其他长周期元素随原子序数增加而半径缩小的那么显著。也就是说，镧系元素随原子序数的增加，原子半径缩小得比较缓慢。这就是所谓"镧系收缩"现象。因此，镧系元素中相邻元素的原子半径或离子半径，一般来说，其大小较为接近。所以，镧系元素具有彼此在性质上类似与难以分离的特点。

镧系元素都是金属。镧系金属具有延展性，一般是软的，随着原子序数的增加而渐硬。新切的金属表面具有银白色的光泽。

镧系金属与水缓慢作用，与热水作用较快，可置换氢。它们也易溶于稀酸中。金属在空气中慢慢氧化。在 150～180 ℃时灼烧可以形成氧化物 Ln_2O_3，但 Ce、Pr 和 Tb 则形成 LnO_x(x=1.5～2.0)。

镧系元素一般能形成稳定的+3 氧化态。铈 Ce、镨 Pr、铽 Tb、镝 Dy 还常呈现出+4 氧化态，而钐 Sm、铕 Eu、铥 Tm、镱 Yb、可显示出+2 氧化态。所有的 Ln^{3+} 离子和 Eu^{2+}、Yb^{2+}、Ce^{4+} 离子都能存在于溶液中，其他氧化态只存在于固体中。

不管是在酸性介质，还是在碱性介质中，镧系金属都是一种较强的还原剂，其还原能力仅次于碱金属和碱土金属。随着原子序数的增加，从总的趋势来看，还原能力是减弱的。

镧系元素有三价化合物与四价化合物。

三价化合物有氧化物 Ln_2O_3、氢氧化物 $Ln(OH)_3$、卤化物 $LnX_3 \cdot nH_2O$、硫酸盐 $Ln_2(SO_4)_3 \cdot 8H_2O$ 或 $Ln_2(SO_4)_3 \cdot 9H_2O$、硝酸盐 $Ln(NO_3)_3 \cdot nH_2O$、碳酸盐 $Ln_2(CO_3)_3 \cdot 8H_2O$(Ln=Pr、Nd、Tb)、草酸盐 $Ln_2(C_2O_4)_3 \cdot nH_2O$ 以及硝酸复盐 $2Ln(NO_3)_3 \cdot Mg(NO_3)_2 \cdot 24H_2O$、硫酸复盐 $Ln_2(SO_4)_3 \cdot M_2^*SO_4 \cdot xH_2O$($M^*$=$Na^+$、$K^+$或$NH_4^+$)等。

氟化物、碳酸盐和草酸盐都是难溶的，硝酸盐的溶解度是中等程度的，而其他卤化物则是非常易溶的。

盐溶解于水后，+3 价离子，除 Ce^{+3} 外，都发生如下的水解反应：

$$[Ln(H_2O)_n]^{3+} + H_2O \rightleftharpoons [Ln(OH)(H_2O)_{n-1}]^{2+} + H_3O^+$$

对于 Ce^{3+} 离子来说，只有约 1% 的金属离子进行水解而且不析出沉淀：

$$3Ce^{3+} + 5H_2O \rightleftharpoons [Ce_3(OH)_5]^{4+} + 5H^+$$

$[Ce_3(OH)_5]^{4+}$ 是络合离子。

几种重要化合物的有关性质如下：

氧化物。Ln_2O_3 不溶于水和碱性介质中，但是即是经过灼烧的 Ln_2O_3 也是溶于强酸中。

氢氧化物。$Ln(OH)_3$ 是难溶的，$Ln(OH)_3$ 的溶解度是随着温度的升高而降低的。$Ln(OH)_3$ 的碱性接近于碱土金属氢氧化物，不显两性，只能溶于酸而形成盐。

氯化物。有无水物和水合物两种，都易溶于水。水合氯化物溶解度随着温度的增加而剧烈地增加。

硫酸盐。最常见的是水合硫酸盐。无水硫酸盐的溶解度比水合硫酸盐小，而且它们的溶解度随着温度的升高而下降。镧系元素硫酸盐溶液中加入 K_2SO_4、Na_2SO_4 或 $(NH_4)_2SO_4$ 时便形成复盐 $Ln_2(SO_4)_3 \cdot M_2^*SO_4 \cdot xH_2O$ ($M^* = Na^+$、K^+ 或 NH_4^+)而析出，复盐的溶解度常常是随着温度的上升而下降。

草酸盐。草酸盐是镧系元素一种最重要的盐类。由于它们在酸性溶液中的难溶性，使镧系元素离子能以草酸盐的形式析出而同其他许多金属离子分离开来。镧系元素的难溶草酸盐经过灼烧而可得氧化物。

四价化合物中，最重要的是四价铈化合物，它在水溶液中是稳定的。常见的铈盐有硫酸铈 $Ce(SO_4)_2 \cdot 2H_2O$ 和硝酸铈 $Ce(NO_3)_4 \cdot 3H_2O$，这些盐溶于水，颇易水解而形成碱式盐。

由于镧系元素与其他稀土元素的离子半径小，电荷多，因而易与许多无机酸离子形成无机络合物，如 $Na_3Ln(CO_3)_3$、$(NH_4)_3Ln(SO_4)_3$ 等，也能与某些有机试剂如 EDTA、柠檬酸、酒石酸等形成有机络合物，而且络合能力比碱土元素强得多。此性质可用于稀土与碱土元素的分离以及放射性稀土元素的表面去污。稀土元素的络合物的稳定性不同，因此可利用不同的络合剂使稀土元素之间的差别扩大，以实现相互分离。离子交换柱色层法和反相萃取柱色层法就是利用了这一特性。

8.7.2　铈

铈共有 24 种核素，即 $^{128}Ce \sim ^{151}Ce$，其中，^{128}Ce 和 ^{151}Ce 尚未完全确定。除了 ^{136}Ce、^{138}Ce、^{140}Ce 和 ^{142}Ce 是稳定核素外，其余都是放射性核素。放射性核素中，^{144}Ce 最重要，其次是 ^{141}Ce。

(1) 核性质及来源

^{144}Ce 是核裂变反应中产额较高的一种核素，它是 β 放射体，半衰期为 284.2 d，放射性比活度为 1.18×10^8 Bq/μg。^{141}Ce 也是核裂变产物，为 β 放射体，半衰期是 32.45 d。^{144}Ce 与 ^{141}Ce 的辐射特性见表 8.17。

表 8.17 ^{144}Ce 与 ^{141}Ce 的主要辐射特性

核素	半衰期	衰变方式	能量/MeV
^{144}Ce	284.2 d	β,γ	β:0.320(60%),0.245(5%);γ:0.145,0.134,0.100,0.184(30%)
^{141}Ce	32.45 d	β,γ	β:0.447(67%),0.591(33%);γ:0.145

注:β 的能量为最大能量。

(2) 铈的性质

作为镧系金属的铈,熔点为 798 ℃,具有镧系元素的通性。

在溶液中,铈能以三价与四价存在,溶液中的三价铈离子无色,四价铈离子呈橙红色。

一般情况下,四价铈不如三价铈稳定。三价铈溶液在空气中是稳定的,在强氧化剂(如高锰酸钾、溴酸钾)作用下才氧化到四价,而四价铈用较弱的还原剂(如盐酸羟胺 $NH_2OH \cdot HCl$)就能还原成三价铈:

$$Ce^{4+} \underset{NH_2OH \cdot HCl}{\overset{KMnO_4 \text{ 或 } KBrO_3}{\rightleftharpoons}} Ce^{3+}$$

利用铈的这一氧化还原特性可将铈与其他稀土元素迅速分离。

三价和四价的铈离子均能形成可溶性盐(如硝酸铈、硫酸铈、氯化铈等)和难溶性盐(如氟化铈、草酸铈、碳酸铈等)。铈的三价盐是白色的,而四价盐通常是黄色的。铈的四价盐比三价盐更易水解,生成碱式盐沉淀如 $Ce(OH)(NO_3)_3$;进一步水解可生成 $Ce(OH)_4$ 黄色胶状沉淀,也称为水合二氧化铈($CeO_2 \cdot xH_2O$),此沉淀可溶于酸。

四价铈还能形成碘酸铈[$Ce(IO_3)_4$]沉淀,而一般三价稀土元素的碘酸盐均易溶于水。因此,利用这一特性可将铈与三价稀土元素进行分离。

四价铈离子比三价铈离子更易形成络合物。有些四价铈的无机络合盐比单盐更稳定,且难溶于水。所以,利用此性质可将四价铈从稀土中单独沉淀出来。例如 $(NH_4)_2[Ce(NO_3)_6]$ 就比 $Ce(NO_3)_4$ 更稳定,可作分析铈时称重的基准物。

(3) 应用及监测

^{144}Ce 可作辐射源和特殊能源。铈的放射性核素,和其他许多稀土元素的放射性核素一起,都是核裂变后的裂片放射性核素,它们在核武器爆炸时的产额较高,特别是 ^{144}Ce 等在核爆炸后的 1～3 a 内,在沉降物总放射性中占有较大的比例,是核爆炸后引起环境污染的重要裂片元素。^{144}Ce 属高毒性核素,在人体内主要分布在肝脏和骨骼内,是环境监测中的重点监测核素。

环境和生物样品中 ^{144}Ce 的测定通常采用辐射测量法。首先,必须将样品中的铈和其他稀土元素,通过草酸盐共沉淀法而与其他裂变产物(如 ^{95}Zr、^{95}Nb、^{103}Ru、^{106}Ru、^{137}Cs 等)初步分离;然后将铈氧化成四价,用碘酸铈共沉淀法使铈与其他稀土元素分离;最后将铈进一步纯化转变为草酸铈沉淀,进行称重和 β 放射性测量。

由于 ^{144}Ce 的子体 ^{144}Pr 也是 β 放射体(其半衰期为 17.3 min),因此,需将样品源放置两小时,使 ^{144}Ce-^{144}Pr 达到放射性平衡后,测其总放射性活度,从而计算出样品中 ^{144}Ce 的含量。若样品中尚含有 ^{141}Ce,则可用铝片吸收法或衰减法分别测量和计算出 ^{141}Ce 和 ^{144}Ce 的 β 放射性活度。

8.7.3 放射性元素——钷

根据核稳定原则,61号元素不可能有稳定核素,钷应该是放射性元素。钷共有23种同位素,以及另外2种同质异能素。其中,^{145}Pm有很长的半衰期($T_{1/2}=6.3\times10^{9}$ a),但最重要的是^{147}Pm。

^{147}Pm为纯β放射性,半衰期为2.62 a,β射线能量较低,只有0.225 MeV,放射性比活度为3.43×10^{7} Bq/μg。

(1) 来源

^{150}Pm($T_{1/2}=2.7$ h)是钕的天然长寿命同位素^{150}Nd($T_{1/2}=2\times10^{15}$ a)的β衰变产物。在稀土元素矿石中,1 g钕含有8.6×10^{-18} mg钷。在铀矿中,铀核自发裂变生成^{147}Pm,平衡后1克铀生成4×10^{-15} mg钷。^{145}Pm的半衰期大于10^{9} a,地壳中可能存在钷。

钷是核裂变产物之一,其裂变产额很高(2.1%),比如^{147}Pm核素由^{235}U裂变获得,在核反应堆中,每100kW每昼夜生成1 mg钷。在反应堆中每千克钚约可得到7 g钷元素。所以,辐照核燃料后的废液是提取^{147}Pm的主要来源。

通过人工核反应也可得到钷。如用中子照射^{146}Nd,可得到^{147}Pm:

$$^{146}Nd(n,\gamma)^{147}Nd \xrightarrow{\beta} {}^{147}Pm;$$

用中子照射^{144}Sm,可得到^{145}Pm:

$$^{144}Sm(n,\gamma)^{145}Sm \xrightarrow{EC,340\ d} {}^{145}Pm$$

(2) 钷的性质

元素钷的熔点为1 080 ℃,计算出的金属密度为7.26 g/cm^{3}。

在碱性介质中,钷形成浅棕色的$Pm(OH)_3$沉淀,加热时转变为紫色氧化物Pm_2O_3。三氧化二钷在水中的溶解度很小,仅为3×10^{-4} g/L^{3}。

钷可生成易溶性盐类和难溶性盐类。黄色的氯化物$PmCl_3$,玫瑰色的硝酸盐$Pm(NO_3)_3$,以及醋酸钷是可溶的,而氟化钷、磷酸钷、碳酸钷、草酸钷[$Pm_2(C_2O_4)_3\cdot10H_2O$]等难溶于水。钷盐与钐盐一样,极易水解成难溶性的氢氧化物。

钷还可能生成二价化合物:$PmCl_2$、PmI_2等。

在微量浓度溶液中,当pH<3时,钷处于离子状态,当pH>3时,由于水解作用的结果,钷开始生成放射性胶体。钷在超稀溶液中能与微溶的Ln^{3+}化合物同晶共沉淀;由于二级交换吸附,钷与碘酸铈(Ⅳ)共沉淀。

钷与其他镧系元素一样,可与含氧、含氮的萃取剂形成稳定的络合物,如能与TTA、铜铁灵等形成螯合物而被萃取;在高酸度下也能被TBP萃取。钷还能与乳酸、EDTA、DTPA等络合剂形成水溶性的络合物。利用钷与其他稀土元素的这一类络合物的络合稳定性不同,可在离子交换色层柱或反相萃取色层柱上将它们分离。

(3) 钷的应用及监测

由于^{147}Pm只发射0.225 MeV的β射线,不发射γ射线,半衰期又较长,所以它常作为软β辐射源而用于厚度计,密度计中,还用在纤维和造纸生产过程中消除积聚的静电。^{147}Pm的β射线能使磷光体发光,因此^{147}Pm用来制作发光粉、航标灯。此外,利用β射线作用于荧光物质发光,再将光能转变为电能,可制备体积小重量轻的直流核电池,以用于心脏起搏器和空间应用的能源。

^{147}Pm属于中毒性核素,在人体内主要蓄积在肝脏和骨骼中。它也是核裂变的裂片元素之一,核爆炸后的1～3 a内,在沉降物总放射性中也占有较大比例,是核爆炸后引起环境污染的重要放射性核素之一。

^{147}Pm的分析测定多采用辐射测量法。一般采用液体闪烁计数法。测量之前对钷须进行分离和纯化。由于单一分离技术不易达到要求,常将多种分离技术联合使用。例如,先用萃取法将钷和其他稀土元素从样品中萃取出来,然后在阳离子交换树脂柱上将^{147}Pm与其他稀土元素分开。最后用液体闪烁计数器测量^{147}Pm的β放射性活度。

8.8 活化产物

8.8.1 概述

活化产物是物质在中子等粒子的作用下,发生核反应而产生的放射性核素。这里要介绍的主要是在核爆炸及核反应堆中由中子引起核反应产生的活化产物。

大气层和地下核爆炸,产生的大量中子会与空气、土壤、水和弹壳等材料发生核反应生成各种活化产物,如:^{57}Co、^{58}Co、^{60}Co、^{55}Fe、^{59}Fe、^{65}Zn、^{54}Mn、^{51}Cr、^{32}P、^{35}S、^{14}C、^{3}H、^{35}Cl、^{24}Na、^{45}Ca、^{27}Mg等。核电厂和核动力舰船的反应堆运行时也会放出大量中子,一回路冷却剂中的腐蚀产物被中子活化也会产生活化产物,如^{60}Co、^{55}Fe、^{59}Fe、^{65}Zn、^{54}Mn、^{51}Cr、^{24}Na、^{18}F等。它们可能通过各种途径流出而污染环境。因此对活化产物的分析检测是环境保护的一项重要内容。轻水堆中主要的活化腐蚀产物见表8.18。

表8.18 轻水堆中主要的活化腐蚀产物

核素	半衰期	生成反应	天然同位素丰度/%	活化截面/b		
				热中子	超热中子	快中子
^{51}Cr	27.2 d	$^{50}Cr(n,\gamma)^{51}Cr$	4.35	16.0	0.68	
^{54}Mn	312.2 d	$^{54}Fe(n,p)^{54}Mn$	5.8			0.11
^{55}Fe	2.73 a	$^{54}Fe(n,\gamma)^{55}Fe$	5.8	2.5	0.1	
^{59}Fe	44.51 d	$^{58}Fe(n,\gamma)^{59}Fe$	0.3	1.14	0.1	
^{58}Co	70.88 d	$^{58}Ni(n,p)^{58}Co$	68.3			0.146
^{60}Co	5.27 a	$^{59}Co(n,\gamma)^{60}Co$	100	37.5	6.05	
^{63}Ni	100 a	$^{62}Ni(n,\gamma)^{63}Ni$	3.6	14.6	0.77	
^{64}Cu	12.7 h	$^{63}Cu(n,\gamma)^{64}Cu$	69.2	4.4	0.40	
^{65}Zn	245.8 d	$^{64}Zn(n,\gamma)^{65}Zn$	48.6	0.82	0.13	
^{76}As	26.5 h	$^{75}As(n,\gamma)^{76}As$	100	4.4	5.08	
^{95}Zr	64.02 d	$^{94}Zr(n,\gamma)^{95}Zr$	17.4	0.075	0.031	
^{100m}Ag	249.8 d	$^{109}Ag(n,\gamma)^{100m}Ag$	48.17	4.7		
^{113}Sn	115.1 d	$^{112}Sn(n,\gamma)^{113}Sn$	1.01	0.71	2.2	
^{124}Sb	60.2 d	$^{123}Sb(n,\gamma)^{124}Sb$	42.7	4.0	9.7	
^{181}Hf	42.4 d	$^{180}Hf(n,\gamma)^{181}Hf$	35.2	12.6	2.26	
^{182}Ta	114.4 d	$^{181}Ta(n,\gamma)^{182}Ta$	100	22.0	56.4	
^{187}W	23.9 h	$^{186}W(n,\gamma)^{187}W$	28.6	37.2	35.9	

反应堆中一回路冷却剂循环期间，冷却剂及添加剂等暴露在堆压力容器内的中子场中一定的时间，在此期间，冷却剂、溶于水中的杂质及添加物可与中子等粒子发生一系列的核反应，产生一些非金属活化产物。对反应堆运行具有放射学意义的核反应见表 8.19。

表 8.19 反应堆中某些非金属活化产物

核素	半衰期	生成反应
^{16}N	7.13 s	$^{16}O(n,p)^{16}N$
^{13}N	9.96 min	$^{16}O(p,\alpha)^{13}N$
^{18}F	109.7 min	$^{16}O(p,n)^{18}F$
^{3}H	12.3 a	$^{10}B(n,\alpha)^{7}Li(n,n\alpha)^{3}H$ $^{10}B(n,2\alpha)^{2}H$ $^{6}Li(n,\alpha)^{3}H$ $^{7}Li(n,n\alpha)^{3}H$
^{14}C	5 730 a	$^{14}N(n,p)^{14}C$ $^{17}O(n,\alpha)^{14}C$
^{41}Ar	1.83 h	$^{40}Ar(n,\gamma)^{41}Ar$
^{35}S	87.5 d	$^{35}Cl(n,p)^{35}S$
^{32}P	14.3 d	$^{35}Cl(n,\alpha)^{32}P$ $^{32}S(n,p)^{32}P$ $^{31}P(n,\gamma)^{32}P$

8.8.2 金属活化产物

(1) 钴-60

钴(Cobalt)是 27 号元素，与铁同属元素周期表第四周期的第八族，是过渡元素。

钴的活化产物有 ^{57}Co、^{58}Co、^{60}Co 等，其中 ^{60}Co 最重要，它是 β^-、γ 放射体，半衰期为 5.27 la，β^- 粒子能量为 0.315 MeV，γ 能量为 1.333 MeV 和 1.172 MeV，属于高毒核素。

^{60}Co 是应用较早的放射性核素之一，主要作为外照射源用于辐射育种、食品保鲜、医疗器械灭菌、肿瘤治疗以及工业设备的 γ 探伤等。

1) 钴的化学性质

钴的主要价态为＋2、＋3 两种。在其简单化合物中钴是＋2 价，＋3 价极不稳定，在水溶液中易被还原成二价。钴盐在空气中和 85 ℃以下加热得到 Co_3O_4，加热至 90C ℃能得到 CoO。Co_2O_3 是在低温和过量空气中加热含 Co^{2+} 离子的化合物或 $Co(OH)_3$ 制得的。往钴盐溶液中加入 NaOH 可得蓝色的 $Co(OH)_3$ 沉淀，它在空气中缓慢氧化变成棕色的 $Co_2O_3 \cdot xH_2O$ 沉淀。若加入的碱量不够，则得到碱式盐。

钴(Ⅱ)的氯化物、硼酸盐、硫酸盐等皆溶于水。Co^{2+} 或其正的络离子是粉红色的，其络阴离子是蓝色的。邻氨基苯甲酸钴 $Co(C_7H_6O_2N)_2$ 可作为钴的分析基准物质。

Co^{3+} 的简单化合物虽然远没有 Co^{2+} 的稳定，但是它们的络合物却相反。在 Co^{3+} 的络合物中最重要的一种是 $[Co(NO_2)_6]^{3-}$，它可与碱金属形成难溶性盐类，如 $K_3[Co(NO_2)_6] \cdot$

xH_2O、$K_2Ag[Co(NO_2)_6]$和 $Cs_2Na[Co(NO_2)_6]$等。

2）^{60}Co 的分析测定

^{60}Co 的浓集分离方法很多，大体积水样的预浓集方法有氢氧化物、硫化物或二氧化锰共沉淀法和离子交换法等。其中使用最广泛最有效的是阴离子交换和溶剂萃取法。如海水、水体底质或生物样品经预处理后，制成 8～9 mol/L HCl 体系，通过强碱性阴离子交换树脂柱吸附使之与大部分杂质分离，再经甲基异丁基酮选择性萃取进一步纯化，最后在氨性电解液中电沉积制源，测定其 β^- 放射性。^{60}Co 也可用液体闪烁计数法进行测定，若样品中同时存在^{58}Co，则应用 γ 谱仪测量^{60}Co 的特征能峰 1.333 MeV 和 1.172 MeV。

(2) 铁-59

铁是 26 号元素，其活化产生有^{55}Fe、^{59}Fe 等，主要是^{59}Fe。它是 β^-、γ 放射体，半衰期为 44.6 d，其 γ 射线的能量为 1.292 MeV(43.2%)、1.099 MeV(56.5%)。放射性铁在医学和生物学研究中有一定用途，在人体铁代谢及血液系统疾病治疗的研究中有较大的应用。^{55}Fe、^{59}Fe 均属中毒核素。

1）铁的化学性质

铁的化学性质活泼，能形成多种价态，其中最重要的是+2、+3 价两种。铁的氧化物有 FeO、Fe_2O_3 和 Fe_3O_4。FeO 在空气中极易被氧化成 Fe_2O_3，在水中不溶解，但能溶于稀酸而形成 Fe(Ⅱ)盐。Fe_3O_4 是最稳定的氧化物，它与酸作用时生成 Fe(Ⅱ)和 Fe(Ⅲ)的盐。

Fe^{2+} 溶液中加入碱或氨水即得 $Fe(OH)_2$ 白色沉淀。$Fe(OH)_2$ 极易溶于酸中而形成 Fe(Ⅱ)盐。Fe^{3+} 溶液中加入 OH^- 或 CO_3^{2-} 可得红色的 $Fe(OH)_3$ 沉淀。$Fe(OH)_3$ 有稍明显的两性，它溶于酸形成 Fe(Ⅲ)盐，溶于过量的 NaOH 而生成 $NaFeO_2$，但与 $NH_3 \cdot H_2O$ 却不起作用，此特质与 $Al(OH)_3$ 相类似。

铁可形成多种盐类，$FeCl_3$ 极易溶于水，如果加热煮 $FeCl_3$ 溶液，它会渐渐地自黄色转变成红色，这是因为有 $Fe(OH)_3$ 或 $Fe_2O_3 \cdot xH_2O$ 的胶体溶液产生。在浓 HCl 溶液中，Fe^{3+} 可形成$[FeCl_4]^-$ 络阴离子，其络合能力大于 Co^{2+}。$FeSO_4$ 是一种还原剂，由于不如 $(NH_4)_2FeSO_4 \cdot 6H_2O$ 易于保存，故在分析化学中常用后者作为还原剂。$FeCO_3$ 难溶于水，但若水中有 CO_2 存在，则它就像 $CaCO_3$ 一样也能溶解。

$(NH_4)_2SO_4Fe_2(SO_4)_3 \cdot 6H_2O$ 是分析化学中 Fe(Ⅲ)盐的标准试剂，因为它是唯一易于纯化的普通+3 价铁盐的化合物。Fe^{3+} 溶液中加入 PO_4^{3+} 生成淡黄色的 $FePO_4$ 沉淀，它不溶于稀 HAc，而磷酸亚铁极易溶解，此性质可用 Fe^{2+} 与 Fe^{3+} 的分离。在强酸介质中，Fe^{3+} 能形成络阴离子，如$[Fe(PO_4)_2]^{3-}$、$[FeCl_3PO_4]^{3-}$ 等，它们都是无色的。此性质可用于氧化还原滴定 Fe。因为将 Fe^{3+} 还原成 Fe^{2+}，然后用 $KMnO_4$ 标准溶液滴定时，生成黄色的 Fe^{3+} 不易看出终点(紫色)，若加入一些 H_3PO_4 就可避免此种干扰。

铁氰化物是铁的重要络合物，如淡黄色的亚铁氰化钾 $K_4[Fe(CN_6)] \cdot 3H_2O$，俗名黄血盐，而蓝色的亚铁氰化铁 $Fe_4[Fe(CN_6)]_3$ 俗名为普鲁蓝。

2）放射性铁的测定

^{59}Fe 的放化分析方法很多，基本上与^{60}Co 的分析相同。但 Fe 与 Co 的性质有差别：在氨水溶液中，Co 能形成$[Co(NH_3)_6]^{2+}$ 络离子，而 Fe 生成 $Fe(OH)_3$ 沉淀；在 HCl 介质中，Fe^{3+} 与 Cl^- 的络合能力比 Co^{2+} 强；在低酸介质中 Fe^{3+} 就能被胺类萃取剂萃取，被铜铁灵沉淀，钴则不能，这些性质常用于铁钴的分离。

对于空气过滤样品放射性铁的分离测定，是将样品溶于浓 HCl 溶液中，然后被吸附在阴离子交换树脂上，再用 1∶25 的 HCl 解吸，将铁与大多数裂变产物及其他的放射性核素分离。进一步去污是在钴、锰和锌反载体存在下，从 1∶9 的 HCl 溶液中用铜铁灵试剂再沉淀。在破坏铜铁灵盐之后铁被转变为氯化物，在 $NH_4H_2PO_4$-$(NH_4)_2CO_3$ 溶液中络合，再电镀于铜片上制备放射源，用流气式正比计数法则量 ^{59}Fe 的计数；然后用一薄晶谱仪进行计数测定由 ^{55}Fe 放出的 5.9 keV X 射线，实现 ^{59}Fe 与 ^{55}Fe 的联合测定。目前，测定 ^{59}Fe 更常用的是液体闪烁计数法，它是利用磷酸铁在 NH_4Cl-CH_3CH_2OH 中生成白色磷酸铁铵络合物再去进行测量的。

(3) 锌-65

锌是 30 号元素，位于元素周期表的 d 区，第四周期的第二副族。它的重要活化产物是 ^{65}Zn，半衰期为 244.1 d，其衰变方式为 98.54％是电子俘获、1.46％的是 β^+ 衰变，β^+ 射线的能量为 0.325 MeV。^{65}Zn 属于中毒核素，存在于反应堆的废水中，随废水的排放而进入环境。海洋生物对 ^{65}Zn 有极高的浓集能力，当它进入人体后，常被浓集在肌肉和骨骼中，会损害健康。

1）锌的化学性质

锌是较活泼的金属，其化合价为＋2 价。锌溶于稀 HCl 和成 $ZnCl_2$，同时放出 H_2；溶于稀 HNO_3 则生成 NH_4^+，其反应式如下：

$$4Zn + 10HNO_3 \longrightarrow 4Zn(NO_3)_2 + NH_4NO_3 + 3H_2O$$

但这并不是唯一的化学反应，因为同时还生成一些 NO 和 NO_2，往锌盐溶液中加入适量的 NaOH 或 $NH_3 \cdot H_2O$ 都能生成白色絮状的 $Zn(HO)_2$ 沉淀，但 $NH_3 \cdot H_2O$ 加入的量过量时，其沉淀会溶解，生成$[Zn(NH_3)_4]^{2+}$。$Zn(HO)_2$ 与 $Al(OH)_3$、$Fe(OH)_3$ 有所不同，$Al(OH)_3$、$Fe(OH)_3$ 只有过量的 NaOH 能使之溶解，而过量的 $NH_3 \cdot H_2O$ 则不溶。$Zn(HO)_2$ 之所以如此是因为它不仅具有两性，且能生成$[Zn(NH_3)_4]^{2+}$络离子，而 $Al(OH)_3$、$Fe(OH)_3$ 则不能与 NH_3 形成络离子。若锌盐溶液中先加入一些 NH_4Cl，再加入 $NH_3 \cdot H_2O$，则不能形成沉淀。锌盐溶液中加入 $NaHCO_3$ 可生成 $ZnCO_3$，若加入的是 Na_2CO_3，就只能得到成分不定的碱式碳酸盐 $x ZnCO_3 \cdot x Zn(OH)_2$ 而不是碳酸盐。分析 Zn 所用的基准物质为 $ZnHg(SCN)_4$。

2）锌-65 的分析测定

锌的化学性质与钴和铁有不少相似之处，它们的浓集方法都适用于锌。锌的分离纯化常用萃取法和离子交换法，许多方法常利用锌与其他放射性核素在 HCl 介质中与萃取剂或阴离子交换树脂的结合能力的差别，选择适当的 HCl 浓度即可进行梓的分离纯化。例如，水样用氨水水沉淀后，在 6 mol/L HCl 介质中用 MIBK(甲基异丁基酮)萃取铁，在 3 mol/L HCl 介质中用 TBP 萃取锌，在 2.5 mol/L NH_4SCN 介质中，用 MIBK 萃取分离钴，最后以电沉淀积的方法制源，用低本底 γ 谱仪测量 ^{65}Zn 的放射性。

(4) 锰-54

锰是 25 号元素，位于元素周期表第四周期的第七副族。^{54}Mn 是核爆炸和核反应堆的重要活化产物之一，其半衰期为 312 d，它通过电子俘获衰变成 ^{54m}Cr，然后放出 0.835 MeV 的 γ 射线和 5.41 keV 的 X 射线而成为 ^{54}Cr。^{54}Mn 属于中毒性核素。

1）锰的化学性质

锰有10种化学价态，即-3～$+7$十种价态，其中最常见的价态有$+2$、$+4$和$+7$三种价态。Mn^{2+}或$[Mn(H_2O)_6]^{2+}$是$+2$价锰离子中最稳定的形态。Mn(Ⅳ)是弱酸性的，除了MnO_2之外，只在亚锰酸盐中存在。锰能形成六种氧化物，其中最重要的是MnO_2，它在常温下很稳定，在水中的溶解度极小，是强氧化剂。用HCl溶解锰的氧化物或碳酸盐，可得到$MnCl_2$溶液，在浓HCl中可形成$[MnCl_3]^-$、$[MnCl_4]^{2-}$等络阴离子。

$MnSO_4$是最稳定的Mn(Ⅱ)盐，几乎任何锰的化合物与硫酸共同加热皆可得到$MnSO_4$。$MnCO_3$在纯水中不溶解，但是，水中若有CO_2存在则生成$Mn(HCO_3)_2$而溶解。在含有NH_4Cl的Mn^{2+}溶液中，加Na_3PO_4及$NH_3 \cdot H_2O$能得到浅红色的$Mn(NH_4)PO_4$沉淀。此沉淀在稀$NH_3 \cdot H_2O$不能溶解，灼烧即生成$Mn_2P_2O_7$，这是测定锰的一种方法。

$KMnO_4$是重要的含锰化合物，易溶于水，溶液呈深红色，Mn^{2+}离子被过量的$NaBiO_3$氧化成MnO_4^-，它又能被Fe^{2+}还原成Mn^{2+}离子。其反应式如下：

$$2Mn^{2+} + 5BiO_3^- + 14H^+ \longrightarrow 2MnO_4^- + 5Bi^{3+} + 7H_2O$$

$$MnO_4^- + 5Fe^{2+} + 8H^+ \longrightarrow Mn^{2+} + 5Fe^{3+} + 4H_2O$$

2) 锰-54的分析测定

锰的分离可用$NaClO_3$从热浓HNO_3溶液中以MnO_2的形式沉淀，将锰与大多数元素分离。对其他还溶于酸的放射性核素可通过在HCl溶液中将它们以铜铁灵盐形式沉淀而有效地实现分离。锰的化学回收率可用容量法或重量法进行测定，容量法是将沉淀的MnO_2溶解，其中锰离子用过量的$NaBiO_3$氧化成MnO_4^-，然后再加入一定量的硫酸亚铁铵溶液，将MnO_4^-还原成Mn^{2+}离子，最后用标准$KMnO_4$溶液反滴定的方法测定过量的亚铁离子。重量法是基于用$(NH_4)_2HPO_4$从NH_4Cl含Mn^{2+}的溶液中沉淀$Mn[(NH_4)PO_4]$，然后将沉淀灼烧成$Mn_2P_2O_7$；亦可将最后分离的锰以磷酸铵锰$Mn(NH_4)PO_4 \cdot H_2O$形式沉淀，然后可计算锰的化学回收率。

^{54}Mn的测量是将最后得到的沉淀制成放射源，用γ谱法或γ计数法进行测量，即对其子体^{54m}Cr放出0.835 MeV的γ射线进行测量。

8.8.3 非金属活化产物

随着反应堆、加速器的建立，人们较方便地生产出原子序数小的非金属放射性核素，如^3H、^{11}C、^{13}N、^{15}O、^{32}P等。尤其是人类大规模地利用核能，在一回路冷却剂循环期间，中子与冷却剂、冷却剂中溶解的杂质及一回路中的添加剂等可发生核反应，其间，冷却剂、溶于水中的杂质及添加物可与中子等粒子发生一系列的核反应，产生大量的非常金属活化产物。由于在前面已对氚及放射性碳进行了叙述，在此不再重复，仅对放射性磷、硫等几个核素进行简单的叙述。

(1) 磷-32与硫-35

^{32}P与^{35}S两种放射性核素均为β辐射体伴有极弱的γ辐射。它们在冷却剂中的活度浓度极低，对运行电站无任何意义，这里主要关注它们的行为。它们中的一部分会通过废水进入环境富集在食物链中，可能会对公众造成一定的辐射负担。冷却剂中硼酸所含杂质是^{32}P的主要来源，而杂质Cl^-则主要生成^{35}S。监测表明压水堆电站一回路冷却剂中^{32}P的活度浓度在4～5 MBq/Mg之间，而^{35}S活度浓度为0.07～2 MBq/Mg。研究表明，冷却剂中大部分磷杂质是不溶性的，附着在颗粒物上。

(2) 氮-16、氮-13

快中子与水分子中的^{16}O经(n,p)反应生成^{16}N,它是一种β、γ辐射体,半衰期为7.1 s,同时由快中子诱发的反冲质子使之发生(p,α)反应生成^{13}N,发射β^+,半定期为9.96 min。堆运行期间^{16}N为冷却剂中的主要核素。由于^{16}N的活度浓度很高而且发射高能γ辐射(5～7 MeV),使人们在反应堆运行期间接近一回路设备和设备部件受到限制,必须通过适当的屏蔽设计进行屏蔽。

经核反应生成的氮原于热化后立即同水相附近的自由基、离子和分子发生反应。在堆芯的强辐射场下参与反应的主要是水的辐解产物。由实验室研究结果得出在纯水中氮的化学形态分布见表8.20。

表 8.20　纯水中氮的化学形态分布

氮化学形态	N_2	NO	NO_2	NO_3^-	NH_4^+	NH_2OH
百分比/%	1.0	9.0	25.0	10.0	30.0	16.0

研究结果证明,氮原子被热化后,^{16}N、^{13}N两种放射性核素的化学反应完全相似。此外,^{16}N、^{13}N的辐射照射对绝缘材料、润滑油、密封材料和密封用的弹性材料的使用寿命也有影响,因此在反应堆工程上必须予以考虑。水活化形成的^{16}N在蒸汽发生器传热管发生泄漏时,二次侧的蒸汽中可以测到^{16}N的特征发射谱、可作为监测传热管破裂的重要手段之一。

(3) 氟-18 与氩-41

^{18}F快中子同冷却剂H_2O中的H原子碰撞产生反冲质子,反冲质子同^{18}O反应生成^{18}F,即:$^{18}O(p,n)^{18}F$。^{18}F是一种β^+辐射体,发射0.511 MeV低能γ射线,半衰期为109.7 min,在冷却剂中的活度浓度与中子能量直接相关,在设计功率水平下运行的1 300 MW的压水反应堆冷却剂中,它的活度浓度能达到5×10^2 Bq/mL。

^{41}Ar是反应堆压力容器周围空气中的^{40}Ar受中子照射形成的放射性核素,即:$^{40}Ar(n,\gamma)^{41}Ar$,^{41}Ar的半衰期为1.8 h。当反应堆安全壳的空气进行换气,主要是在反应堆功率运行期间,这种放射性核素会排放到环境中,对周围环境产生一些辐射剂量,即:$^{41}Ar \xrightarrow{\beta^-,1.8\ h} {}^{41}K$。

第9章　放射性核素的制备及放射分析技术

随着核反应堆、加速器等核设施的迅速发展，放射性核素在工业、农业、国防、环保和医药卫生等许多领域中得到了广泛的应用。目前，已被利用的放射性核素有200余种，放射性标记化合物已达数千种。某些放射性核素在国防上可用于制造核武器和核潜艇的燃料元件。此外，还可用于制造放射性核素电池，供人造卫星、宇宙飞船、海底声呐站、自动气象站等用作特殊能源；在工业上，放射性核素的一个重要用途是做辐射源，制成各种放射性检测和控制仪表。放射性核素在辐射加工、放射分析和地质勘探等方面也得到了广泛的应用。此外，作为示踪剂，放射性核素在冶金、机械、医药和航空等技术与理论研究中，也发挥着作用；在农业上，放射性核素可用于辐射育种、辐射灭虫和辐射保鲜等领域，还用于研究化肥、农药等有机化合物在农作物、土壤中的分布和残留情况以及农作物的营养代谢过程等；在医学上，放射性核素已被广泛用于诊断、治疗、医学研究和辐射灭菌等。此外，放射性核素在生物学、地质学、海洋学、考古学、法医学等领域中也有很多应用。

放射性核素除了在上述领域得到广泛的应用外，但由于放射性核素的检出灵敏度比其他分析方法高，因此，在分析化学中也使用放射性核素。放射化学分析法可划分为以天然放射性核素作为测定基础的方法，以及通过加入放射性核素的方法和人为辐射照射引起放射性的方法。

9.1　放射性核素的制备

迄今为止已发现的放射性核素有2 800余种，其中常用的有200多种，它们可分成两大类：天然放射性核素和人工放射性核素。天然放射性核素一般直接从矿石中提取，如从铀矿石中提取^{238}U、^{226}Ra，从钍矿石中提取^{232}Th等；也可由长寿命母体衰变得到，如从“老镭”提取^{210}Po、从“老钍”提取^{228}Ac等；人工放射性核素是通过反应堆或加速器，利用中子、带电粒子轰击各种靶材料而得到的。另外，反应堆乏燃料也是人工放射性核素的一个重要来源。下面分别介绍这几种人工制备放射性核素的方法。

9.1.1　反应堆生产放射性核素

反应堆是一种强大的中子源，其中子通量(neutron flux)一般为$10^{10} \sim 10^{13}$ cm^{-2}/s，因此可通过反应堆中的(n,α)、(n,p)、(n,f)和(n,γ)反应和次级核反应来生产放射性核素。

(n,α)和(n,p)反应所需中子的能量较高，在热中子反应堆中，反应的截面都很小，仅少数几种轻元素(如^{6}Li、^{14}N、^{32}S和^{35}Cl等)可发生这类反应。由于这两种反应的产核与靶核分属不同的元素，如$^{6}Li(n,\alpha)^{3}H$、$^{32}S(n,p)^{32}P$等，故可以用化学分离方法制得无载体的放射性核素。

(n,f)反应即裂变反应可产生大量的裂变产物，如^{235}U、^{233}U、^{239}Pu等的慢中子核裂变所生成的放射性同位素达500种以上，这已成为放射性核素的重要来源之一。

利用(n,γ)反应生产放射性核素具有产额高、品种多、成本低等优点，因而被普遍采用。但由于产核和靶核是同一种元素的同位素而难以用化学方法分离，因而产品的比活度受到限制。但若(n,γ)反应的产核是β衰变体，其子体不是靶核的同位素，则可用化学分离方法制得比活度高的无载体放射性核素。例如，医用放射性核素^{131}I就是通过这种方式生产的：

$$^{130}Te(n,\gamma)^{130m}Te \xrightarrow{\beta^-,30\ h} {}^{131}I$$

用反应堆生产的医用放射性核素还有^{60}Co、^{99}Mo-^{99m}Tc、^{113}Sn-^{113m}In、^{32}P和^{51}Cr等。

靶核在高通量中子流的作用下，通过多次中子俘获(n,γ)反应，还可以获得原子序数和质量数更高核素，此法常用来生产超钚元素。

反应堆生产放射性核素对靶子物有一定的要求，如靶子物必须很纯，杂质要少，靶子核素的含量要高，靶子物有较高的热稳定性和耐辐射性，产生所需放射性同位素的核反应截面要高，也即产额更高等。

9.1.2 加速器生产放射性核素

自从20世纪30年代发明加速器以来，加速器已成为放射性核素生产的另一个重要来源。加速器有：回旋加速器、静电加速器、高压倍加器、直线加速器。回旋加速器由于能量适中，流强足够而最为常用，它可加速多种粒子，如p、d、α、^{15}N和^{18}O等，来轰击由各种元素和化合物制成的靶，引起(p,n)、(p,α)、(d,n)、(d,2n)、(d,α)、(α,n)和(α,2n)等核反应，产生多种放射性核素。一般来说，加速器生产放射性核素有以下特点：

1）核反应的产核和靶核一般是不同的元素，因此可用化学方法分离，从而获得放射性纯度和比活度都很高的放射性核素。

2）可生产反应堆不能生产的缺中子放射性核素，其衰变多为电子俘获(EC)或发射正电子，不发射其他带电粒子(α、β等)，用作医疗诊断，如利用发射的正电子进行扫描以诊断疾病(如用^{18}F检查骨骼的损伤或肿瘤)，病人所受的剂量较小。另外，由于正电子湮灭时放射出能量恒定(0.51 MeV)的两个光子，这有助于诊断时的探测定位和照相。

3）由于(n,γ)反应截面低，反应堆无法生产碳、氮、氧等轻元素的放射性同位素，即使能生产，半衰期不是太长(如^{14}C，5 730 a)就是太短(如^{19}O，26.9 s；^{16}N，7.13 s)，不适合于医用。而加速器却能方便地生出^{11}C、^{13}N、^{15}O等适于医疗诊断之用的短寿命同位素。

与反应堆相比，加速器的投资较少，运行和管理也方便得多，但产量较低，成本较高，制靶过程较为复杂，因此一般只在下列情况下用来弥补反应堆生产的不足：

1）当用反应堆不能生产出比活度高的放射性核时。

2）当用反应堆不能生产出符合使用要求的某种放射性核素(如半衰期适宜的^{15}O和^{18}F等医用核素)时。

3）当远离反应堆的地方需要短半衰期的放射性核素时。

4）当对某种放射性核素需要量较少，而用反应堆生产不如加速器方便时。

9.1.3 从乏燃料后处理中提取放射性核素

乏燃料是提取放射性核素的重要原料。它含有很多有价值的放射性核素，如未用完的核燃料核素以及一些产额较高、半衰期较长的放射性裂片核素，如^{85}Kr、^{90}Sr、^{99}Tc、^{106}Ru、^{137}Cs、^{144}Ce、^{147}Pm、^{153}Sm、^{155}Eu等。一座功率为1 000 MW的核电站每年产生大约30 t乏燃料，其中平均含有0.270 tPu，28.60 tU和1.13 t裂变产物。这些核素绝大部分集中于后处理厂的高放废液和废气中。因此，提取过程较为复杂，对防护条件和净化要求较高。而且难以获得纯度高的放射性核素。但这种方法具有产量高和成本低等优点。

9.1.4　制备放射性核素的其他方法

放射性同位素的来源除了上述几种外，还可以通过3种途径来获得：

1）放射性核素发生器。它是一种可定期地从放射性母体核素中分离出放射性子体核素的装置，其中母体核素的半衰期较长，子体核素的半衰期较短，子体与母体容易达到放射性平衡，故可定期地从该装置中分离出一定量的子体核素来。

2）用放射性同位素中子源照射来获得微量的放射性核素。

3）用热核中子闪曝合成超铀元素。

9.2　放射分析技术

放射化学分析是利用核素(或核反应)的特性及化学分离和核辐射测量的方法进行元素分析，其应用除了用于生物医学领域的放射免疫分析及放射自显影技术外，还包括同位稀释、活化分析法和X射线荧光分析法等，这些分析技术在核化学、放射化学、分析化学、地球和宇宙化学、环境化学、原子能工业、电子工业、地质矿山及冶金等领域都得到了越来越广泛的应用。

9.2.1　同位素稀释法

同位素稀释法同位素稀释分析法是将待测元素与放射性同位素示踪充分混合，然后分离出一部分纯净待测样品，测其比活度，由比活度的变化来算出待测元素的含量。这种方法常用来测定不易分离的组分的含量。例如，在生物学中常用此法来分析蛋白质中某些微量氨基酸的含量。

同位素稀释法中的正稀释法和反稀释法，其灵敏度取决于放射性比活度测定的灵敏度，从而使其应用受到限制；而只需测定化合物活度的亚化学计量稀释法由于其较高的准确度，从而得到更广泛的应用。

正稀释法：正稀释法也称为直接稀释法。它是将一种比活度和质量已知的放射性核素或其标记化合物作为标准物加到含该放射性核素的稳定同位素或其化合物的待测物中，混合均匀后分离提纯出其中的一部分，然后测其比活度。根据比活度的变化即可算出待测物含量：

$$s_0 m_0 = s_d (m_0 + m_x) \tag{9.1}$$

$$m_x = m_0 \left(\frac{s_0}{s_d} - 1\right) \tag{9.2}$$

式中：m_0，m_x分别为引入的标准物和待测物的质量；

s_0，s_d 分别为标准物和稀释后化合物的比活度。当 $m_x \gg m_0$ 时，

$$m_x = s_0 m_0 / s_d \tag{9.3}$$

此法必须对分离提纯的物质准确称重，以求出其比活度 s_d，因此不适用于微量物质的分析。

反稀释法：与正稀释法相反，反稀释法是将一种质量为 m_0 的稳定同位素加到含有其放射性同位素（比活度为 s_0）的待测样品之中，混合均匀后分离提纯一部分化合物，再测其比活度 s_d，并由此计算出待测样品中原有的放射性同位素的质量 m_x：

$$s_0 m_x = s_d (m_0 + m_x)$$

$$m_x = \frac{m_0 s_d}{(s_0 - s_d)} \tag{9.4}$$

亚化学计量稀释法：亚化学计量稀释法的基本原理是在分析过程中采用亚化学计量分离技术。首先让我们来了解一下何谓亚化学计量，现假设有如下反应：

$$A + B \longrightarrow AB$$

式中：A 为被分离或分析的对象；

B 是为了分离或分析而加入的试剂。

当 B 试剂相对于 A 来说化学计量不足时，即为亚化学计量。要使亚化学计量成为一种定量分析方法，同时要满足两个条件：① 分离试剂必须定量地消耗在所测定的元素上；② 必须采用某种分离方法使被测元素的已经反应部分与尚未反应部分分离开来。

对于放射分析来说，亚化学计量稀释法即用少于化学计算量的两份相等的分离试剂分别从放射性标准物溶液和从经过同位素稀释后的样品溶液中分离出质量相等的化合物，这样它们的比活度之比（s_0/s_d）就等于其活度之比（A_0/A_d）则式(9.2)就可改为：

$$m_x = m_0 \left(\frac{A_0}{A_d} - 1 \right) \tag{9.5}$$

式中：A_0 为从放射性标准物溶液中分离提纯的化合物的活度；

A_d 为从经同位素稀释后的样品溶液中分离提纯的化合物的活度。

这样，就不再需要测定放射性比活度，只需知道加入分析溶液的放射性标准溶液所含元素的质量及标准溶液和经同位素稀释后样品溶液中的放射性相对活度，即可求得待测元素的量，这使得其准确性大大高于前两种两位素稀释法。

由于亚化学计量分离技术只加入少于化学计算量的分离试剂，这就使分离试剂能完全反应，其加入量也就决定了被分离出来的元素的量。因此，只要严格控制加入到放射性标准物溶液中的试剂量与加入到同位素稀释后的样品溶液中的试剂量相等，则被分离出来的元素质量就必然相等。可用作亚化学计量的分离方法有溶剂萃取法、沉淀法、离子交换法、色谱法和电化学法等方法，其中最为成熟、应用得最广泛的是溶剂萃取法。

亚化学计量稀释法有许多优点，如设备简单等，方法简便快速，操作易于掌握，易于实现自动化，适于大量样品的常规分析，在某些场合，它还可代替活化分析法（如有干扰核反应或活化截面太小时）。目前，亚化学计量稀释法已成为分析微量元素的有效办法。

但亚化学计量稀释法也有缺点，如必须知道试样中所含物质的大概含量。以便选择合适的稀释剂；与光谱分析、质朴分析、X 荧光分析、活化分析等相比，它不是一种多元素分析法；分析必须在低浓度下进行，只适用于高纯度材料和液体样品分析；有些元素分析时难以

找到放射性同位素作指示剂；有些元素要实行亚化学分离较为困难等。

总之，同位素稀释法的最大优点是不需要定量分析被测物，这可避免在分离提纯过程中由于化合物的回收率低而造成的误差。但在应用过程中必须注意以下几点：所加稀释物质应为化学纯度或放化纯的物质；稀释过程应打打均匀混合，提纯后的化合物应有均匀的比火度；在整个操作过程中不发生同位素效应。

9.2.2 活化分析法

活化分析法是经过核反应，把原来没有放射性或放射性不易被测量的样品中的被测核素变成具有特征放射性的产物，然后可以通过测定其射线能量和半衰期进行鉴定，通过测定射线强度做定量分析。此法具有灵敏度高(检出量一般在 10^{-14}～10^{-12} g)，不必进行定量分离，可进行多元素的同时测定。在工业、农业、国防以及医学、生物学、考古学、地球化学、地质化学、宇宙化学、环境化学和法检等方面都得到了广泛应用。随着小型反应堆、加速器、中子发生器等专用设备的发展及 Ge(Li)探测器的出现，使活化分析得到迅速推广。

活化分析主要分两步进行：

1) 活化。将含待测核素的样品经 n、p、d、α 或 γ 等粒子或射线的照射，发生核反应，使其转化为适宜于射线测量的放射性核素；

2)分析。通过测量活化后放射性核素的射线能量(或半衰期)及活度来进行定性、定量分析。活化后样品可直接用仪器进行测定的称为仪器活化分析；样品必须用化学方法分离后，再配合仪器进行测量的称为放射化学活化分析。通常仪器活化分析易于实现自动化，适用于快速的常规测定，而放射化学活化分析适用于超痕量元素分析。

在具体分析时，常采用想对法来测定样品中微量核素的含量，即将标准样品和待测样品在相通条件下进行照射、化学处理和放射性测量，然后按照下式进行计算：

$$\frac{m_x}{m_s}=\frac{N_x}{N_s} \tag{9.6}$$

式中：m_x、m_s 分别为待测样品和标准样品中微量核素的质量；

N_x、N_s 分别为待测样品和标准样品中某放射性核素的计数率。

这种方法要求标准样品中某些核素的含量应与待测样品中的相近，同时还要求两者的组成、形状、大小及厚度等也尽量相近，以减少分析误差。

根据照射例子的种类不同，活化分析通常可分为中子活化分析、带点粒子活化分析、γ光子活化分析，其中以中子活化分析应用最多。

中子活化分析：中子活化分析是基于测量中子与样品中待测核素发生核反应所产生的放射性核素来测定该核素含量的一种方法。按中子能量的不同可分为热中子活化分析、快中子活化分析和共振中子活化分析，其中尤以前两种最为常用。

热中子活化分析主要是以反应堆为中子源，利用(n,γ)反应对核素进行话化，由于热中子的(n,γ)反应截面大，而且反应堆提供高通量中子流，因此分析的灵敏度高，能测定 70 余种元素，其探测限最低可达 10^{-13} g，一般为 10^{-11}～10^{-8} g；另外热中子活化分析还具有核反应简单、选择性好等优点。

快中子活化分析以同位素中子源、中子发生器和加速器为活化源，利用(n,p)、(n,α)、(n,2n)等核反应来进行活化，它可对不宜用热中子进行活化分析的某些元素，如 N、O、Si、

P、Fe、Pb 等进行活化分析，特别是对 N、O 等轻核，但其灵敏度一般比热中子活化分析要差 2～3 个数量级。如把两者结合起来，可以分析更多的元素组合。

带电粒子活化分析：带电粒子活化分析是基于测量带电粒子与样品中待测核素发生核反应所产生的放射性核素来测定元素含量的一种方法。该法灵敏度高（最低可达 10^{-9} 量级），但不如中子活化分析简便，它主要适用于对一些痕量轻元素（如 H、Be、B、C、N、O、F 等）和其他一些不适宜于用热中子活化分析的元素（如 Si、S、Fe、Pb、Ti、Sr 等）进行活化分析；其次，它还用于重元素的多元素分析。常用的带电粒子有 d、p、^{3}He 核和 α 等，其中尤以 d、p 最为常见，前者可用来测定 Be、B、C、N、O、F、Na、Mg、Al、Fe 等元素；后者则可对原子序数在 16～82 之间的所有元素进行测定。目前，带电粒子活化分析已广泛应用于材料科学及环境样品、生物样品、地质样品的分析研究。

参考文献

[1] 宋天佑,程鹏,王杏乔,等．无机化学(上册)[M]. 第二版．北京:高等教育出版社,2009.

[2] 宋天佑,徐家宁,程功臻,等．无机化学(下册)[M]. 第二版．北京:高等教育出版社,2010.

[3] 盛恩宏．普通化学[M]. 浙江:浙江大学出版社,2006.

[4] 游文章,黄少云,艾军,等．基础化学[M]. 北京:化学工业出版社,2010.

[5] 刘玉林,刘宜树,王传虎．无机及分析化学[M]. 北京:化学工业出版社,2011.

[6] 刘元方,江林根．放射化学[M]．北京:科学出版社,2010.

[7] 祝霖．放射化学[M]．北京:原子能出版社,1985.

[8] C. 克勒尔．放射化学基础[M]．北京:原子能出版社,1993.

[9] 强亦忠．简明放射化学教程[M]. 修订第三版．北京:原子能出版社,1999.

[10] Gregory Choppin, Jan-Olov Liljenzin, Jan Rydberg. Radiochemistry and Nuclear Chemistry[M]. Third Edition. Published by Butterwort-Heinemann, 2002.

[11] 焦荣洲．放射化学基础[M]. 北京:原子能出版社,2010.

[12] 尹显和,唐泉．实用放射化学．南华大学,2011.

[13] Ан. Н. 涅斯米扬诺夫．放射化学实验教程[M]. 黄昌泰,何亚明,魏连生,译．北京:原子能出版社,1989.

[14] 孟昭兴, 孙兆祥, 唐志刚．放射化学实验方法与技术[M]. 北京:北京师范大学出版社,1998.

[15] 放射化学实验．衡阳工学院技术物理系,1993.

[16] 叶明吕．放射化学实验[M]. 第二版．北京:原子能出版社, 1991.

[17] 卢希庭,江栋兴,叶沿林．原子核物理[M]. 修订二版．北京:原子能出版社,2000.

[18] 云桂春,成徐州．压水反应堆水化学[M]. 哈尔滨:哈尔滨工程大学出版社,2009.

附:化学元素周期表

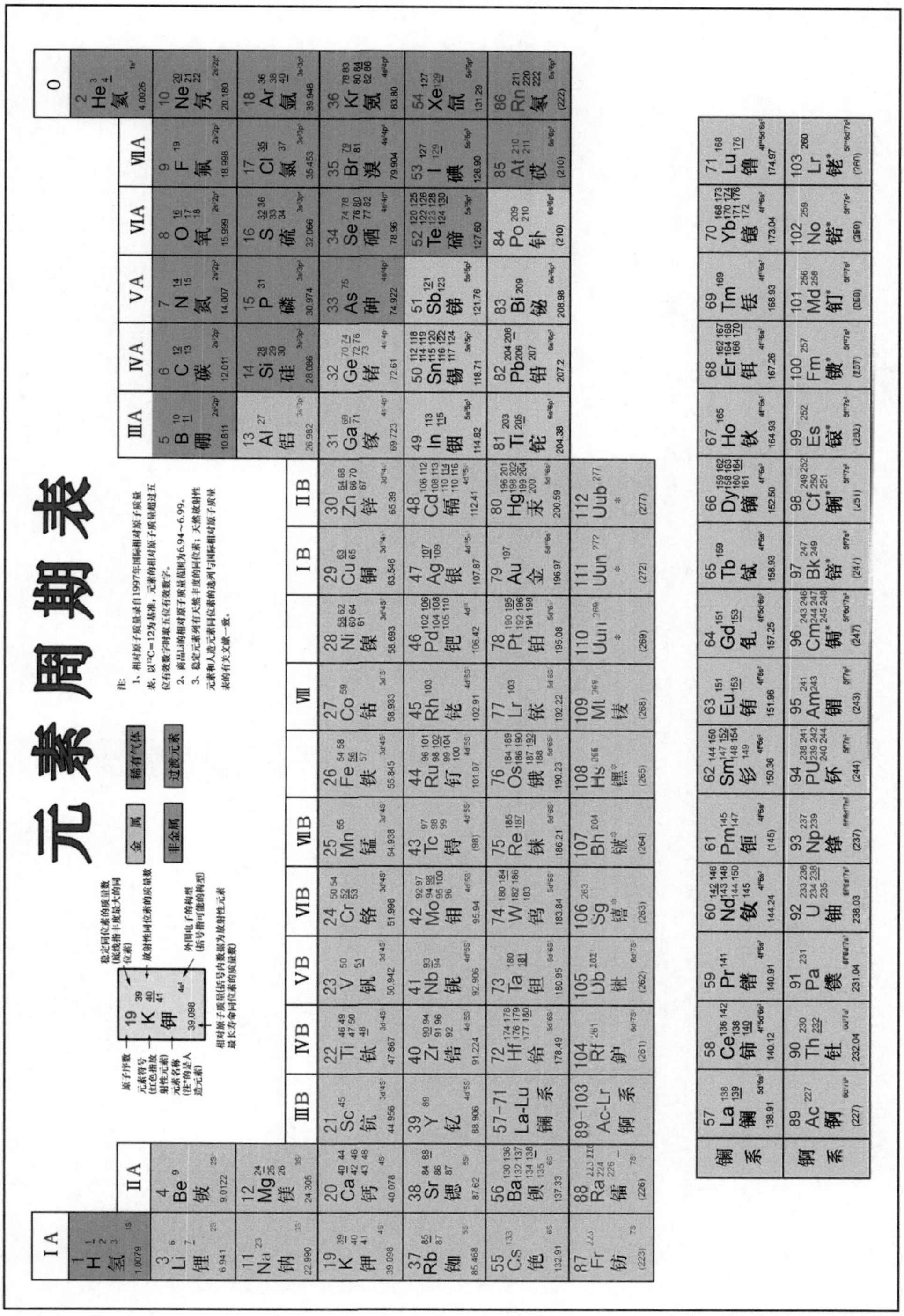

元素周期表
原子序数
元素符号(红色指放射性元素)
元素名称(注*的是人造元素)
稳定同位素的质量数(底线指丰度最大的同位素)
放射性同位素的质量数
外围电子的构型(括号指可能的构型)
相对原子质量(括号内数据为放射性元素最长寿命同位素的质量数)
19 K 钾 39 40 41 4s¹ 39.098
金 属
稀有气体
非金属
过渡元素
注:
1、相对原子质量录自1997年国际相对原子质量表，以¹²C=12为基准，元素的相对原子质量超过五位有效数字时取五位有效数字。
2、商品Li的相对原子质量范围为6.94～6.99。
3、稳定元素列有天然丰度的同位素；天然放射性元素和人造元素同位素的选列与国际相对原子质量表的有关文献一致。
IA
IIA
IIIB
IVB
VB
VIB
VIIB
VIII
IB
IIB
IIIA
IVA
VA
VIA
VIIA
0
1 H 氢 1.0079
2 He 氦 4.0026
3 Li 锂 6.941
4 Be 铍 9.0122
5 B 硼 10.811
6 C 碳 12.011
7 N 氮 14.007
8 O 氧 15.999
9 F 氟 18.998
10 Ne 氖 20.180
11 Na 钠 22.990
12 Mg 镁 24.305
13 Al 铝 26.982
14 Si 硅 28.086
15 P 磷 30.974
16 S 硫 32.066
17 Cl 氯 35.453
18 Ar 氩 39.948
19 K 钾 39.098
20 Ca 钙 40.078
21 Sc 钪 44.956
22 Ti 钛 47.867
23 V 钒 50.942
24 Cr 铬 51.996
25 Mn 锰 54.938
26 Fe 铁 55.845
27 Co 钴 58.933
28 Ni 镍 58.693
29 Cu 铜 63.546
30 Zn 锌 65.39
31 Ga 镓 69.723
32 Ge 锗 72.61
33 As 砷 74.922
34 Se 硒 78.96
35 Br 溴 79.904
36 Kr 氪 83.80
37 Rb 铷 85.468
38 Sr 锶 87.62
39 Y 钇 88.906
40 Zr 锆 91.224
41 Nb 铌 92.906
42 Mo 钼 95.94
43 Tc 锝 (98)
44 Ru 钌 101.07
45 Rh 铑 102.91
46 Pd 钯 106.42
47 Ag 银 107.87
48 Cd 镉 112.41
49 In 铟 114.82
50 Sn 锡 118.71
51 Sb 锑 121.76
52 Te 碲 127.60
53 I 碘 126.90
54 Xe 氙 131.29
55 Cs 铯 132.91
56 Ba 钡 137.33
57-71 La-Lu 镧系
72 Hf 铪 178.49
73 Ta 钽 180.95
74 W 钨 183.84
75 Re 铼 186.21
76 Os 锇 190.23
77 Ir 铱 192.22
78 Pt 铂 195.08
79 Au 金 196.97
80 Hg 汞 200.59
81 Tl 铊 204.38
82 Pb 铅 207.2
83 Bi 铋 208.98
84 Po 钋 (210)
85 At 砹 (210)
86 Rn 氡 (222)
87 Fr 钫 (223)
88 Ra 镭 (226)
89-103 Ac-Lr 锕系
104 Rf 𬬻 (261)
105 Db 𬭊 (262)
106 Sg 𬭳* (263)
107 Bh 𬭛* (264)
108 Hs 𬭶* (265)
109 Mt 鿏 (268)
110 Uun * (269)
111 Uuu * (272)
112 Uub * (277)
镧系
57 La 镧 138.91
58 Ce 铈 140.12
59 Pr 镨 140.91
60 Nd 钕 144.24
61 Pm 钷 (145)
62 Sm 钐 150.36
63 Eu 铕 151.96
64 Gd 钆 157.25
65 Tb 铽 158.93
66 Dy 镝 162.50
67 Ho 钬 164.93
68 Er 铒 167.26
69 Tm 铥 168.93
70 Yb 镱 173.04
71 Lu 镥 174.97
锕系
89 Ac 锕 (227)
90 Th 钍 232.04
91 Pa 镤 231.04
92 U 铀 238.03
93 Np 镎 (237)
94 Pu 钚 (244)
95 Am 镅* (243)
96 Cm 锔* (247)
97 Bk 锫* (247)
98 Cf 锎* (251)
99 Es 锿* (252)
100 Fm 镄* (257)
101 Md 钔* (258)
102 No 锘* (259)
103 Lr 铹* (260)